紫色土坡耕地埂坎渗流与土力学试验研究

韦　杰　李进林　刘春红　著

科　学　出　版　社

北　京

内 容 简 介

本书以紫色土坡耕地水土保持需求为导向，开展埂坎渗流和土力学试验；阐述和总结紫色土坡耕地埂坎的结构、功能、利用和性质，研究埂坎分层入渗特性、各向异性并进行入渗模型参数率定和模拟，阐释埂坎的阻隔通道效应；剖析埂坎开裂和裂隙闭合不同过程对渗流的影响、埂坎优先路径及通量，揭示埂坎裂隙演化的渗流效应；研究典型草本植物根系表面粗糙度，以及根-土界面直剪摩阻、抗拉拔及其与根系和土壤性质的关系，阐明埂坎植物根-土界面摩阻特性；研究埂坎土压力分布、埂坎土壤、根-土复合体和加筋土壤的抗剪特征及其与主要影响因子的关系，模拟埂坎应力应变分布与稳定性。

本书具有较强的理论性、实践性和应用性，可供从事水土保持、国土整治等相关工作的人员参考使用，也可作为地理学、水土保持学、土壤学等相关专业的科研人员、研究生及本科生的参考用书。

图书在版编目（CIP）数据

紫色土坡耕地埂坎渗流与土力学试验研究 / 韦杰，李进林，刘春红著. —北京：科学出版社，2023.6

ISBN 978-7-03-075501-8

Ⅰ. ①紫… Ⅱ. ①韦… ②李… ③刘… Ⅲ. ①紫色土－坡地－水土保持－渗流试验－研究 ②紫色土－坡地－水土保持－土工试验－研究 Ⅳ. ①S157

中国国家版本馆 CIP 数据核字（2023）第 079380 号

责任编辑：肖慧敏 李小锐 / 责任校对：彭 映
责任印制：罗 科 / 封面设计：墨创文化

科学出版社出版
北京东黄城根北街 16 号
邮政编码：100717
http://www.sciencep.com

成都锦瑞印刷有限责任公司印刷
科学出版社发行 各地新华书店经销

*

2023 年 6 月第 一 版 开本：787×1092 1/16
2023 年 6 月第一次印刷 印张：10 插页：4
字数：249 000

定价：148.00 元

（如有印装质量问题，我社负责调换）

前　言

紫色土坡耕地占三峡库区耕地资源的78%，坡耕地侵蚀不仅引起耕层退化，同时也是库区泥沙和农业面源污染的重要来源，还影响生态系统碳循环过程。埂坎是高出田面的地埂与外侧坡坎的复合体，通过分割坡长和减缓坡度改变坡面径流水动力学特性，起到理水减蚀作用，是坡耕地侵蚀阻控体系的重要组成部分。以往的埂坎研究集中关注田坎系数、地埂植物篱和水平梯田的梯坎设计等，但埂坎结构和稳定性已成为当前紫色土坡耕地治理研究关注的重点。稳定性是埂坎发挥水土保持功能的前提，埂坎失稳不仅影响坡耕地侵蚀阻控效果，还会加剧坡面侵蚀。

坡耕地埂坎稳定性易受土壤性质、气候变化、水文、植物及人类活动等要素的综合影响，其中渗流和其他因素引起的土力学性质变化对坡耕地埂坎稳定性影响较大。本书在归纳总结埂坎类型、结构、功能和理化性质的基础上，采用试验、模型模拟等方法，开展埂坎渗流、根-土界面摩阻、土压力分布、土壤抗剪、应力应变分布等研究，阐明埂坎的渗流和土力学相关过程及规律，有助于三峡库区乃至长江上游坡耕地埂坎技术研发，对紫色土坡耕地水土流失治理和耕地保护具有显著的理论指导价值。同时，埂坎是重要的水土保持措施，从水土保持学来看，埂坎渗流和土力学研究具有重要的理论意义，其将丰富我们对土壤侵蚀和水土保持措施的认知。笔者长期从事坡耕地侵蚀和侵蚀阻控研究，提出了系列侵蚀阻控技术，尤其对紫色土坡耕地埂坎进行了比较系统全面的研究，这些研究有助于我国积极推进三峡库区乃至长江上游坡耕地治理和国土整理方面的技术创新。

本书是对笔者多年从事的坡耕地侵蚀阻控研究的总结。全书共分为8章，第1章概述了紫色土耕地资源、土壤侵蚀和水土保持情况；第2章介绍了埂坎的类型、功能、利用和土壤理化性质；第3章和第4章主要研究了埂坎渗流，分别阐明了埂坎水分阻隔通道效应和埂坎裂隙演化的渗流效应；第5～7章分别研究了埂坎植物根-土界面摩阻特性、埂坎土压力分布特征和埂坎土壤抗剪特征；第8章模拟分析了埂坎应力应变分布与稳定性，并确定埂坎稳定性影响因素。

本书由韦杰负责总体设计，以及拟定写作思路和提纲。各章节撰写人员及分工如下：第1章由韦杰、刘春红、郑文娇执笔；第2章由韦杰、李进林、刘春红执笔；第3章由黎娟娟执笔；第4章由罗莹丽执笔；第5章由甘凤玲、李沙沙执笔；第6章由韦杰、罗华进执笔；第7章由李进林、史炳林、韦杰执笔；第8章由李进林执笔。全书最后由韦杰、李进林、刘春红修改定稿。重庆师范大学地理与旅游学院硕士研究生陈书翔、李颖等整理了部分文字资料和书稿格式。

本书的出版得到重庆市杰出青年基金项目“三峡库区坡耕地埂坎优势流及失稳判据研究（cstc2019jcyjjqX0025）”、重庆英才青年拔尖人才项目（CQYC201905009）、国家自然科学基金面上项目“紫色土坡耕地土石复合坎结构与水土保持效应研究（41471234）”、教育部人文社科项目“三峡库区农户参与水土保持：福利效应、影响机制与提升路径研究（21YJAZH093）”等资助，也得到了中国科学院水利部成都山地灾害与环境研究所贺秀斌研究员、西南大学唐强教授的指导，科学出版社李小锐编辑、肖慧敏编辑为本书的出版付出了大量辛勤的劳动，在此一并表示感谢！

埂坎在控制紫色土坡耕地侵蚀方面发挥着重要作用，但其研究尚处于起步阶段，试验方法和技术手段还在不断探索中，加上笔者水平有限，书中还存在很多尚需完善与深化的内容，疏漏之处敬请读者批评指正，以及提出宝贵意见和建议！

韦　杰

2022 年 9 月

目　　录

第1章 研究背景

1.1 紫色土与紫色土耕地资源

1.1.1 紫色土性质

紫色土是由紫色砂岩、页岩、泥岩在亚热带和热带气候条件下风化形成的初育土。发育形成过程中，物理风化作用强烈，化学风化和生物风化作用相对较弱，因此，紫色土砾石含量较高，且继承了成土母质的基本理化性质（中国科学院成都分院土壤研究室，1991）。不同地区紫色土的碳酸钙含量因受母岩、侵蚀和沉积等因素的影响而有所差异，其石灰反应多呈中性和碱性反应（慈恩等，2018）。

紫色土剖面发育层次不明显，没有显著的腐殖质层（A），表层与母质层（C）之间是过渡层（AC），再往下为母质层，剖面构型基本属 A-AC-C 型。剖面颜色多呈红紫、暗紫、棕紫、红棕紫、灰棕紫色，上下层颜色接近。土层厚度随地形部位的不同而存在明显差异，多为 50～100cm，其中，丘顶或坡地上部土层厚度因侵蚀影响较浅薄，一般小于 30cm。

紫色土的砂粒和粉粒占比较高，多为 70%～90%，粗颗粒较多反映了紫色土岩性、发育程度低的特点。紫色土质地因母岩的差异而不同，以砂壤土为主，黏土矿物以 2∶1 型的水云母、蒙脱石、绿泥石为主。大部分紫色土都存在石灰反应，碳酸钙含量可高达 10%左右，pH 为 7.5～8.5。但仍存在相当部分紫色土碳酸钙被淋失的情况，故其剖面上部土层中碳酸钙含量常低于 1%，pH 则降为 6.0～7.5，有的甚至全剖面无石灰反应，pH 为 5.5～6.5（海春兴和陈健飞，2016）。紫色土黏粒的硅含量高于富铁土，铝含量则低于富铁土，铁含量与富铁土相比有高有低。紫色土的风化程度远低于地带性土壤，黏粒的硅铝率和硅铝铁率都显著高于富铁土。

紫色土发育程度低，结构疏松且微生物活力强，通常具有粗糙的纹理，砾石含量高，毛管孔隙发达且具有良好的透水性。因此，紫色土易耕作，紫色土区的耕垦指数较高。

紫色土有机质含量较低，表层常小于 1%，经过长期耕种后，耕层有机质含量可增至 1.5%左右。氮含量较贫乏，很少超过 0.1%，而磷、钾素却相当丰富，全磷（P_2O_5）约 0.15%，全钾（K_2O）在 2%以上，微量元素除锌、硼、钼有效量偏低外，其余均较高（海春兴和陈健飞，2016）。

1.1.2 紫色土分类

紫色土是现行中国土壤发生分类中的一种土类型，隶属初育土纲石质初育土亚纲（寇青青等，2020）。通常，依据土壤的 pH 和碳酸钙含量可将紫色土划分为酸性紫色土、中性紫色土和石灰性紫色土 3 个亚类（表 1.1）。碳酸钙含量＜1%、pH＜6.5 为酸性紫色土；

碳酸钙含量为1%～3%、pH 6.5～7.5为中性紫色土；碳酸钙含量＞3%、pH＞7.5为石灰性紫色土。依据母质性质差异、紫色岩的沉积相和古水文差异，以及气候（降水）导致母质特性发生某些变化等特殊成土因素，可以进一步将紫色土划分为10个土属（表1.1）。

表1.1　现行紫色土分类方案（何毓蓉等，2003）

土纲	初育土									
亚纲	石质初育土									
土类	紫色土									
亚类	酸性紫色土		中性紫色土			石灰性紫色土				
土属	红紫泥土	酸紫泥土	灰紫泥土	暗紫泥土	脱钙紫泥土	棕紫泥土	红棕紫泥土	黄红紫泥土	砖红紫泥土	原生钙质紫泥土

酸性紫色土多发育在地形切割较为强烈的深丘窄谷地区，土壤湿润，淋溶势强，pH小于6.5；土壤质地轻，砂粒含量大于50%，其中粗砂（0.2～2mm）含量大于20%；黏土矿物以蛭石为主，并有少量高岭石，硅铝铁率小于3.0，阳离子交换量15me/100g土左右；土壤全磷含量低于0.035%，全钾含量低于1.60%。

中性紫色土是紫色土中肥力水平较高的亚类。土壤发育不深，胶体品质较好，黏土矿物以伊利石为主，土体胀缩性为中度，硅铝率3.2左右；土壤剖面分化不明显，多A-BC-C（B为淀积层，BC为过渡层）和A-C构型；土壤质地适中，细粉粒（0.002～0.02mm）含量大于30%，黏粒（＜0.002mm）占20%左右，多为黏质壤土；土壤有机质（soil organic matter，SOM）、全磷、全钾含量中等，氮素和速效磷不足。阳离子交换量高，一般在20me/100g土左右。

石灰性紫色土是侏罗系上中统的蓬莱镇组、遂宁组钙质砂页岩风化物。该亚类土壤碳酸钙含量较丰富且上、下土层母岩的碳酸盐含量变化不大，表现出岩性土的典型性状，土壤pH多为8.1左右。石灰性紫色土通透性好，砂粒含量适宜，耕性良好，易于排涝，宜种性广。土壤多含母质碎屑，大于2mm的石砾含量达10%以上。土壤风化度浅，黏土矿物为母岩沉积时期形成，以伊利石和蒙脱石为主，含有原生矿物云母、钾长石，土壤硅铝率3.2～3.4，阳离子交换量大于20me/100g土。土壤含钾丰富，钾含量一般大于2%。

1.1.3　紫色土分布

紫色土主要分布在长江流域及以南地区，集中分布区的北界大致为秦岭至淮河一线，大陆南界抵达云南、广西南部的国境线及广东的雷州半岛，西界位于龙门山、邛崃山、大雪山、牦牛山及无量山，介于100°E～123°E和21°N～34°N。从行政区划上看，紫色土主要分布在四川、重庆、云南、贵州、广西、湖南、湖北、江西、浙江、福建、广东、海南、安徽、陕西、河南和江苏16个省（区、市）。中国紫色土的总面积为22万km^2，占国土面积的2.3%，其中四川、重庆和云南3省（市）的分布面积最广，如川渝地区以紫色土为主要土壤类型的县（市、区）达76个。广西、湖南、湖北、贵州、浙江和广东等省份以紫色土为主要土壤类型的县（市、区）均在10个以上。

紫色土分布区域根据地理条件的不同、土壤性质及开发利用的差异等，可分为四川盆地区、云贵高原区、长江中下游区、华南沿海区（何毓蓉等，2003）。

四川盆地区包括盆地内的四川和重庆，紫色土面积约 1000 万 $hm^2$①，占中国紫色土面积的 46%，是中国紫色土分布最集中的区域。该区地貌以丘陵和低山为主，属亚热带湿润季风气候，湿性常绿阔叶林区。区内多石灰性紫色土和中性紫色土，是中国紫色土分布区域中人口密度最大、土地垦殖指数最高的地区，也是中国重要的粮食、油菜籽及蚕桑、柑橘、油桐等的生产基地。

云贵高原区包括云南、贵州及四川的攀西地区，紫色土面积约 730 万 hm^2，占中国紫色土面积的 33%，是中国第二大紫色土分布区。该区地貌以高原和中低山为主，大部分区域属于冬干、夏湿的西南季风气候，气候垂直变化明显。植被为干性亚热带常绿阔叶林及热带季雨林。区内多石灰性紫色土，是中国最大的彝族、白族、纳西族、景颇族等少数民族的聚居区。

长江中下游区包括湖南、湖北、江西、浙江、安徽及江苏，紫色土面积为 300 万 hm^2，占中国紫色土面积的 14%，为中国第三大紫色土分布区。该区地貌以丘陵为主，其次为低山，属中亚热带和北亚热带气候，植被为湿性的亚热带常绿阔叶林及常绿阔叶与落叶阔叶混交林，南部多酸性和中性紫色土，北部以石灰性紫色土为主。区内人口集中，土地垦殖指数高，是中国水稻、柑橘、茶叶及毛竹林与用材林的重要产区。

华南沿海区包括广东、广西、福建及海南等省（区），紫色土面积 140 万 hm^2，占中国紫色土面积的 6%。区内多低山与丘陵，为南亚热带和热带气候，高温高湿，作物全年皆可生长，森林覆盖率为各紫色土区之冠。

1.1.4 紫色土耕地资源

中国紫色土有 46%分布于四川省和重庆市。四川省紫色土面积为 911.33 万 hm^2，占全省土地总面积的 18.4%，主要分布于四川盆地内，以四川盆地和川东平行岭谷最为集中。紫色土耕种面积为 406.09 万 hm^2，占全省紫色土总面积的 44.6%，占全省耕地土壤面积的 36.4%。

重庆紫色土面积为 273.73 万 hm^2，占全市土地总面积的 33.22%，主要分布在西部丘陵地区及中部的涪陵、南川、丰都和东部的云阳、忠县、万州、开州一带，在中低山处呈块状分布，大多分布于海拔 800m 以内（慈恩等，2018）。紫色土耕种面积为 89.73 万 hm^2，占全市紫色土总面积的 32.80%，占全市耕地土壤面积的 47.98%。

在气候、地形、土壤特性和人为强烈扰动等因素综合作用下，川渝地区紫色土区土壤退化问题非常严重，紫色土区坡耕地侵蚀强度多大于 5897t/(km^2·a)，长江上游土壤侵蚀量的 60%来自该地区的坡耕地（宋鸽等，2020；叶青等，2020），这使得紫色土区成为仅次于黄土高原的水土流失严重区域（江娜等，2022；史东梅等，2020），是长江流域需要得到重点关注的侵蚀地带。

① $1hm^2 = 10^4m^2$。

1.2 紫色土坡耕地土壤侵蚀

1.2.1 紫色土坡耕地侵蚀强度

作物覆盖是坡耕地土壤侵蚀的重要影响因素。植被削弱了雨滴对地表的溅蚀动能，从而抑制了表层土壤分离；同时，作物覆盖可以通过增加土壤中有机质含量和改善土壤团聚体结构提高土壤的抗冲抗蚀能力（郑江坤等，2017）。因此，裸露坡耕地的土壤侵蚀速率明显高于植被覆盖坡耕地（Ju et al.，2013），如苎麻护坎措施下的土壤侵蚀模数为 803t/(km^2·a)（朱远达等，2003），而裸露坡耕地的侵蚀模数达到了 8754t/(km^2·a)（董杰等，2006）（表 1.2）。

坡度和坡长是坡耕地土壤侵蚀的决定性因素。坡度相近的情况下，侵蚀强度随坡长的增加而增强，如坡长 15m 的坡耕地土壤侵蚀模数为 4149t/(km^2·a)，而坡长为 20m 的坡耕地土壤侵蚀模数则达到了 5240t/(km^2·a)（朱远达等，2003；龙翼等，2010）。这主要是由于随着坡长增加，径流汇集路径增加，侵蚀形态既有坡耕地顶部的溅蚀，同时也会在坡耕地的中下部形成细沟或浅沟侵蚀，侵蚀强度增强。坡度是地形因子中对坡面土壤侵蚀影响最大的因子，其大小在一定程度上决定着径流侵蚀与运移能力（Shen et al.，2016）。土壤侵蚀强度在不同坡度带上存在较大差异，土壤侵蚀敏感区以 15°～25°坡耕地为主（向宇国等，2021）。25°以下坡耕地土壤侵蚀模数为 803～9452t/(km^2·a)（董杰等，2006），其中，中坡（15°～25°）的侵蚀模数介于 2300～9452t/(km^2·a)，随着坡度增加，侵蚀模数增加较快，是侵蚀强度最强的坡度范围；缓坡（8°～15°）的侵蚀模数介于 1295～2502t/(km^2·a)（文安邦等，2005），随着坡度增加，侵蚀模数有所增加，但不及中坡的增速大；而微坡（＜8°）的土壤侵蚀强度相对较小，侵蚀模数往往小于 1000t/(km^2·a)。相比林地、草地而言，坡耕地表层土壤疏松破碎，稳定性团聚体含量较低，且耕作行为的扰动较频繁，其土壤侵蚀强度远远高于其他土地利用方式用地（徐文秀等，2019）。坡长相近的情况下，坡耕地土壤侵蚀速率随坡度增加而增加，侵蚀量也随坡度的增加而增大。坡度对土壤侵蚀速率的影响大于坡长（周璟等，2009）（表 1.2）。

表 1.2　紫色土坡耕地土壤侵蚀状况

研究区	坡耕地概况	侵蚀状况	文献出处
开县兴龙小流域	坡度 25°，坡长 10m，裸露坡耕地	侵蚀模数为 8754t/(km^2·a)	文安邦等（2005）
忠县	坡度 8°，坡长 17m	侵蚀模数为 2502t/(km^2·a)	苏正安和张建辉（2010）
忠县等 11 个县（区）	坡度 15°，坡长 15m	侵蚀模数为 4149t/(km^2·a)	董杰等（2006）
忠县新政小流域	上坡 21°，下坡 9°，坡长 35m	平均侵蚀模数为 3770t/(km^2·a)	Ju 等（2013）
忠县新政小流域	坡度 11.4°，坡长 69.5m，中间挖有若干水平沟	侵蚀模数加权平均值为 1295t/(km^2·a)	李豪等（2009）
开县	坡度 25°，坡长 10m	侵蚀模数为 8929t/(km^2·a)	王玉宽等（2003）

续表

研究区	坡耕地概况	侵蚀状况	文献出处
奉节草堂河流域	3个样点的坡度分别为<15°、15°～45°、>45°	侵蚀模数分别为6451t/(km^2·a)、7902t/(km^2·a)和11450t/(km^2·a)	何太蓉等（2004）
丰都十直镇	苎麻护坎坡耕地坡度11°、坡长5.3m；相邻坡耕地坡度22°，坡长5.8m	苎麻护坎坡耕地的侵蚀模数为803t/(km^2·a)，相邻坡耕地则为2299.70t/(km^2·a)	龙翼等（2010）
万州典型区生态环境监测重点站	坡度15°，坡长20m，粮经果农林复合垄作	复合垄作坡耕地侵蚀模数为958t/(km^2·a)，平作为5240t/(km^2·a)	王海明等（2010）
中科院秭归试验站	坡度20°，坡长10m，植物篱、浅垄作和顺坡耕作	植物篱和浅垄作坡耕地侵蚀模数为1376t/(km^2·a)，顺坡耕作为2994t/(km^2·a)	夏立忠等（2012）
遂宁水土保持试验站	5°、10°、15°、20°、25° 5个不同坡度，坡长9.62m	除15°小区外，其余4个径流小区坡度越大侵蚀模数越大，5°侵蚀模数最小，为54.73t/(km^2·a)，25°侵蚀模数最大，为713.61t/(km^2·a)	王文武（2019）
万州五桥河流域	顺坡沟垄柑橘种植，坡度12°；传统清耕柑橘种植，坡度15°	顺坡沟垄年侵蚀模数为15.97t/km^2；传统清耕年侵蚀模数为30.29t/km^2	严坤（2020）
凉山会东县姜州镇径流观测场	坡度15°，坡长4m。5种耕作措施：传统顺坡垄作（S）、横坡垄作（H）、平作（P）、顺坡垄作＋秸秆覆盖（SJ）和横坡垄作＋秸秆覆盖（HJ）	单次土壤流失量由大到小依次为S（319t/km^2）>H（275t/km^2）>P（150t/km^2）>SJ（103t/km^2）>HJ（43t/km^2）	徐露等（2020）

1.2.2 紫色土坡耕地产流产沙

降雨强度对地表径流和壤中流流量具有显著影响，其中大雨是地表径流的主要贡献雨型，而中雨是壤中流的主要贡献雨型（王谊等，2021）。降雨引发土壤侵蚀并导致表土细颗粒流失，造成土壤粗骨化，土壤中黏粒含量高低是反映坡耕地土壤抗蚀能力强弱的有效指标，紫色土中<0.005mm的粉粒含量越高，土壤抗蚀性越强，土壤侵蚀相对较弱；反之，土壤侵蚀较强（董杰等，2006）。紫色土结构松散，在降雨初始阶段，流失泥沙中颗粒以<0.02mm的单粒和微团聚体为主，随着径流量增加，所携带泥沙中>0.02mm的颗粒增多，并且颗粒含量逐渐稳定（何太蓉等，2004），这与红壤和黑土有所不同，在红壤产流初期>1mm的泥沙较少，<0.25mm的泥沙较多，随着产流时间推移，径流挟沙能力增强，>1mm的泥沙增多（黄丽等，1999），而黑土在流失过程中土壤颗粒组成为砂粒含量>粉粒含量>黏粒含量（温磊磊等，2015）。总体来说，紫色土坡耕地土壤流失颗粒粒径小于红壤和黑土，这主要是由紫色土的有机质和土壤颗粒决定的。

紫色土流失泥沙以<0.02mm的团聚体和<0.002mm的黏粒为主，因此要防止紫色土土壤侵蚀，必须从防止细颗粒流失着手（何太蓉等，2004）。植物篱能够减轻土壤受降雨溅蚀和径流冲蚀的程度，具有较强的泥沙沉积作用，即通过根系的生长与固持作用，以及植株对泥沙的拦截，使土壤大颗粒在篱带或植株前沉积，而较大的地表粗糙度可使黏土含量、沉积物分形维数发生改变，能够将土壤中粉粒（0.002～0.05mm）和黏粒（<0.002mm）含量提高10%～14%（Chen et al.，2018；马云等，2011；刘宏魁等，2011），防止黏粒和粉粒流失的效果显著（黄鑫等，2016）。种植模式优化能够改变坡面形态，且植物篱和种

植模式的复合应用能显著地提高土壤孔隙度，降低土壤容重，对减少地表径流、缓解坡耕地土壤细颗粒的流失（表 1.3）、防止土壤粗骨化效果显著（李铁等，2019）。

表 1.3　紫色土坡耕地泥沙颗粒分布状况

地表类型	泥沙颗粒分布状况	文献出处
地表裸露	区内粒径＞2mm 的颗粒含量占 17%，0.005～0.1mm 的细颗粒含量占 32.5%，＜0.005mm 的占 15.5%	文安邦等（2001）
	降雨可使坡耕地土壤结构中径级＞2mm 单粒所占比例减小，而流失泥沙中 0.002～0.02mm 单粒所占比例增大，＜0.02mm 单粒所占比例减小	姜达炳等（2005）
植物篱	对坡面土壤黏粒的拦截作用显著，黏粒在篱前的富集量升高，总体上表现为黏粒含量＞砂粒含量＞粉粒含量	马云等（2011）
	篱带、篱间土壤颗粒组成中＜0.02mm 的粉黏粒含量分别提高 13.20%和 6.30%	廖晓勇等（2006）
	桑基模式下土壤层中 0.25～1mm 和 0.05～0.25mm 径级的微团聚体含量分别高于传统种植模式下相同土层含量约 86.7%和 11.8%	史东梅等（2005）
种植模式优化	垄上土壤中层结构中＜0.02mm 颗粒含量增加了 23.52%，沟内耕作层土壤容重比对照组减小了 2.99%	廖晓勇等（2003）
	垄作 0.002～0.02mm 和＜0.02mm 土壤颗粒含量大于平作	蒋光毅等（2004）
	改善了土壤颗粒组成，土壤中粒径＜0.02mm 的颗粒含量比对照组高 10.72%，而粒径＞2mm 的颗粒含量比模式构建之前减少 2.34%	陈治谏等（2003）
	横坡种植改为横坡垄作后，产沙量下降率为 52.38%～84.13%	王文武（2019）

1.2.3　紫色土坡耕地养分流失

土壤侵蚀是紫色土区坡耕地养分流失的主要原因，也是面源污染形成的重要途径（Wang et al.，2018）。紫色土土层浅薄，表土在降雨条件下被侵蚀剥离和搬运，养分含量也随之变化，导致紫色土区坡耕地土壤严重退化和水体富营养化（冯小杰等，2017；Qian et al.，2020）。养分流失形态主要包括颗粒态和溶解态两种，其中，颗粒态是主要形式，占坡耕地土壤养分流失总量的 90%以上（何太蓉等，2004），因此，防止颗粒态养分流失是减轻面源污染和水体富营养化的关键。

土壤养分主要随粉粒（0.002～0.05mm）和黏粒（＜0.002mm）流失。有研究表明，植物篱的挡土保肥作用优于不同种植模式，植物篱对径流泥沙的拦截作用可影响篱前和篱下土壤土粒的重新分布，通过有效拦截径流中的细颗粒物质，粒径＜0.2mm 的土壤微团聚体含量明显增加，尤其是粒径为 0.05～0.2mm 的微团聚体（刘宏魁等，2011；翟婷婷等，2020；李海强等，2016）。不同类型植物篱对坡耕地径流及泥沙的拦截率不同，枝叶茂盛且根系发达的灌木类植物篱拦土保肥作用尤其显著，其不仅能拦截土壤细颗粒，极大减少土壤养分的流失，其自身的新鲜枝叶还能够作为绿肥还田，增加土壤有机质含量，如等高桑交叉耕作、等高桑横坡耕作均能有效降低坡耕地地表氮磷流失量，显著提高土壤碱解氮、速效磷、速效钾和有机质的含量（张洋等，2016）。其他植物篱对坡耕地养分流失也有较好的阻控效果，如毛豆植物篱对坡耕地氮的相对拦截率为 70%，对坡耕地磷的相对拦截率为80%（田潇等，2015）。此外，篱宽与土壤有机质、速效磷含量之间存在一定的相关性，且在上坡位布设较宽植物篱能更好地使土壤速效磷在坡面上均匀分布（李海强等，2016）。不同种植模式对地表径流截持与泥沙流失具有一定的物理阻挡作用，土壤中有机质、全氮（total nitrogen，TN）、全磷、碱解氮、速效磷、速效钾等的含量可提高 8%～16%（姜达炳等，2005；刘宏魁等，2011），流失泥沙中磷素含量减少 50%以上（马云等，2011），有效改善了土壤养分状况，如果草模式改善土壤中有机质、全氮、全磷、速效氮和速效钾等养分状况的效果最好，但对于全钾和速效磷作用不明显（夏立忠等，2007）（表 1.4）。

表 1.4 紫色土坡耕地实施水土保持措施后养分流失状况

措施类型		作用效果	文献出处
植物篱	多年生饲草	泥沙磷素减少 54.3%，对减小有机质、全氮、速效氮、速效磷的富集比效果显著	史东梅等（2005）
	紫花苜蓿、香椿	泥沙磷素流失量分别降低 53.9%和 50.4%	夏立忠等（2007）
	皇竹草	篱带、篱间0～15cm土层土壤有机质含量分别高于对照组29.76%和18.70%，全氮含量分别高 23.81%和 15.87%，全磷含量分别高 23.73%和 10.17%，全钾含量分别高 12.86%和 5.86%	廖晓勇等（2006）
	农桑系统	两带桑壤中流磷素流失量显著降低 34.2%，三带桑地上地下磷素总流失量显著降低 61.3%	杨红宾等（2022）
种植模式	粮经果复合垄作	土壤有机质、全氮、全磷、全钾、碱解氮、速效磷、速效钾流失量分别减少 15.18%、8.82%、9.86%、8.99%、11.79%、13.33%、9.20%	蒋光毅等（2004）
		侵蚀土壤中有机质、全氮、全磷、碱解氮、速效磷、速效钾等的含量大小为粮经果复合垄作＞粮经果复合平作＞纯粮顺坡平作	王海明等（2010）
	生态耕作模式	与常规管理相比，坡耕地小麦-玉米采用浅垄作生态耕作模式时泥沙态磷流失量降低 30.58%	夏立忠等（2012）
	3 种垄作模式	与顺坡垄作相比，横坡垄作处理的土壤有机质、速效磷、速效钾分别增加了 22.65%、78.18%、9.94%，横坡垄作＋秸秆行间覆盖处理的土壤有机质、速效磷、速效钾分别增加了 29.06%、26.23%、6.84%	张鸿燕等（2019）
	3 种不同配置的果草模式	有机质、全氮、全磷、速效氮和速效钾的衰减率都大于 5%，全钾和速效磷的衰减率都小于 5%	卢喜平等（2005）
	坡篱种粮、坡地种柑	坡篱种粮总氮和总磷年均流失量分别达 23.29kg/hm^2 和 1.02kg/hm^2，坡地种柑相对于坡篱种粮总氮和总磷年均排放量分别减少了 60.00%和 85.29%	许其功等（2007）
	绿肥覆盖＋坡地种柑	相比清耕处理，黑麦草、光叶苕子、二月兰绿肥覆盖处理下周年氮素流失量分别减少了 50.6%、33.2%和 30.1%，周年磷素流失量分别减少了 62.9%、56.3%和 32.4%	刘瑞等（2021）

1.3 紫色土坡耕地水土保持

1.3.1 坡耕地水土保持生态工程情况

为有效治理坡耕地和区域水土流失，改善生态环境，国家开展了大量的水土保持工程。1983 年，国务院在长江流域、黄河流域、海河流域和辽河流域开展了“八片”水土保持重点治理项目。1989 年以来，鉴于长江上游水土流失的严重性，以及区域生态屏障和三峡水库安全运行等需求，国务院决定将长江上游作为全国水土保持重点防治区，相继实施了“长治”“天保”“退耕还林（草）”和“生态修复”等系列工程（表 1.5）。通过多年的综合治理，我国取得了显著成果，凝练出了坡改梯技术、坡面水系建设技术、沟道治理技术、植被建设技术、生态修复技术以及小流域综合治理理论与技术等。

表 1.5　长江上游坡耕地水土保持生态工程情况

生态工程名称	启动年份	实施进展	主要措施
小流域水土流失综合治理工程	1980	1980 年，按水利部的部署，长江委（全称水利部长江水利委员会）负责在江西兴国县组织开展全国第一个县级水土保持综合区划工作。为探索流域不同类型区域的水土流失治理模式，先后在 15 个省（区、市）开展了 43 条小流域试点工作，后在北京、山西、重庆、四川等 26 个省（区、市）、新疆生产建设兵团、青岛市开展小流域综合治理。经过 30 多年的不断努力，累计治理小流域 4 万多条，建设治沟骨干工程 5000 多个，每年可增产的粮食多达 400 亿斤	修建蓄水池、沉沙池、沟渠、谷坊、效益监测点、生活污水处理设施、污水管网、宾格网护坡等，种植水保林、经果林
长江上游水土保持重点防治工程	1989	1988 年，国务院批准将长江上游列为全国水土保持重点防治区，在金沙江下游及毕节市、陇南及陕南地区、嘉陵江中下游和三峡库区 4 片开展重点治理。随后长江中游的丹江口水库水源区、洞庭湖和鄱阳湖水系以及大别山南麓的部分水土流失严重县也相继启动防治工程。范围涉及流域上中游 10 个省 208 个县（市、区），水土流失治理面积近 10 万 km^2，3000 多条小流域通过国家验收，形成了以上游为重点、上中游协调推进的防治格局	坡改梯、营造水保林、种植经果林、种草、封禁治理；兴修谷坊、拦沙坝、蓄水塘库、蓄水池、水窖、排洪沟、引水渠等小型水利水保工程
国家农业综合开发水土保持项目	1989	1989 年，国家农发办（全称国家农业综合开发办公室）启动了农发水保项目，工程建设范围涉及山西、江西、湖南、重庆、四川、陕西和宁夏 7 个省（区、市），农发水保项目根据规划分期实施，每期项目实施期为三年。该项目可大致分为 1989～1998 年起步阶段、1999～2007 年发展阶段、2008～2016 年加快推进阶段和 2017 年至今改革转型阶段 4 个阶段。治理后，项目区 70%以上的水土流失面积得到有效治理，年均减少土壤侵蚀量约 4500 万 t，提高林草覆盖率 8%左右，区域生态系统涵养水源、固持土壤、抵御水旱灾害能力显著增强（丛佩娟，2017）	坡地及沟道整治（坡改梯），种植水土保持林、经果林，种草、封禁治理，建设小型蓄水保土工程，保土耕作，修建田间道路
退耕还林工程	1999	1999 年，按照“退耕还林，封山绿化，以粮代赈，个体承包”的政策，四川、陕西、甘肃 3 省率先试点，2002 年在全国 25 个省（区、市）和新疆生产建设兵团全面启动。截至 2020 年，已在 25 个省（区、市）实施退耕还林还草 5.22 亿亩[①]（其中退耕地还林还草 2.13 亿亩），有 4100 万农户、1.58 亿农民直接受益，工程建设取得了巨大成效，每年产生的经济效益达 2.41 万亿元，为建设生态文明和美丽中国做出了突出贡献（Treacy et al.，2018）	将坡度在25°以上的耕地全部退耕并进行造林植草
水土保持生态修复试点工程	2001	2001 年底，长江委水保局启动实施了云南姚安、贵州赤水、四川平昌、甘肃两当、陕西太白、湖北宜昌夷陵、重庆璧山与巫溪、江西安义、湖南隆回 10 个长江流域水土保持生态修复试点县工程。2002～2005 年，水利部实施了第一批全国水土保持生态修复试点工程，长江流域有近 40 个县被列入试点行列	封山禁牧、生态移民、能源替代、畜种改良、饲草料基地建设
长江源头区水土保持预防保护工程	2001	2001 年 9 月开始实施，涉及 15.97 万 km^2，工期为 2001～2006 年。长江委于 2003 年确定将陕西省城固县、洋县、镇安县、柞水县、宁陕县、镇坪县，河南省栾川县，湖北省十堰市张湾区及竹溪县、丹江口市 10 县（市、区）列为南水北调中线工程水源区水土保持预防保护工程重点县（市、区），工期为 2003～2007 年	以配套灌溉渠系、退耕还林、人工种草、围栏封育等为主的水土保持、生态修复工程
水土保持世界银行贷款项目	2006	2006 年上半年启动，涉及云、贵、鄂、渝 4 省（市）的 38 个县（市），跨长江、珠江两大流域，这一项目计划利用世行（全称世界银行）贷款 1 亿美元，国内同额资金配套，综合治理云、贵、鄂、渝 4 省（市）的水土流失面积 3014km^2，分 6 年实施。欧盟还初步同意为世行贷款项目长江流域部分提供 1000 万欧元赠款	以县（市）为单位，以小流域为单元，统一规划山水田林路等基础设施，实施工程、林草植被和农业技术措施

① 1 亩≈666.67m^2。

续表

生态工程名称	启动年份	实施进展	主要措施
丹江口库区及上游水土保持重点防治工程	2007	项目涉及陕西、湖北、河南3省的25个县（市、区），2007年优先启动实施3个项目区（黄莺、均县和凉水河）内19条小流域的水土保持治理工程。规划治理水土流失总面积1.43万km^2，总投资34.97亿元，实施期为2007～2010年	坡改梯，种植水土保持林、经果林，封禁治理，修建小型蓄水工程
坡耕地水土流失综合治理试点工程专项	2010	2010年，在西北黄土高原区、北方土石山区、东北黑土区、西南土石山区、南方红壤区5个水土流失类型区16个省（区、市）的50个县开展试点工程，后推进至22个省（区、市）。2015年发布的《全国坡耕地水土流失综合治理"十三五"专项建设方案》拟通过5年（2016～2020年）建设，实施坡改梯491万亩，因地制宜地建设蓄排引灌、田间生产道路、地埂利用等配套措施。项目实施后，预计可使项目区坡耕地水土流失严重趋势得到有效控制，耕地蓄水抗旱能力明显增强，年新增保土能力1200万t、蓄水能力3亿m^3、粮食生产能力50万t以上，使农业、农村的生产、生活条件得到有效改善	以保土、蓄水、节水措施为主，措施内容主要包括坡改梯，修建蓄水池、灌排沟渠，种植水土保持林、经果林，种草与封禁管理

1.3.2 坡耕地水土保持措施与减蚀效应

1. 坡改梯

坡改梯即利用工程措施梯化坡地，一般在5°～25°的坡耕地中进行，以15°～25°的坡耕地为主（张洪江等，2007）。坡改梯通过削减耕地坡度、减小地表径流速率和增加土壤水分入渗等方式起到水土保持作用（马正锐等，2020）。坡改梯按形式可分为水平梯田、坡式梯田和隔坡梯田。一般地，当原耕作台面坡度在15°以下时，水平梯田是最优的坡改梯形式；当原耕作台面坡度为15°～20°时，坡式梯田是最优的坡改梯形式（鲍玉海等，2018；程圣东等，2018）。坡改梯按材料可分为石坎梯地和土坎梯地两种，均有较好的水土保持效果。有研究表明，原耕作台面坡度为15°～25°时自然坡耕地的径流量是坡改梯耕地的2.65～4.45倍（陈述文等，2008）。朱远达等（2003）认为，若将年均侵蚀模数大于2000t/km^2的坡耕地全部改为梯田，平均年减沙12750t。坡改梯在长期实行后改善土壤质量、固土保水等的成效显著（肖理等，2019；周欣花，2020）。

坡改梯是山区治理坡耕地、建设基本农田的重要措施，但水平梯田建设工程量大（土方量3000～6000m^3/hm^2）、造价高（3万～10万元/hm^2，不包含坡面水系配套投资），梯埂占地多（7%～12%），且需要高强度的人力和物力投入（谷树忠，1999）。在目前的社会经济条件下，受人力、物力和财力等因素的制约，完全依靠坡改梯工程解决紫色土区坡耕地的水土流失问题是不现实的。

2. 坡面水系工程

坡面水系工程通过拦截、引导、蓄水、灌水、排水等各项工程减少坡面水土流失。通常，"三沟"（截洪沟、蓄水沟、排水沟）、"三池"（蓄水池、蓄粪池、沉沙池）是坡面水系工程的主体（张长印和陈法杨，2004）。坡面水系工程分为坡面截流工程、蓄水工程和灌排水工程，其中，截流工程即建设截流沟，以拦截坡面上部径流，避免其冲刷下部耕地（蔡雄飞等，2019）；蓄水工程，即建设蓄水池、沉沙池，以蓄积坡面降水及地表径流（丁光敏，2013）；灌排水工程，即建设相应灌水和排水渠道（汪甜甜等，2021）。

目前，推广坡面水系工程的紫色土区一般都是交通条件较好和人口比较集中的区域。其中大部分是在“长治”工程、农发项目以及新农村建设等工程改田（土）时，通过调整坡面水系，实现沉沙有凼，蓄水有池，排水有沟，地边作埂，埂上种树植草，沟、凼、池相连，避免上坡径流直冲耕地，从而控制水土流失，提高土壤保水保肥能力（钟冰和唐治诚，2001）。

3. 保土耕作

紫色土区保土耕作措施主要有两种，一种是以改变小地形、增加地表粗糙度为主的措施，如横坡耕作、等高耕作、等高沟垄、等高植物篱等；另一种是以提高土壤抗蚀与入渗能力为主的措施，如覆盖耕作、免耕、少耕、深耕、增施有机肥等。横坡耕作包括在坡耕地上横坡开行、横坡带状间作和等高条播等耕作方式，通过对地表径流的层层拦截，增加入渗，从而防止水土流失（任雨之等，2019）。在实行轮作的坡耕地，横坡垄作在降雨前期或强降雨时期减少径流和土壤流失的效果最为显著（程鹏等，2022）。在坡耕地开挖水平沟，配合“边沟背沟”能达到很好的理水效果，采用“挑沙面土”返还沉积泥沙于坡耕地上坡位，会对紫色土区坡耕地土壤空间再分布产生重要影响（He et al.，2007）。

不同耕作措施对坡耕地水土流失的影响不同。垄作与平作相比，土壤侵蚀量和地表径流量分别减少了97%和83%（廖晓勇等，2003）。与紫色土坡耕地顺坡垄作相比，采取横坡垄作后径流深和土壤流失量可分别减少12.24%和40.79%（徐露等，2020）。复合措施减沙效应更明显（程鹏等，2022；袭培栋等，2021），如15°横坡垄作的土壤侵蚀量为25.6t/hm^2，而横坡网格垄作＋秸秆覆盖的土壤侵蚀量仅2.5t/hm^2（朱波等，2000）。忠县新政村小流域采取了水平沟措施的坡耕地侵蚀模数仅为1294.6t/(km^2·a)（李豪等，2009）。

4. 种植模式优化

种植模式优化是根据坡耕地农作物不同复种方式下水土流失的控制情况进行的，其实质是增加地表覆盖，如间作套种、宽行密植、草粮轮作等。向万胜等（2001）认为，通过合理搭配作物种类进行多熟制间套作，建立坡耕地水土保持种植制，是减轻坡耕地水土流失的有效途径。马传功等（2016）对云南坡耕地进行的不同种植模式下的水土保持试验表明，玉米＋马铃薯间作模式对地表径流的削减量最大，玉米＋大豆间作模式削减的土壤侵蚀量最大。孙永明等（2016）认为，草沟＋梯壁种植百喜草＋梯面施土壤改良剂能够作为最佳的水土保持型果园种植模式。除了对传统的农作物种植模式优化外，邓玉林等（2003）还提出了将畜牧业与种植业结合的水保模式，果牧结合（果＋草＋羊）的生态农业模式与单纯果园、果＋菜等传统的农业模式相比，能显著改善土壤物理性状，增强土壤保水能力，提高土壤肥力。种植模式和施肥处理及其相互作用对土壤碳源利用能力也有显著影响，间作种植体系增强了土壤微生物群落多样性，进而改变了根际土壤微生物碳源利用能力和种类（于海玲等，2022）。

通过对比试验，一些学者提出了作物种类的选择和搭配参考。向万胜等（2001）认为，夏季作物花生在雨季的地表覆盖度高于红薯，不同种植模式下土壤及养分流失量的大小顺序为油菜（小麦）+ 红薯＞油菜（小麦）+ 玉米＞红薯＞油菜（小麦）+ 玉米 + 花生＞油菜（小麦）+ 金荞麦＞花生。周璟等（2009）在洗布河流域的观测表明，泥沙流失量大小顺序为休闲地（2.17kg/m^3）＞红薯 + 玉米间作（1.59kg/m^3）＞橘树 + 红薯、玉米间作（1.41kg/m^3）＞桑树 + 红薯、玉米间作（1.12kg/m^3）＞黄金梨 + 红薯、玉米间作（1.03kg/m^3），说明桑树和黄金梨在洗布河流域有着较好的水土保持效果，适当间作是较好的水土保持种植模式。姚荣江和何丙辉（2005）认为，三峡库区紫色土丘陵区可推广梨 + 连翘/花生与桃 + 连翘/花生两种模式。

5. 植物篱措施

植物篱也称为生物篱。在坡耕地及梯田地埂上沿等高线栽种植物篱，可以拦截耕地上部的侵蚀泥沙，并通过逐步淤高土体减缓坡耕地的坡度。同时，坡耕地地表径流流经植物篱时，植物篱可降低径流流速，促进径流入渗，增加土壤含水率，削减径流侵蚀能力（张雪莲等，2019；曹艳等，2017）。植物篱按应用目的可分为等高植物篱、等高固氮植物篱和地埂植物篱三种类型（赵爱军等，2004）。其中地埂植物篱又称植物篱地埂，通过地埂和植物篱双重拦蓄削减径流流速，降低径流挟沙能力，并且增加径流入渗时间，以达到很好的减蚀效果（蔡强国和卜崇峰，2004），紫色土区常见的植物篱植物有黄荆、马桑、香根草、黄花菜、大豆、蚕豆等。

紫色土坡耕地植物篱宽度和植物篱株距与产流产沙之间存在显著的相关性，当雨强为 30mm/h 时，宽度为 40cm 的植物篱减沙减流效果最明显（刘枭宏等，2019）。杨红宾等（2022）对比三峡库区紫色土坡耕地农桑系统中等高种植一带桑、两带桑、三带桑与无桑树篱 4 种模式发现，三带桑磷素流失阻抗效果最突出，两带桑壤中流磷素流失量显著降低 34.2%，地上地下磷素总流失量显著降低 61.3%。有试验表明，一年生植物篱坡耕地单位时间累积径流量减少 22%～43%，单位时间累积产沙量减少 94%～98%（蔡强国和卜崇峰，2004）。在同一降雨强度和坡度条件下，坡面总径流量和总侵蚀量呈现植物篱＜仅有植物篱根系＜裸坡的规律（郭萍等，2021）。黄小芳等（2021）通过试验发现，土壤细颗粒和土壤养分含量表现为植物篱径流小区高于无植物篱径流小区。可见，植物篱对控制土壤养分流失、抑制土壤侵蚀、提高土壤肥力都有较好的效果。此外，经济植物篱还可增加农民的收入，提高农民参与水土保持工作的积极性（郑度，2004）。

6. 退耕还林还草

退耕还林还草是指让易造成水土流失和土壤退化的耕地（主要指≥25°的陡坡耕地）有计划、有步骤地停止耕种，因地制宜地造林种草，恢复植被（徐彩瑶等，2022）。紫色土区实施退耕还林还草工程后在增加植被覆盖和基流、减少泥沙输移、蓄水保土等方面达到了很好的效果（黄麟等，2020）。通常，在紫色土区退耕还林还草适用于 15°～25°的非基本农田坡耕地，对坡度大于 25°的区域实施“一刀切”式的退耕还林还草政策在当前并不适宜。对于立地条件差、不便耕作、粮食产量低和位于急坡、险坡上的农田应当停止开垦，实施退耕还林，而 25°～35°的坡耕地应因地制宜，逐步实施退耕还林（崔鹏等，2008）。

退耕还林还草工程可使土地覆被变化显著，土壤保持能力整体提升（包玉斌等，2022）。坡耕地退耕还林后，与未退坡耕地相比，林地地表径流量平均减少 75.25%～85.21%，退耕地的土壤侵蚀模数减小 1676～1877t/(km^2·a)，减小幅度为 85.4%～95.6%（王珠娜等，2007）。退耕还林还草对土壤质量的影响也较为显著，刘畅等（2021）的研究表明，退耕还林后土壤容重下降，孔隙度及有机质等的含量增加，土壤理化性质得以改善，入渗性能也明显提高。退耕还林还草工程对土壤有机碳含量及储量有显著影响，但短期固碳效应不显著，长期固碳效应相当可观（黎鹏等，2021）。此外，退耕还林可能会增加表土中硒和重金属的含量（刘永林等，2022）。

1.3.3　坡耕地水土保持措施适宜性

综上，紫色土区坡耕地水土保持措施可以归纳为工程措施（坡改梯和坡面水系配套）、耕作措施（保土耕作和种植模式优化）和生物措施（植物篱和退耕还林还草）。其中，坡改梯和坡面水系配套是坡耕地综合整治的核心技术。崔鹏等（2008）认为，10°～25°的坡耕地应以梯地建设工程措施为主，辅以植物措施和保土耕作措施；小于 10°的坡耕地应以植物措施和保土耕作措施为主，辅以小型水利水保工程措施；坡耕地上缘的荒山荒坡和退耕的陡坡耕地应以植物措施为主，种植生态效益和经济效益兼优的林草及经济林果，辅以小型水利水保工程措施。李秋艳等（2009）认为，0°～5°缓坡地适宜使用耕作措施，坡改梯措施能够在 5°～15°中等坡度坡耕地上发挥最大效益，15°～25°较大坡度的坡耕地适宜使用植物篱措施，而 25°以上坡耕地必须退耕还林。表 1.6 为三峡库区坡耕地水土保持措施适宜性比较，本书认为除了考虑坡度、减沙效果以外，还应重点考虑农民采纳意愿。

表 1.6　三峡库区坡耕地水土保持措施适宜性比较

类型	水土保持措施	适宜条件	措施的优点	措施的缺点	农民采纳意愿
工程措施	坡改梯	5°～25°的坡耕地，15°～25°的坡耕地最适宜	减沙效益明显	工程量大；造价高；水平梯田梯埂占地多	部分乐意，部分不乐意
	坡面水系配套	降水量＞800mm 的湿润区，坡度为 15°～25°的坡耕地适宜；＜15°的坡耕地最适宜	减沙效益明显；具有防洪抗旱功能；方便农业生产	造价高；需要高强度的人力和物力投入；占地较多	乐意
耕作措施	保土耕作	15°以下缓坡耕地	投资小、见效快、效果显著	受坡度、降水等自然条件限制	大部分乐意且自发实施
	种植模式优化	适宜性广，但是不同区域适宜使用的具体模式有差异	投资小，经济、生态效益显著	具体作物和模式需要深入研究；与市场对接难度大	大部分乐意且自发实施
生物措施	植物篱	坡耕地及梯田土质地埂	减蚀效益和经济效益显著	前期需要一定的维护和管理；占用耕地；与作物争土、肥	大部分乐意且自发实施
	退耕还林还草	≥25°的陡坡耕地	效果明显，后期维护少，有长期效益	耕地减少；影响农民生产生活	乐意

1.4 本章小结

紫色土是紫色砂岩、页岩、泥岩风化物，隶属初育土纲石质初育土亚纲，分酸性紫色土、中性紫色土和石灰性紫色土3个亚类。紫色土基本保持了母质理化性质，砂粒和粉粒占比较高，其剖面发育层次不明显，没有显著的腐殖质层。此外，紫色土结构良好，土壤微生物活力强，易耕作。但母岩裂隙发育，物理风化速度快，抗侵蚀能力弱。

紫色土总面积22万km^2，占国土面积的2.3%，其中四川、重庆和云南3省（市）的分布面积最广，是重要的耕地资源，也是长江上游的主要侵蚀源地。因此，开展紫色土坡耕地侵蚀产沙、养分流失和水土保持研究对建设长江生态文明和保障区域经济社会发展具有重要意义。

目前，紫色土区坡耕地水土保持措施可以归纳为工程措施、耕作措施和生物措施三大类，其中工程措施有坡改梯和坡面水系配套，耕作措施有保土耕作和种植模式优化，生物措施有植物篱和退耕还林还草。这些措施各有优缺点，农民采纳意愿也有差异，应根据不同环境条件选择适宜的措施因地制宜地开展紫色土坡耕地水土保持工作。

参考文献

包玉斌，黄涛，吕林涛，2021. 陕北黄土高原实施退耕还林还草工程后的土壤保持效应[J]. 宁夏大学学报（自然科学版），42（3）：1-8.
鲍玉海，丛佩娟，冯伟，等，2018. 西南紫色土区水土流失综合治理技术体系[J]. 水土保持通报，38（3）：143-150.
蔡强国，卜崇峰，2004. 植物篱复合农林业技术措施效益分析[J]. 资源科学，26（S1）：7-12.
蔡雄飞，雷丽，梁萍，等，2019. 坡耕地边沟水土保持机制模拟研究[J]. 中国水土保持科学，17（4）：41-48.
曹艳，刘峰，包蕊，等，2017. 西南丘陵山区坡耕地植物篱水土保持效益研究进展[J]. 水土保持学报，31（4）：57-63.
陈述文，邓炜，邱金根，2008. 不同坡改梯方式的生态环境效应研究[J]. 安徽农业科学，36（19）：8251-8254.
陈治谏，廖晓勇，刘邵权，2003. 坡地植物篱农业技术生态经济效益评价[J]. 水土保持学报，17（4）：125-127，160.
程鹏，廖超林，肖其亮，等，2022. 横坡垄作和秸秆覆盖对红壤坡耕地氮磷流失的影响[J]. 农业环境科学学报，41（5）：1036-1046.
程圣东，杭朋磊，李鹏，等，2018. 陕南土石山区坡改梯对坡面稳定性的影响[J]. 水土保持研究，25（5）：157-161.
慈恩，唐江，连茂山，等，2018. 重庆市紫色土系统分类高级单元划分研究[J]. 土壤学报，55（3）：569-584.
丛佩娟，2017. 农业综合开发水土保持项目建设管理情况综述[J]. 中国水土保持（12）：21-22，68.
崔鹏，王道杰，范建容，等，2008. 长江上游及西南诸河区水土流失现状与综合治理对策[J]. 中国水土保持科学，6（1）：43-50.
邓玉林，陈治谏，刘绍权，等，2003. 果牧结合生态农业模式的综合效益试验研究[J]. 水土保持学报，17（2）：24-27.
丁光敏，2013. 水土保持生态型坡耕地改造“三网”建设技术[J]. 亚热带水土保持，25（3）：34-35.
董杰，杨达源，周彬，等，2006. ^{137}Cs示踪三峡库区土壤侵蚀速率研究[J]. 水土保持学报，20（6）：1-5，66.
冯小杰，郑子成，李廷轩，2017. 紫色土区坡耕地玉米季地表径流及其氮素流失特征[J]. 水土保持学报，31（1）：43-48，54.
谷树忠，1999. 坡改梯的损益分析——以贵州省喀斯特地区为例[J]. 自然资源学报，14（2）：56-61.
郭萍，夏振尧，高峰，等，2021. 香根草植物篱对三峡库区坡地紫色土侵蚀的影响[J]. 农业工程学报，37（19）：105-112.
海春兴，陈健飞，2016. 土壤地理学[M]. 2版. 北京：科学出版社.
何太蓉，姜洪涛，杨达源，等，2004. 长江三峡库区现代坡地剥蚀速率研究[J]. 地理科学，24（1）：89-93.
何毓蓉等，2003. 中国紫色土（下篇）[M]. 北京：科学出版社.
黄丽，张光远，丁树文，等，1999. 侵蚀紫色土土壤颗粒流失的研究[J]. 土壤侵蚀与水土保持学报，5（1）：35-39，85.

黄麟，曹巍，祝萍，2020. 退耕还林还草工程生态效应的地域分异特征[J]. 生态学报，40（12）：4041-4052.
黄小芳，丁树文，柯慧燕，等，2021. 三峡库区植物篱模式对土壤理化性质和可蚀性的影响[J]. 水土保持学报，35（3）：9-15，22.
黄鑫，蒲晓君，郑江坤，等，2016. 不同植物篱对紫色土区坡耕地表层土壤理化性质的影响[J]. 水土保持学报，30（4）：173-177，215.
姜达炳，樊丹，甘小泽，2005. 三峡库区坡耕地运用生物埂治理水土流失技术的研究[J]. 中国生态农业学报，13（2）：158-160.
江娜，史东梅，曾小英，等，2022. 土壤侵蚀对紫色土坡耕地耕层障碍因素的影响[J]. 土壤学报，59（1）：105-117.
蒋光毅，史东梅，卢喜平，等，2004. 紫色土坡地不同种植模式下径流及养分流失研究[J]. 水土保持学报，18（5）：54-58，63.
寇青青，运剑苇，汪明星，等，2020. 渝东北紫色土饱和导水率传递函数研究[J]. 土壤，52（3）：611-617.
黎鹏，张勇，李夏浩祺，等，2021. 黄土丘陵区不同退耕还林措施的土壤碳汇效应[J]. 水土保持研究，28（4）：29-33.
李海强，郭成久，李勇，等，2016. 植物篱对坡面土壤养分流失的影响[J]. 水土保持研究，23（5）：42-48.
李豪，张信宝，文安邦，等，2009. 三峡库区紫色土坡耕地土壤侵蚀的 ^{137}Cs 示踪研究[J]. 水土保持通报，29（5）：1-6.
李秋艳，蔡强国，方海燕，等，2009. 长江上游紫色土地区不同坡度坡耕地水保措施的适宜性分析[J]. 资源科学，31（12）：2157-2163.
李铁，谌芸，何丙辉，等，2019. 天然降雨下川中丘陵区不同年限植物篱水土保持效用[J]. 水土保持学报，33（3）：27-35.
廖晓勇，陈治谏，刘邵权，等，2003. 三峡库区坡耕地粮经果复合垄作技术效益评价[J]. 水土保持学报，17（2）：37-40.
廖晓勇，罗承德，陈治谏，等，2006. 三峡库区植物篱技术对坡耕地土壤肥力的影响[J]. 水土保持通报，26（6）：1-3.
刘畅，张建军，张海博，等，2021. 晋西黄土区退耕还林后土壤入渗特征及土壤质量评价[J]. 水土保持学报，35（5）：101-107.
刘宏魁，曹宁，张玉斌，2011. 吉林省黑土侵蚀区水土保持措施对土壤颗粒组成和速效养分影响分析[J]. 中国农学通报，27（1）：111-115.
刘瑞，张宇亭，王志超，等，2021. 绿肥覆盖对紫色土坡耕地柑橘园氮磷流失的阻控效应研究[J]. 水土保持学报，35（2）：68-74.
刘枭宏，李铁，谌芸，等，2019. 香根草植物篱带宽对紫色土坡地产流产沙的影响[J]. 水土保持学报，33（4）：93-101.
刘永林，刘属灵，吴梅，等，2022. 西南典型“退耕还林”区土地利用/覆被变化对土壤中硒及重金属含量的影响[J]. 环境科学，43（6）：3262-3268.
龙翼，张信宝，严冬春，2010. 三峡库区苎麻护坎坡式梯地减蚀效益的 ^{137}Cs 法研究[J]. 中国水土保持（10）：32-33.
卢喜平，史东梅，吕刚，等，2005. 紫色土坡地果草种植模式的水土流失特征研究[J]. 水土保持学报，19（2）：21-25.
马传功，陈建军，郭先华，等，2016. 坡耕地不同种植模式对农田水土保持效应及土壤养分流失的影响[J]. 农业资源与环境学报，33（1）：72-79.
马云，何丙辉，何建林，等，2011. 三峡库区皇竹草植物篱对坡面土壤分形特征及可蚀性的影响[J]. 水土保持学报，25（4）：79-82，87.
马正锐，孟祥江，何邦亮，等，2020. 三峡库区坡地果园生态治理措施研究进展[J]. 四川林业科技，41（5）：127-132.
任雨之，郑江坤，付滟，等，2019. 不同耕种模式下遂宁组紫色土坡耕地产流产沙特征[J]. 水土保持学报，33（2）：30-38.
史东梅，卢喜平，刘立志，2005. 三峡库区紫色土坡地桑基植物篱水土保持作用研究[J]. 水土保持学报，19（3）：75-79.
史东梅，江娜，蒋光毅，等，2020. 紫色土坡耕地耕层质量影响因素及其敏感性分析[J]. 农业工程学报，36（3）：135-143.
宋鸽，史东梅，曾小英，等，2020. 紫色土坡耕地耕层质量障碍特征[J]. 中国农业科学，53（7）：1397-1410.
苏正安，张建辉，2010. 耕作导致的土壤再分布对土壤水分入渗的影响[J]. 水土保持学报，24（3）：194-198.
孙永明，叶川，黄欠如，等，2016. 赣南脐橙园不同水保措施应用效果研究[J]. 中国水土保持（8）：9-12，42.
田潇，周运超，蔡先立，等，2015. 坡耕地不同物种植物篱对面源污染物的拦截效率及影响因素[J]. 农业环境科学学报，34（3）：494-500.
汪甜甜，费坤，江文娟，等，2021. 宣州区耕地质量等级评价及灌排能力对耕地质量影响[J]. 灌溉排水学报，40（11）：79-89.
王海明，李贤伟，陈治谏，等，2010. 三峡库区坡耕地粮经果复合垄作对土壤侵蚀与养分流失的影响[J]. 水土保持学报，24（3）：1-4，17.
王文武，2019. 不同坡度下紫色土坡耕地土壤侵蚀演变特征[D]. 雅安：四川农业大学.

王谊，2021. 三峡库区紫色坡耕地桑树系统氮磷流失负荷及养分平衡研究[D]. 重庆：西南大学.
王玉宽，文安邦，张信宝，2003. 长江上游重点水土流失区坡耕地土壤侵蚀的 ^{137}Cs 法研究[J]. 水土保持学报，17（2）：77-80.
王珠娜，王晓光，史玉虎，等，2007. 三峡库区秭归县退耕还林工程水土保持效益研究[J]. 中国水土保持科学，5（1）：68-72.
温磊磊，郑粉莉，沈海鸥，等，2015. 东北典型黑土区农耕土壤团聚体流失特征[J]. 土壤学报，52（3）：489-498.
文安邦，张信宝，王玉宽，等，2001. 长江上游紫色土坡耕地土壤侵蚀 ^{137}Cs 示踪法研究[J]. 山地学报，19（S1）：56-59.
文安邦，齐永青，汪阳春，等，2005. 三峡地区侵蚀泥沙的 ^{137}Cs 法研究[J]. 水土保持学报，19（2）：33-36.
袭培栋，张鹏程，何为媛，等，2021. 模拟降雨下不同农作措施紫色土坡耕地氮磷流失特征[J]. 中国水土保持科学，19（6）：69-76.
夏立忠，杨林章，李运东，2007. 生草覆盖与植物篱技术防治紫色土坡地土壤侵蚀与养分流失的初步研究[J]. 水土保持学报，21（2）：28-31.
夏立忠，马力，杨林章，等，2012. 植物篱和浅垄作对三峡库区坡耕地氮磷流失的影响[J]. 农业工程学报，28（14）：104-111.
向万胜，梁称福，李卫红，2001. 三峡库区花岗岩坡耕地不同种植方式下水土流失定位研究[J]. 应用生态学报，12（1）：47-50.
向宇国，张丹，陈凡，等，2021. 降雨和坡度对植烟坡耕地产流产沙的影响[J]. 西南农业学报，34（5）：1121-1127.
肖理，王章文，殷庆元，等，2019. 金沙江干热河谷坡改梯对水土保持的影响[J]. 西南农业学报，32（12）：2856-2861.
徐彩瑶，王苓，潘丹，等，2022. 退耕还林高质量发展生态补偿机制创新实现路径[J]. 林业经济问题，42（1）：9-20.
徐露，张丹，向宇国，等，2020. 不同耕作措施下金沙江下游紫色土区坡耕地产流产沙特征[J]. 山地学报，38（6）：851-860.
徐文秀，韦杰，李进林，等，2019. 三峡库区紫色土坡耕地表土的可蚀性研究[J]. 水土保持通报，39（3）：7-11，18.
许其功，刘鸿亮，沈珍瑶，等，2007. 三峡库区典型小流域氮磷流失特征[J]. 环境科学学报，27（2）：326-331.
严坤，2020. 三峡库区农业生产方式改变及其对水土流失与面源污染影响——以万州区五桥河流为例[D]. 成都：中国科学院大学（中国科学院水利部成都山地灾害与环境研究所）.
杨红宾，王胜，殷溶，等，2022. 紫色土坡耕地农桑系统对土壤磷素流失的影响[J]. 农业环境科学学报，41（6）：1316-1326.
姚荣江，何丙辉，2005. 几种生态种植模式的环境生态经济效应研究[J]. 中国农学通报，21（4）：295-299，333.
叶青，史东梅，曾小英，等，2020. 土壤管理措施对紫色土坡耕地侵蚀耕层质量的影响[J]. 水土保持学报，34（4）：164-170，177.
于海玲，张晓岩，李晓宇，等，2022. 种植模式和施肥处理下根际土壤碳源利用能力的研究[J]. 东北师大学报（自然科学版），54（1）：126-133.
翟婷婷，谌芸，李铁，等，2020. 植物篱篱前淤积带与篱下土坎土壤水库和抗剪性能对比研究[J]. 生态学报，40（2）：599-607.
张长印，陈法杨，2004. 坡面水系工程技术应用研究[J]. 中国水土保持（10）：15-17.
张洪江，程金花，何凡，2007. 长江三峡库区土地覆被类型对坡面产沙的影响[J]. 中国水土保持科学，5（1）：40-43.
张鸿燕，徐德胜，赖发英，等，2019. 横坡垄作和秸秆覆盖对坡耕地水土养分流失的影响[J]. 现代园艺（19）：10-13.
张雪莲，赵永志，廖洪，等，2019. 植物篱及过滤带防治水土流失与面源污染的研究进展[J]. 草业科学，36（3）：677-691.
张洋，樊芳玲，周川，等，2016. 三峡库区农桑配置对地表氮磷流失的影响[J]. 土壤学报，53（1）：189-201.
赵爱军，许克翠，彭业轩，2004. 紫色土坡耕地栽种植物篱笆防治水土流失的试验初报[J]. 中国水土保持（11）：23-25.
郑度，2004. 长江上游地区水土保持若干问题探讨[J]. 资源科学，26（S1）：1-6.
郑江坤，李静苑，秦伟，等，2017. 川北紫色土小流域植被建设的水土保持效应[J]. 农业工程学报，33（2）：141-147.
钟冰，唐治诚，2001. 三峡库区水土流失及其防治[J]. 水土保持研究，8（2）：147-149.
中国科学院成都分院土壤研究室，1991. 中国紫色土（上篇）[M]. 北京：科学出版社.
周璟，何丙辉，刘立志，等，2009. 坡度与种植方式对紫色土侵蚀与养分流失的影响研究[J]. 中国生态农业学报，17（2）：239-243.
周欣花，2020. 黄土丘陵沟壑区坡改梯土壤质量效应研究[J]. 人民长江，51（5）：74-78.
朱波，陈实，廖晓勇，等，2000. 陡坡耕地的开发利用与保护——一种农林复合模式[J]. 山地学报，18（1）：37-41
朱远达，蔡强国，张光远，等，2003. GIS 支持下对不同水保措施的评估与比较[J]. 水土保持学报，17（6）：5-8.
Chen H，Zhang X P，Abla M，et al.，2018. Effects of vegetation and rainfall types on surface runoff and soil erosion on steep slopes on the Loess Plateau，China[J]. Catena，170：141-149.

He X B，Xu Y B，Zhang X B，2007. Traditional farming system for soil conservation on slope farmland in southwestern China[J]. Soil and Tillage Research，94（1）：193-200.

Ju L，Wen A B，Long Y，et al.，2013. Using ^{137}Cs tracing methods to estimate soil redistribution rates and to construct a sediment budget for a small agricultural catchment in the Three Gorges Reservoir region，China[J]. Journal of Mountain Science，10（3）：428-436.

Qian F，Dong L Y，Liu J G，et al.，2020. Equations for predicting interrill erosion on steep slopes in the Three Gorges Reservoir，China[J]. Journal of Hydrology and Hydromechanics，68（1）：51-59.

Shen H O，Zheng F L，Wen L L，et al.，2016. Impacts of rainfall intensity and slope gradient on rill erosion processes at loessial hillslope[J]. Soil and Tillage Research，155：429-436.

Treacy P，Jagger P，Song C H，et al.，2018. Impacts of China's grain for green program on migration and household income[J]. Environmental Management，62（3）：489-499.

Wang M，Pendall E，Fang C M，et al.，2018. A global perspective on agroecosystem nitrogen cycles after returning crop residue[J]. Agriculture Ecosystems & Environment，266：49-54.

第 2 章　紫色土坡耕地埂坎

2.1　埂坎相关概念

2.1.1　埂坎

埂坎是为防止集水冲毁耕地而修筑的高出田面的台阶与其外侧坡组合而成的复合体，是埂和坎的统称（图 2.1），也称为田坎（李颖等，2022）。埂也称为地埂，是超出田面的部分，作用是拦截地表径流和泥沙（宋春雨等，2018）；坎是两相邻地块的连接部分，可细分为坎腰和坎趾（黎娟娟等，2017），主要作用是护坡防塌（张信宝等，2010；Amare et al.，2014）。埂坎和边沟、背沟、沉砂池等共同构成紫色土耕地坡面水系工程（鲍玉海等，2018）。埂坎通过分割坡长和减缓坡度等方式改变坡面径流水动力学特性（张光辉，2018），是坡耕地侵蚀阻控体系的重要组成部分（史志华等，2018；Belachew et al.，2020）。

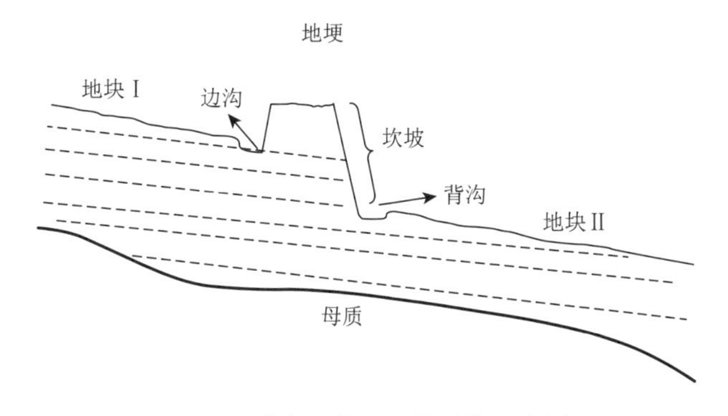

图 2.1　紫色土耕地埂坎结构示意图

2.1.2　植物埂

植物埂也称为生物地埂，是指顺坡隔一定距离等高栽种灌木、草本等植物，或在等高田坎上再栽种植物形成的地埂，用以拦蓄径流，保持水土。

2.1.3　埂坎系数

埂坎系数也称为田坎系数，是指耕地中埂坎面积与耕地面积的比例（%）。埂坎系数的大小由耕地所处的位置（丘陵、山区）、耕地类型（坡耕地、梯田）和利用方式（旱地、水田）等决定。一般情况下，耕地所在的地表坡度越大，埂坎系数越大，旱地比水田的埂坎系数大，梯田比坡地的埂坎系数大，山区比丘陵的埂坎系数大。

2.2 埂坎类型

2.2.1 埂坎类型划分

耕地埂坎分类方法很多，根据地埂的底宽和高度分为大地埂（埂底宽＞1.5m、埂高＞2m）、中地埂（埂底宽 1～1.5m、埂高 1～2m）和小地埂（埂底宽 0.3～1m、埂高＜1m）（柳向阳等，2009）；按建筑结构型式分为单墙式（单排砌石）和双墙式（双排砌石）2 种类型（杨才敏等，2000）；根据埂坎断面形态分为单型埂坎、L 型埂坎和反坡 L 型埂坎 3 种类型（李光录等，2015）。综上可知，目前耕地埂坎分类标准还未统一，现有的分类标准界定不明确。相较而言，以筑坎材料为标准的埂坎分类最普遍，耕地埂坎由此可分为石坎、土坎、土石复合坎、水泥砖坎 4 种基本类型，各类埂坎的主要优点、缺点和农民接受意愿调查情况见表 2.1。近年来，紫色土区新修建的耕地埂坎多为石坎和水泥砖坎，主要原因是这 2 种类型埂坎的稳定性相对较高，能更好地发挥水土保持效益。根据砌坎石材几何形态差异，可将石坎进一步分为块石（形态不规则）坎和条石（形态规则）坎 2 种类型。根据砌坎水泥砖的构型差异，可将水泥砖坎进一步分为六角实心砖坎、六角空心砖坎和通用主体砖坎 3 种类型。根据土料和石材的搭配方式，可将土石复合坎分为上土下石复合坎、上石下土复合坎和土石混合坎 3 种类型。图 2.2 为紫色土区几种典型的坡耕地埂坎。

表 2.1　4 种基本类型埂坎主要的优点、缺点和农民接受意愿比较

埂坎类型	主要优点	主要缺点	农民接受意愿
石坎	稳定性好、可兼作道路且行走方便	修筑成本高、劳动力投入多、石材匮乏的地区难以推广、维护难度大	较高
土坎	修筑成本低、劳动力投入少、易推广、能提高土地利用率、维护简单、生态适宜性高	稳定性差、不便于行走、抗侵蚀能力弱	较高
土石复合坎	稳定性较好、能提高土地利用率、修筑成本低于石质埂坎、维护简单、适应范围广、生态适宜性较高	建造工艺相对复杂	高
水泥砖坎	筑坎材料最容易获取、稳定性好、行走方便	修建成本高、劳动力投入多、经济欠发达地区难以推广、维护难度大、生态适宜性低	低

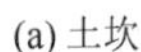

(a) 土坎

(b) 石坎（条石）

(c) 石坎（块石）

(d) 水泥砖坎　(e) 土石复合坎（上石下土）　(f) 土石复合坎（上土下石）

(g) 有坎无埂　(h) 无埂无坎　(i) 不规范埂坎

图 2.2　紫色土区坡耕地典型埂坎（后附彩图）

三峡库区紫色土坡耕地现有埂坎中土坎约占 65%，农民对土坎的接受意愿较高，但由于土坎的稳定性相对较低，在当前的坡耕地整治和高标准基本农田建设中土坎没有石坎多。石坎占 15%左右，近几年新建的石坎比较规整。笔者调查发现“农业学大寨”期间修建的石质埂坎多数保存得较为完好，但部分用抗风化能力较弱的紫色泥岩、砂岩等石材修建的石坎经过长期风化作用后已经垮塌。受劳动力缺乏、资金投入大、机会成本高等因素的影响，垮塌的埂坎只有极少数得到了修缮或重建。土石复合坎和水泥砖坎共占 8%左右，土石复合坎虽然兼顾了土坎和石坎的诸多优点，但其最优的结构和建造工艺仍不清楚，目前采用的比例不高。水泥砖坎在优质石材匮乏的地区比较常见，其比例仍然远低于石坎。笔者调查发现，将近有 10%的坡耕地没有埂坎，但采用了水平沟等传统水土保持措施。

紫色土区特殊的地形地貌和农民长期的耕作习惯形成了多样化耕地埂坎型式，即坎沟一体化、有坎有埂、有坎无埂和不规范埂坎 4 类。“坎沟一体化 + 沉砂池”是近年来坡耕地整治项目常用的一种水土保持措施，通过埂坎保土、边沟排水和沉砂池蓄水淤沙达到“土不下坡、水不出田”的效果（韦杰等，2012）。有坎有埂型主要存在于耕地资源不紧张的区域，由于这些区域坡耕地埂坎利用率不高，埂坎结构破坏程度较小，利于埂坎保存完整形态，此类埂坎控制耕作侵蚀的效果显著（Zhang et al.，2014），是一种比较成熟的埂坎型式。有坎无埂型在紫色土区比较普遍，主要是因为紫色土区特别是三峡库区农业用地比较紧张，土埂被充分利用，埂坎结构的破坏程度较大，最终形成了有坎无埂型埂坎。不规范埂坎是指没有经过修缮的垮塌埂坎或原本不规则的埂坎，这类埂坎在通达条件较差的乡镇较普遍，这些区域的耕地水土流失治理大多依靠“大横坡 + 小顺坡耕作”“挑沙面土”“反坡挖地”等传统水土保持措施。此外，气候条件、地形地貌、人地关系背景等环境特征的差异导致不同区域的耕地埂坎功能各有侧重。按照耕地埂坎的功能定位，紫色土区耕地埂坎分为田间便道坎、土地权属分界坎和水土保持坎 3 种类型。实际上，大多数埂坎同时具备多种用途。图 2.3 为不同分类标准下的耕地埂坎分类结果。

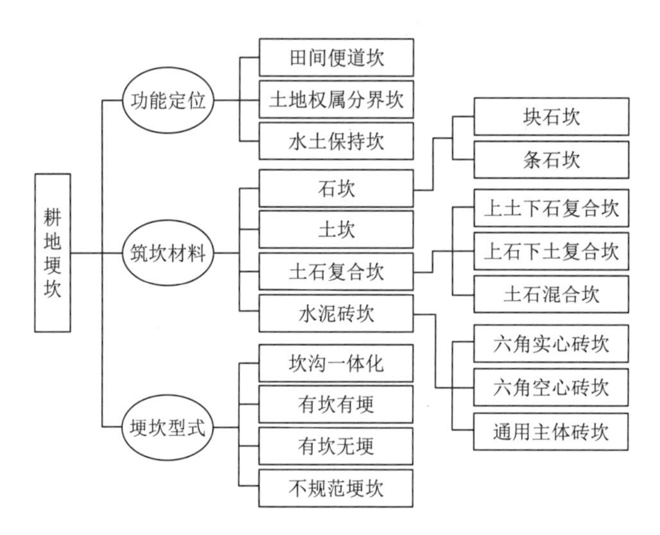

图 2.3　耕地埂坎主要分类

2.2.2　常见的埂坎结构

埂坎结构包括地坎和地埂两个部分，其中地坎是基础。三峡库区耕地中现有的石坎和通用主体砖坎外边坡接近 90°，土坎、土石复合坎和六角（实心/空心）砖坎外边坡多介于 56°～67°（图 2.4）。外边坡坡度决定了埂坎的占地面积，坡度越陡，占地面积越小，

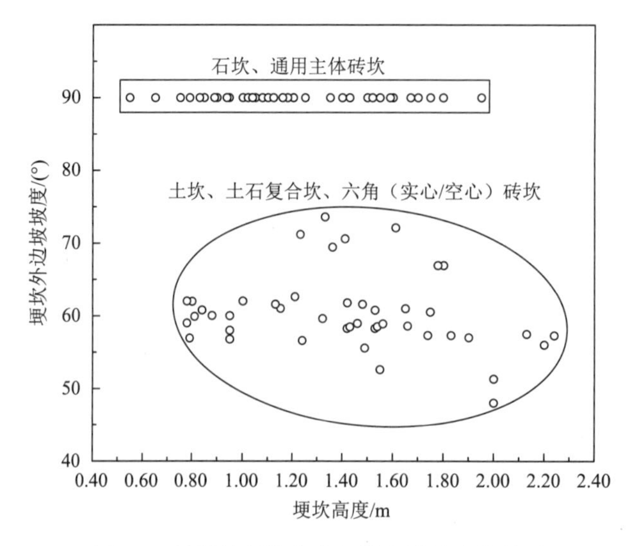

图 2.4　坡耕地埂坎高度与外边坡坡度的关系

这可能是近年来坡耕地整治和高标准基本农田建设中多采用石坎的另一原因。大多数埂坎高度为 0.55～2.20m，高度越低，埂坎稳定性越高。由于土壤的天然休止角较小，三峡库区的土质埂坎多为 1m 以下的“低坎”。

2.3 埂 坎 功 能

2.3.1 区分地块权属和通行

坡耕地埂坎的首要功能是区分地块权属（杨利民等，2010），其次是通行，这两个功能也是埂坎的基本功能。紫色土区特别是三峡库区耕地资源紧张，埂坎顶宽一般控制在 0.3m 左右（李进林和韦杰，2017），在方便通行的情况下尽可能少占耕地，一般埂坎面积占坡耕地面积的 8%～15%。紫色土坡耕地坡度多为 7°～25°（姜大炳等，2005），相邻地块存在高差，为方便管理，在坡改梯工程中通过修筑埂坎分割地块，降低坡耕地坡度，方便耕作时行走。

2.3.2 理水减蚀

埂坎通过分割汇水面积、削减洪峰流量和促进径流下渗等方式调控坡面水文过程，从而达到减少水土流失、保持水土和提高作物产量的目的（Wei et al.，2016）。结构设计科学、空间布局合理和配套完善的埂坎能够有效减少径流和泥沙进入沟道（Lesschen et al.，2009；Gebreegziabher et al.，2009）。埂坎拦蓄田面径流后，促进了降水下渗，耕作面土壤含水量可增加 10%左右（杜旭等，2010）。但也有研究认为，土坎坎面的水分蒸发可导致地块水分损失 1/3。因此，规划设计时可通过适当增加地块宽度、减小埂坎面积等方法，以及通过坎面植草、“埂坎＋植物篱”等措施提高植被覆盖度，减少埂坎裸露，在一定程度上提高埂坎涵养水分的能力（Lü et al.，2009）。不同地区的埂坎调控水沙的能力存在一定差异，紫色土区坡耕地埂坎减蚀约 77%（韦杰等，2012）；东北黑土区埂坎减蚀最高可达 99.5%（陈光等，2006）；西北黄土高原区埂坎保土效益可达 87%（吴发启等，2004）。总体来看，埂坎施工扰动可能会加速侵蚀，但从长远来看，尤其是与其他措施配套使用时，埂坎的水保效益十分显著。

2.3.3 保持土壤养分

埂坎通过拦截地表径流和泥沙能有效调控养分的迁移过程，从而减少耕地土壤的养分流失。坡耕地修建埂坎初期，受表土剥离、土壤结构变化和土壤侵蚀等作用影响，土壤物理性质、养分条件和抗蚀性能虽没有发生明显变化，但土壤质量有所降低（殷庆元等，2015）。此后受连年耕作、土壤培肥等田间管理措施的持续影响，土壤容重减小、孔隙度增加、入渗能力增强，土壤结构得到明显改善（李培霞等，2013），其中 0～60cm 土层养分含量变化比较明显（蔡进军等，2005），尤其是 0～20cm 土层，养分含量变异系数整体偏小，养分空间分布更加均匀（黄萍萍等，2013）。中国黄土高原地区坡耕地修建埂坎 1 年后，土壤有机碳、全氮和速效钾增幅达到了显著水平（P<0.05），30 年后土壤有机碳、全氮、碱解氮、全磷、速效磷和速效钾分别增加了 146%、155%、179%、14%、199%和 126%（薛萐等，2011）。

2.3.4 土地增产

坡耕地修建埂坎要占用一部分耕地，但能明显改善农业生产环境和提高粮食产量。在黄土高原，埂坎修建后的第 3～5 年，梯田的粮食产量比 10°的坡耕地提高了 27%～53%（Liu et al.，2011）。耕地的原坡面越陡，增产效果越明显，当原坡耕地为 15°时，绿豆[*Vigna radiate* (L.) Wilczek.]、大豆[*Glycine max* (L.) Merr.]和玉米（*Zea mays* L.）3 种作物的产量分别增加 1.8%、2.8%和 6.4%，当原坡耕地为 25°时，产量分别增加 4.6%、5.6%和 16.7%（Xu et al.，2011）。不同类型埂坎的增产效果也存在差异，如吉林省柳河县项家小流域梯地工程的粮食产量调查表明石坎梯地平均产量为 18300kg/hm^2，土坎梯地为 14419kg/hm^2，而坡耕地仅为 8370kg/hm^2（陈雪等，2008）。而 Hengsdijk 等（2005）的研究表明，在坡耕地上修建埂坎后确实能增加粮食产量，但不能弥补占用耕地的损失。

2.4 埂 坎 利 用

三峡库区紫色土耕地的调查发现，现有土坎利用率超过 80%。这主要是因为三峡库区耕地资源比较紧张，人均耕地面积约 0.7 亩，远低于全国平均水平，农民通过种植蚕豆（*Vicia faba* L.）、豌豆（*Pisum sativum* L.）、大豆等“小粮”和黄花（*Hemerocallis citrina* Baroni）、花椒（*Zanthoxylum bungeanum* Maxim.）等经济作物的方式利用土坎，以提高土地利用率，增加收入。有研究表明，土坎上种植多年生植物后，植物根系的“加筋”作用能够明显提高埂坎土体的抗剪强度和边坡稳定性（张信宝等，2010）。对于石坎和部分土坎，更多是用于田间耕作通行。

2.5 埂坎土壤理化性质

2.5.1 埂坎土壤物理性质

埂坎土壤中的水分影响埂坎稳定性。三峡库区紫色土耕地和埂坎土壤含水率差异较大，埂坎土壤自然含水率为 7.20%～23.70%，比耕地土壤自然含水率（10.56%～31.51%）低。

埂坎土壤容重为 1.37～1.83g/cm^3，比邻近地块耕地土壤容重（1.19～1.67g/cm^3）高（P<0.05）（图 2.5）。埂坎土壤容重的变异系数为 89%，比耕地土壤容重变异系数小，属于弱变异程度。

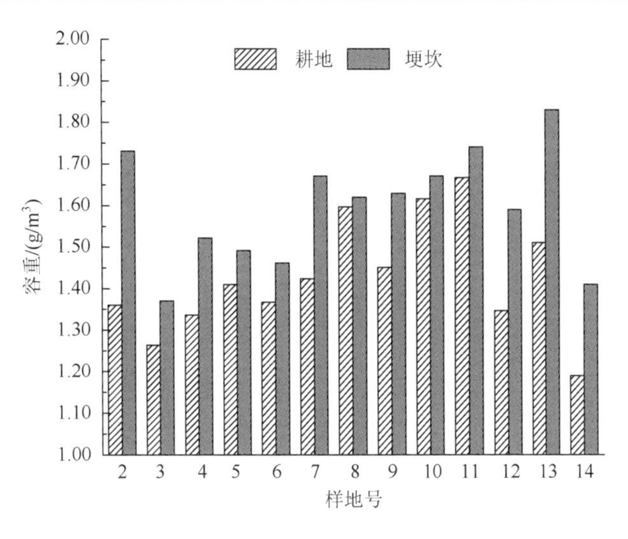

图 2.5　埂坎、耕地土壤容重对比

埂坎土壤孔隙度为 31.39%～48.59%，均值为 40.28%，显著低于耕地土壤孔隙度（P<0.01）（图 2.6），说明埂坎土壤孔隙体积占比小，通气透水性较差，这是因为埂坎作为农田道路，常被人为踩踏，土壤较紧实，没有被翻耕，导致其孔隙度较耕地低。

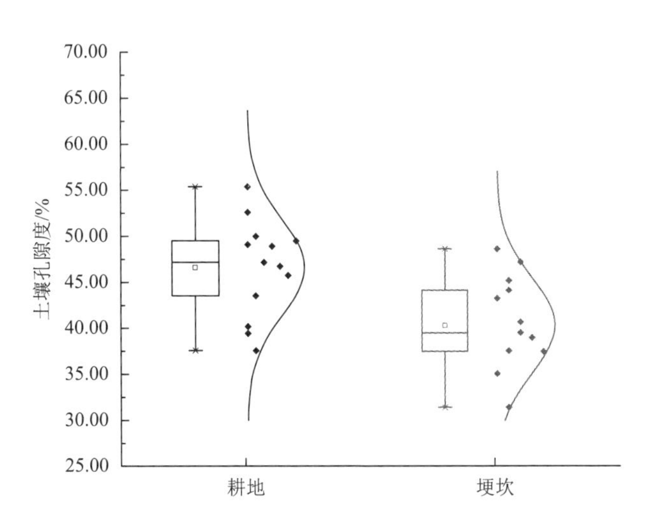

图 2.6　埂坎、耕地土壤孔隙度对比

埂坎与耕地土壤颗粒组成差异不显著，0～20cm 土层，埂坎土壤颗粒含量最高的是粉粒，占 70%，其次是砂粒（19%），黏粒含量最低，为 11%；耕地土壤粉粒、砂粒、黏粒平均含量依次为 68%、21%、11%。埂坎、耕地土壤质地类型有粉壤、砂壤、砂土和壤土 4 种，其中，最主要的质地类型为粉壤，占样本总数的 82%；其次是砂壤、砂土和壤土，分别占 6%左右。埂坎、耕地土壤各土层质地较一致，其中个别样坎土层质地与耕地质地有较大差异。

2.5.2　埂坎土壤化学性质

埂坎土壤 pH 为 5.60～7.69，这与耕地土壤 pH（5.54～7.90）差异不大。根据中国土壤酸碱度分级，三峡库区紫色土埂坎土壤和耕地土壤以弱酸性为主，中性土壤次之，弱碱性土壤最少（图 2.7）。

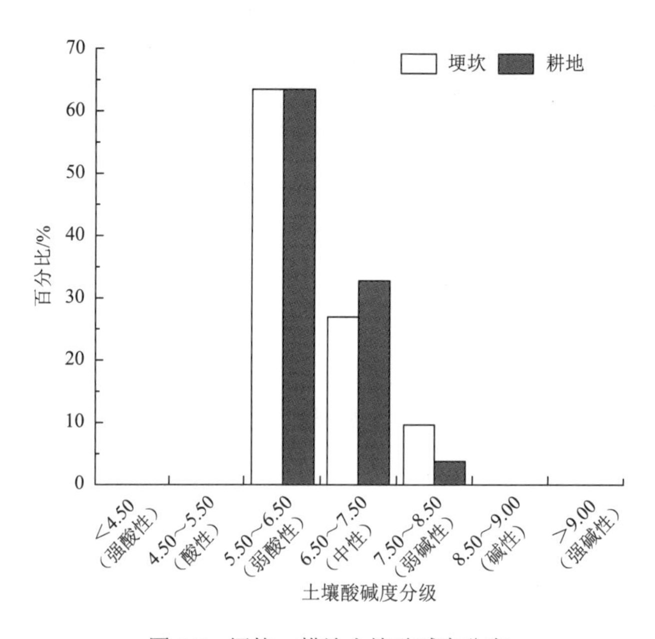

图 2.7　埂坎、耕地土壤酸碱度分布

埂坎土壤有机质（SOM）含量占比为四级占 54%，三级和五级分别占 15%、17%；而耕地 SOM 含量以三级、四级为主，分别占 27%、33%（图 2.8）。耕地 SOM 含量一、二、三、六级占比均高于埂坎，四级占比低于埂坎，而五级占比则相当，表明埂坎 SOM 含量不及耕地土壤丰富。埂坎 0～20cm 土层 SOM 含量为 1.97～33.88g/kg，变异系数为 44%～58%，变异度较高。耕地 SOM 含量为 1.12～66.28g/kg，变异系数为 46%～91%，比埂坎 SOM 变异度更高。

氮是作物生长的必需元素之一，对作物生长速度、品质等至关重要。如图 2.9 所示，耕地土壤全氮含量在一至三级的占比为 75%，显著高于埂坎土壤的 44%，埂坎土壤全氮含量在四至六级的占比为 56%。可见，埂坎全氮含量较为贫乏，耕地全氮含量较丰富。埂坎 0～20cm 土层土壤全氮含量在 0.86～4.61g/kg 变化，变异系数为 24%～48%，变异度高。耕地土壤全氮含量在 0.78～11.34g/kg 变化，变异系数为 62%～75%，变异度更高。耕地土壤全氮含量显著高于埂坎。

土壤碱解氮含量是衡量土壤氮素水平高低的一个重要指标，能够反映土壤氮素动态变化和供氮水平，与作物产量和吸氮量存在较显著的相关关系（施春健等，2007）。三峡库

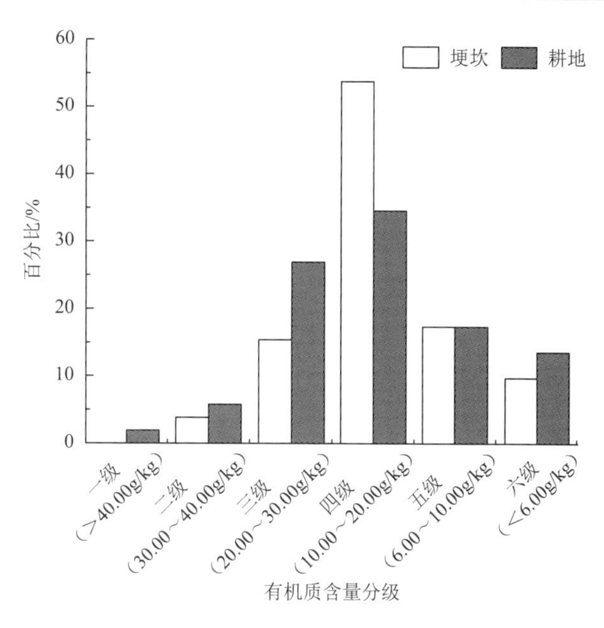

图 2.8　埂坎、耕地土壤有机质含量分布情况

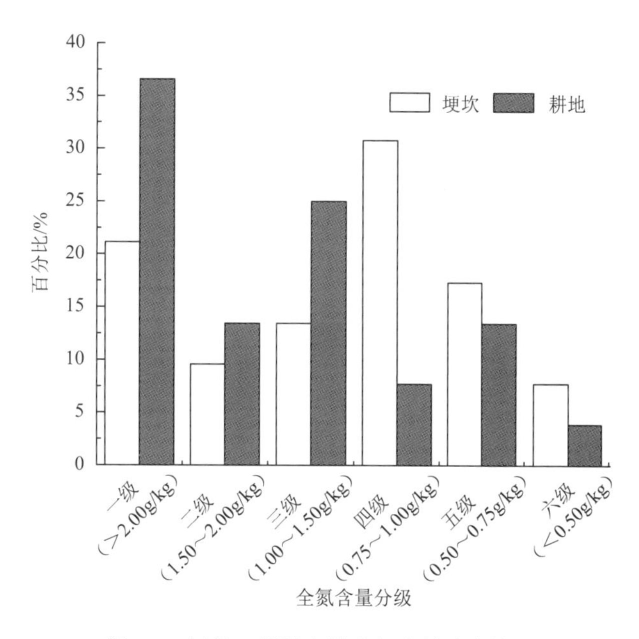

图 2.9　埂坎、耕地土壤全氮含量分布情况

区紫色土埂坎、耕地土壤碱解氮的含量分别为 64.16～269.53mg/kg、55.74～452.27mg/kg，比较丰富。根据全国第二次土壤普查养分分级标准，埂坎有 56%、耕地有 71%的土样碱解氮含量高于 150.00mg/kg，属于一级水平，而埂坎有 21%、耕地有 17%的样本碱解氮含量水平为二级水平，土壤碱解氮含量低于 90.00mg/kg 的土层数量很少，埂坎、耕地样本土层分别占 6%、4%（图 2.10）。埂坎土壤碱解氮含量的平均值为 159.85mg/kg，低于耕地土壤碱解氮含量平均值（203.90mg/kg）。

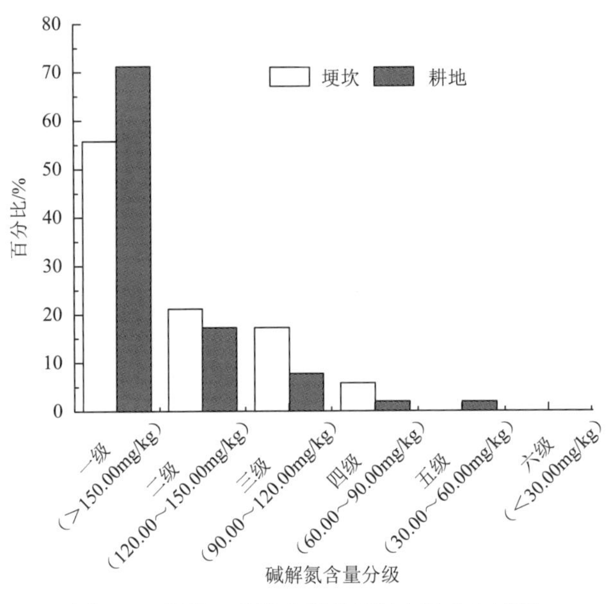

图 2.10　埂坎、耕地土壤碱解氮含量分布情况

埂坎、耕地土壤全磷含量分别为 0.12～2.35g/kg、0.14～8.65g/kg，耕地土壤全磷含量丰富，变异系数分别为 73%、117%。根据全国第二次土壤普查养分分级标准，耕地有 75%的样本全磷含量大于 0.60g/kg，属三级及以上水平；而埂坎土壤全磷含量不及耕地丰富，有 56%的样本全磷含量小于 0.60g/kg，属四级及以下水平（图 2.11）。埂坎土壤全磷含量的平均值为 0.76g/kg，低于耕地土壤全磷含量平均值（1.26g/kg）。

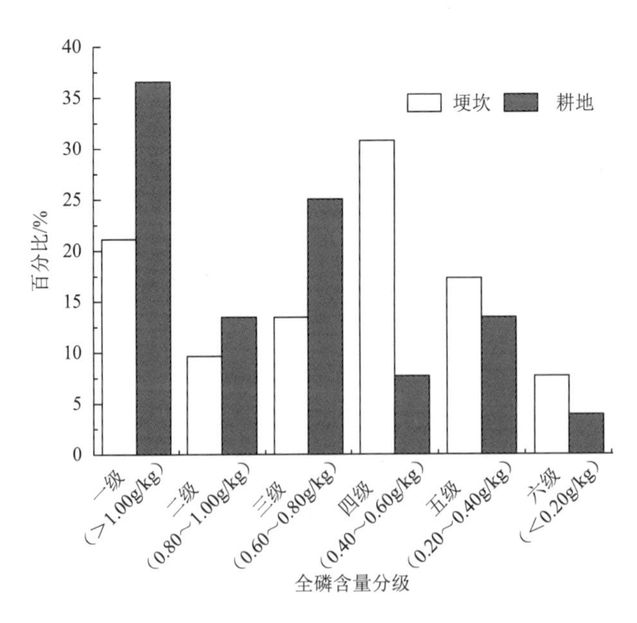

图 2.11　埂坎、耕地土壤全磷含量分布情况

埂坎、耕地土壤速效磷的含量分别为 1.06～242.3mg/kg、3.53～430.10mg/kg，变异

系数分别为 114%、149%，均属高度变异。根据全国第二次土壤普查养分分级标准，耕地土壤速效磷含量属一、二级水平的土层较埂坎多，占样本总量的 56%；而埂坎土壤速效磷含量多集中在三、四级水平，占土样总数的 65%（图 2.12）。埂坎土壤速效磷含量不及耕地丰富，埂坎土壤速效磷含量的平均值（23.02mg/kg）低于耕地土壤速效磷含量平均值（68.01mg/kg）。

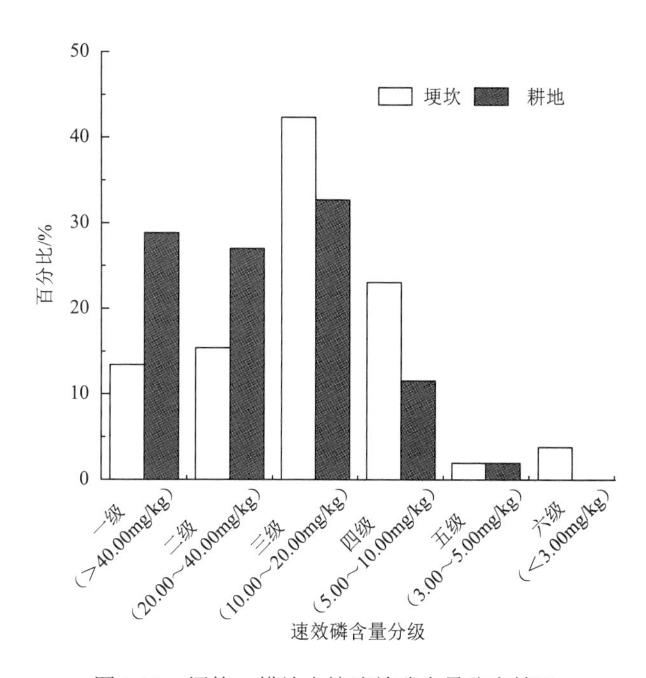

图 2.12　埂坎、耕地土壤速效磷含量分布情况

埂坎、耕地土壤全钾含量分别为 10.85～23.33g/kg、8.78～24.93g/kg，变异系数分别为 25%、24%。根据全国第二次土壤普查养分分级标准，埂坎、耕地土壤全钾含量多为二、三、四级水平，其中四级水平占比最高，分别为 69%、63%；二者均无土壤全钾含量水平为最高级（一级）和最低级（六级）的样本（图 2.13）；而埂坎土壤全钾含量平均值（14.86g/kg）和耕地土壤全钾含量平均值（14.59g/kg）相当。

埂坎、耕地土壤速效钾含量分别为 16.86～382.51mg/kg、24.20～350.12mg/kg，含量较为丰富，变异系数分别为 65%、53%。根据全国第二次土壤普查养分分级标准，埂坎、耕地土壤速效钾含量多在 50.00mg/kg 以上，一、二、三、四级均有分布，其中三级水平的土壤样本占比最高，分别为 29%、37%（图 2.14）。埂坎土壤速效钾含量平均值（121.75mg/kg）低于耕地土壤速效钾含量平均值（144.46mg/kg），这主要是因为土壤速效钾含量的多少是自然因素和人为因素共同作用的结果，其中成土母质、土壤质地、秸秆还田水平、水肥管理措施等均会影响土壤速效钾含量（毛伟等，2019）。紫色土虽母质钾含量丰富，但埂坎钾肥施入量、秸秆还田水平、水肥管理措施均不及耕地，并且耕地速效钾被作物吸收后会有盈余，所以埂坎土壤速效钾不及耕地丰富。

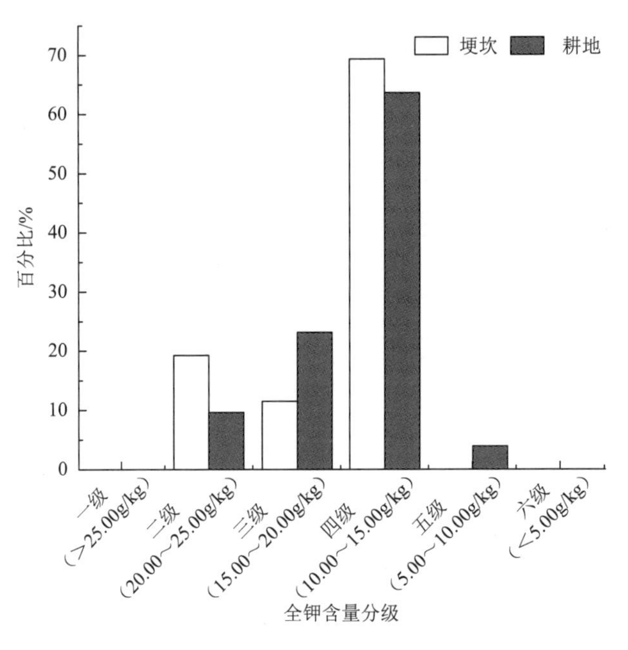

图 2.13　埂坎、耕地土壤全钾含量分布情况

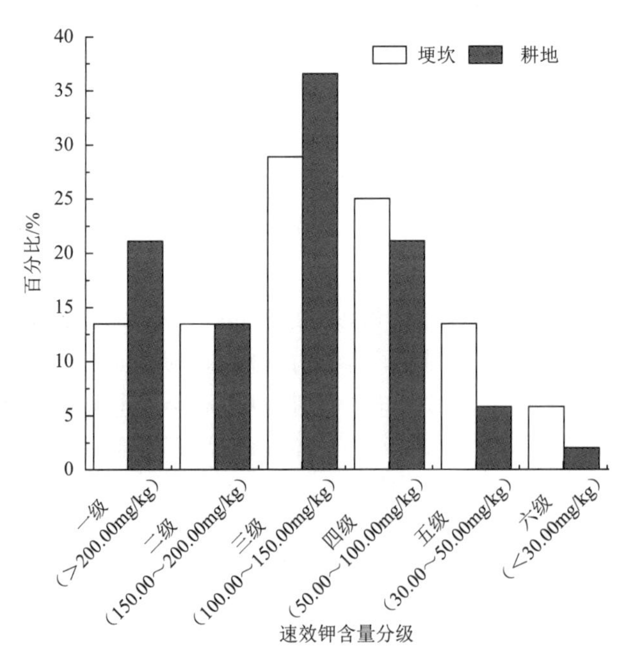

图 2.14　埂坎、耕地土壤速效钾含量分布情况

2.6　本章小结

埂坎为三峡库区紫色土坡耕地重要的水土保持措施，包括地坎和地埂两个部分，其中地坎是基础。埂坎分类方式以根据筑坎材料划分最普遍，可分为石坎、土坎、土石复

合坎、水泥砖坎4种基本类型。其中土坎因修筑成本低、劳动力投入少、易推广等原因，农民接受意愿最高，现阶段库区土坎占比为65%以上，其次是石坎，约占15%，土石复合坎和水泥砖坎共占8%。坡耕地埂坎的主要功能包括区分地块权属和通行、理水减蚀、保持土壤养分、使土地增产等。

埂坎土壤理化性质和耕地有一定差异，埂坎土壤自然含水率整体低于耕地土壤自然含水率，埂坎土壤容重极显著大于耕地土壤容重（$P<0.05$），埂坎土壤孔隙度显著低于耕地土壤孔隙度（$P<0.01$），埂坎颗粒组成差异较大，黏粒、粉粒和砂粒含量变异程度均高于耕地。埂坎和耕地土壤均以弱酸性为主；耕地土壤有机质含量为一级、二级、三级、六级占比均高于埂坎，四级占比明显低于埂坎，而五级占比则相当，埂坎土壤有机质含量不及耕地土壤丰富；埂坎氮素（全氮和碱解氮）和磷素（全磷和速效磷）含量均低于耕地，而全钾含量与耕地相当，速效钾含量低于耕地。

参考文献

鲍玉海，丛佩娟，冯伟，等，2018. 西南紫色土区水土流失综合治理技术体系[J]. 水土保持通报，38（3）：143-150.

蔡进军，张源润，火勇，等，2005. 宁南山区梯田土壤水分及养分特征时空变异性研究[J]. 干旱地区农业研究，23（5）：83-87.

陈光，范海峰，陈浩生，等，2006. 东北黑土区水土保持措施减沙效益监测[J]. 中国水土保持科学，4（6）：13-17.

陈雪，蔡强国，王学强，2008. 典型黑土区坡耕地水土保持措施适宜性分析[J]. 中国水土保持科学，6（5）：44-49.

杜旭，李顺彩，彭业轩，2010. 植物篱与石坎梯田改良坡耕地效益研究[J]. 中国水土保持（9）：39-41，69.

黄萍萍，李占斌，徐国策，等，2013. 基于田块尺度的丹江上游坡改梯土壤养分空间变异性研究[J]. 西安理工大学学报，29（3）：307-313.

姜达炳，樊丹，甘小泽，2005. 三峡库区坡耕地运用生物埂治理水土流失技术的研究[J]. 中国生态农业学报，13（2）：158-160.

黎娟娟，韦杰，李进林，等，2017. 紫色土坡耕地土质埂坎分层入渗试验研究[J]. 水土保持学报，31（4）：69-74.

李光录，高霞，刘馨，2015. PP织物袋梯田筑坎破坏形式与稳定性分析[J]. 中国农业大学学报，20（2）：201-206.

李进林，韦杰，2017. 三峡库区坡耕地埂坎类型、结构与利用状况[J]. 水土保持通报，37（1）：229-233，240.

李培霞，陈国建，韦杰，2013. 三峡库区典型坡改梯地土壤肥力质量评价——以重庆市巫山县为例[J]. 重庆师范大学学报（自然科学版），30（6）：55-62.

李颖，韦杰，罗华进，等，2022. 水分耗散下紫色土埂坎裂隙发育及影响因素[J]. 水土保持学报，36（1）：38-44.

柳向阳，马春煜，李曦，2009. 浅析地埂林草建设技术[J]. 中国水土保持（4）：35-37，60.

毛伟，李文西，高晖，等，2019. 扬州市耕地土壤速效钾含量30年演变及其驱动因子[J]. 扬州大学学报（农业与生命科学版），40（2）：40-46.

施春健，庄秋丽，李琪，等，2007. 东北地区不同纬度农田土壤碱解氮的剖面分布[J]. 生态学杂志，26（4）：501-504.

史志华，王玲，刘前进，等，2018. 土壤侵蚀：从综合治理到生态调控[J]. 中国科学院院刊，33（2）：198-205.

宋春雨，屈远强，张兴义，等，2018. 地埂水土保持技术回顾[J]. 土壤与作物，7（1）：1-12.

韦杰，鲍玉海，金慧芳，等，2012. 三峡库区坡耕地有限顺坡耕作模式及减蚀效应[J]. 灌溉排水学报，31（6）：45-48.

吴发启，张玉斌，王健，2004. 黄土高原水平梯田的蓄水保土效益分析[J]. 中国水土保持科学，2（1）：34-37.

薛萐，刘国彬，张超，等，2011. 黄土高原丘陵区坡改梯后的土壤质量效应[J]. 农业工程学报，27（4）：310-316.

杨才敏，茹克悌，赵发云，2000. 浅谈山西省梯田埂坎资源的开发利用[J]. 中国水土保持（2）：42-44.

杨利民，黄宇萍，刘专，2010. 湖南省耕地田坎分布地理特征研究[J]. 经济地理，30（5）：841-843.

殷庆元，王章文，谭琼，等，2015. 金沙江干热河谷坡改梯及生物地埂对土壤可蚀性的影响[J]. 水土保持学报，29（1）：41-47.

张光辉，2018. 对坡面径流挟沙力研究的几点认识[J]. 水科学进展，29（2）：151-158.

张信宝，周萍，严冬春，2010. 梯田与植物篱的结构、功能与适用性[J]. 中国水土保持（10）：16-17.

Amare T，Zegeye A D，Yitaferu B，et al.，2014. Combined effect of soil bund with biological soil and water conservation measures in the northwestern Ethiopian highlands[J]. Ecohydrology and Hydrobiology，14（3）：192-199.

Belachew A，Mekuria W，Nachimuthu K，2020. Factors influencing adoption of soil and water conservation practices in the northwest Ethiopian highlands[J]. International Soil and Water Conservation Research，8（1）：80-89.

Gebreegziabher T，Nyssen J，Govaerts B，et al.，2009. Contour furrows for in situ soil and water conservation，Tigray，northern Ethiopia[J]. Soil and Tillage Research，103（2）：257-264.

Hengsdijk H，Meijerink G W，Mosugu M E，2005. Modeling the effect of three soil and water conservation practices in Tigray，Ethiopia[J]. Agriculture Ecosystems and Environment，105（1-2）：29-40.

Lesschen J P，Schoorl J M，Cammeraat L H，2009. Modelling runoff and rrosion for a remi-arid catchment using a multi-scale approach based on hydrological connectivity[J]. Geomorphology，109（3-4）：174-183.

Liu X H，He B L，Li Z X，et al.，2011. Influence of land terracing on agricultural and ecological environment in the loess plateau regions of China[J]. Environmental Earth Sciences，62（4）：797-807.

Lü H S，Zhu Y H，Skaggs T H，et al.，2009. Comparison of measured and simulated water storage in dryland terraces of the Loess Plateau，China[J]. Agricultural Water Management，96（2）：299-306.

Wei W，Chen D，Wang L X，et al.，2016. Global synthesis of the classifications，distributions，benefits and issues of terracing[J]. Earth-Science Reviews，159：388-403.

Xu Y，Yang B，Tang Q，et al.，2011. Analysis of comprehensive benefits of transforming slope farmland to terraces on the Loess Plateau：a case study of the Yangou watershed in northern Shaanxi province，China[J]. Journal of Mountain Science，8（3）：448-457.

Zhang J H，Wang Y，Zhang Z H，2014. Effect of terrace forms on water and tillage erosion on a hilly landscape in the Yangtze River Basin，China[J]. Geomorphology，216：114-124.

第 3 章　埂坎水分阻隔通道效应

3.1　试 验 方 案

3.1.1　双环入渗试验

分别在埂坎的地埂、坎腰和坎趾进行试验（图 3.1），地埂、坎腰和坎趾试验点水平错开 2m，以避免试验时上层入渗影响下层土壤含水率。在坎腰和坎趾处分别开挖一个合适的试验平台，再将双环（环高 17.78cm，内、外环直径分别为 15.24cm 和 30.48cm）垂直嵌入土壤内 7cm 左右，马氏瓶固定在双环周围的合适位置。试验过程中，按 1, 2, 3, 5,…, 20, 30min 分别记录内、外环入渗水量，入渗水量趋于稳定时停止试验，每次入渗试验持续约 4h。

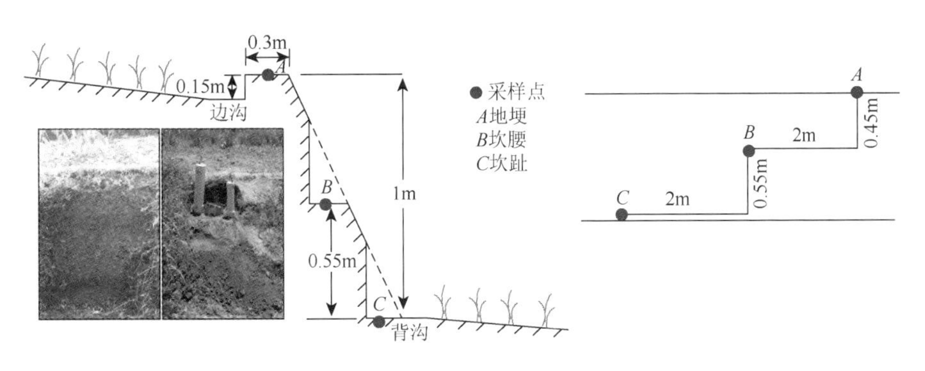

图 3.1　双环入渗试验

3.1.2　染色示踪试验

染色试验采用了两种方式：①将试制的长、宽、高分别为 60cm、40cm、30cm 的矩形入渗框（三面由白铁皮围成，一面镂空）嵌入埂坎中 20cm，20cm 在耕地内，用于埂坎土壤通道阻隔效应分析；②在距离入渗框约 2m 处将漏斗形入渗瓶固定在地埂上，设置 3 个入渗瓶，每个入渗瓶间隔约 2m，用于埂坎内部渗流各向异性分析。将食用色素亮蓝（brilliant blue FCF）粉末加水配制成浓度为 4g/L 的染色溶液，作为染色剂。将 10L 亮蓝溶液分多次均匀倒入矩形入渗框内［图 3.2（a）和图 3.2（c）］。最后将塑料薄膜覆盖在染色试验样坎上，并将四周压实，确保染色试验完成后无其他水分输入［图 3.2（b）和图 3.2（d）］。

(a)　(b)

(c)　(d)

图 3.2　染色示踪试验

染色剂入渗 24h 后开挖土壤剖面。首先，沿埂坎断面方向（即 *AB* 方向）在距离入渗框 10cm 处垂直开挖第一个剖面。然后在距离第一个剖面 5cm 处再开挖两个剖面，两个剖面的规格均为 60cm（深）×70cm（宽）。最后沿埂坎长度方向（即 *CD* 方向），从坎坡向耕地方向每隔 10cm 开挖土壤剖面，直至耕地边缘，共开挖 5 个规格为 50cm（深）×40cm（宽）的剖面，分别命名为 kp50、kp40、kp30、kp20、kp10［图 3.3（a）］。

三维染色剖面开挖以入渗瓶位置为参照点，首先从地埂面向下去除约 5cm 厚土壤，获取剖面 *XY*，然后参照点向坎坡方向延伸 5cm 并开挖剖面 *XZ*，随后顺着埂坎断面再开挖剖面 *YZ*，最后在三维体各个方向上的染色集中区域取 10cm×10cm 的剖面图进行分析。共重复进行 3 次试验，取埂坎各个剖面的染色特征参数平均值进行分析［图 3.3（b）］。

3.1.3　图像处理

首先对原始图像进行图像校正和降噪处理，然后进行实际像元值调整、明亮化、灰度化、二值化等处理，最后分别统计染色面积比（stained area ratio，SAR）、染色路径宽度（stained path width，SPW）和染色路径数量（stained path number，SPN）等图像特征参数（图 3.4）。

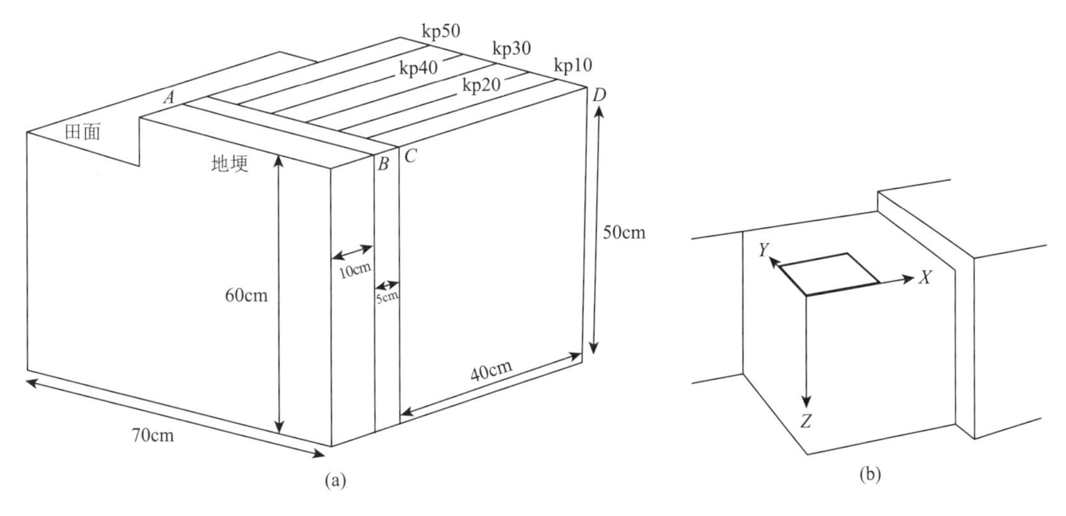

图 3.3 染色示踪试验示意图

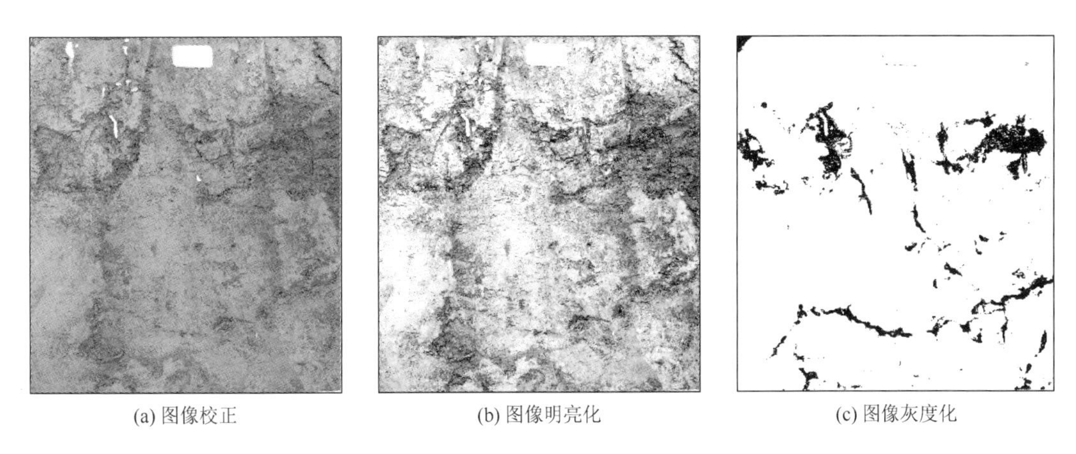
(a) 图像校正 (b) 图像明亮化 (c) 图像灰度化

图 3.4 染色图像处理过程（后附彩图）

3.1.4 特征参数解析

采用染色面积比、染色路径宽度、染色路径数量等参数表征紫色土耕地埂坎的水分阻隔效应与水分运移通道（Weiler and Flühler，2004；蒋小金等，2010；刘目兴等，2022）。各参数的计算方法如下。

（1）染色面积比，指一定土壤垂直深度下染色像素数占图像宽度的比例，即

$$\mathrm{SAR}_j = a_j / A_j \tag{3.1}$$

式中，SAR 为染色面积比，%；j 为土壤垂直深度，cm；a 为染色像素数，px；A 为图像宽度，px。

（2）染色路径宽度，指一定土壤垂直深度下独立染色路径的实际宽度，根据染色路径所占宽度与图像分辨率的比值计算得到。

$$\mathrm{SPW} = l / r \tag{3.2}$$

式中，SPW 为染色剖面一定土壤垂直深度下的独立染色路径宽度，mm；l 为独立染色路径像素数，px；r 为染色图像分辨率，px/mm，本研究中染色剖面图像分辨率为 5px/mm。

（3）染色路径数量，通过一定土壤垂直深度下染色与未染色像素的节点数占图像宽度代表的土壤实际长度的比例计算得到。

$$SPN = I_j / L_j \tag{3.3}$$

式中，SPN 为染色路径数量；I 为染色与未染色像素的节点数；L 为土壤实际长度，cm；j 为土壤深度，cm。

基于染色路径宽度（SPW）的分类标准即 SPW＜20mm 和 SPW＞200mm 在每一垂直土层所占的比例来确定染色路径形态变化，对埂坎中水分运移的类型进行划分（表 3.1）。

表 3.1　水分运移类型划分标准

优先流类型	染色流态	染色路径宽度（SPW）统计比率/%	
		＜20mm	＞200mm
无水流区域		0	0
低相互作用大孔隙流		＞50	＜20
混合作用大孔隙流	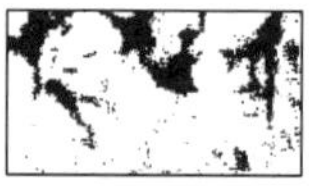	20～50	＜20
高相互作用大孔隙流		＜20	＜30
非均质指流		＜20	30～60
均质基质流		＜20	＞60

3.2　埂 坎 入 渗

3.2.1　分层入渗特征

埂坎各层及田面的入渗率变化具有相似性，即在初始阶段入渗率急剧降低，20min 降幅为 12%～82%，随后降幅逐渐减小并趋于平稳（图 3.5）。各层入渗达到稳定所需时间存在差异，地埂入渗达到稳定所需的时间最长（110min），坎腰（100min）、坎趾（20min）

和田面（90min）入渗达到稳定所需的时间分别比地埂少9%、82%、18%。相同入渗时间内，地埂入渗率与坎趾入渗率间的差值随时间递减，其中最大差值为30.25mm/min，最小为2.68mm/min。地埂初始入渗较快且入渗水量较大，可能是因为试验地埂表层杂草丛生，根孔和虫孔较多，导致土壤孔隙度较大（李建兴等，2013）。同时，地埂地势高，初始含水率（仅11.84%）小于其他分层，初始含水率不仅影响土壤初始入渗率和平均入渗率，还影响稳定入渗率及稳定入渗时间（陈洪松等，2006）。

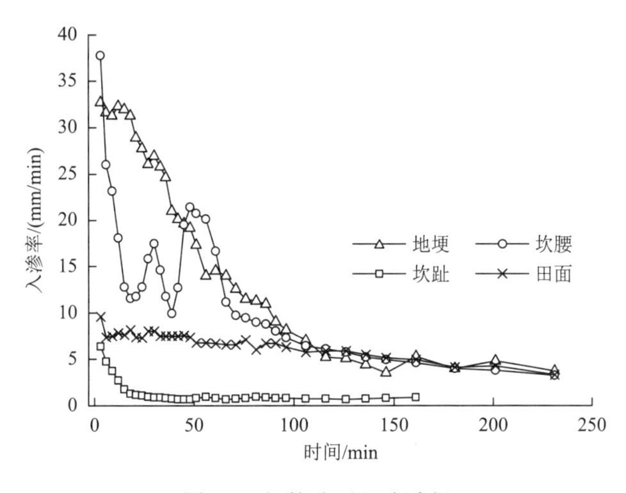

图3.5　埂坎分层入渗过程

埂坎各层及田面120min累积入渗量如图3.6所示，埂坎各层的累积入渗量均随时间延长而增加，但增加速率存在差异（$P<0.05$）。埂坎各层的累积入渗量间存在显著性差异（$P<0.05$），表现为地埂（1668mm）＞坎腰（1232mm）＞坎趾（117mm）。地埂在初始阶段（0～20min）的累积入渗量曲线斜率最大，分别比坎腰、坎趾和田面在初始阶段（0～20min）的累积入渗量曲线斜率大46%、75%和92%，可能是因为在入渗初期，累积

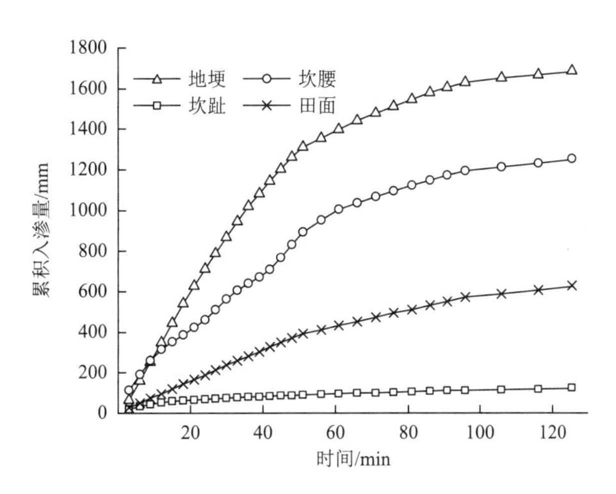

图3.6　埂坎分层120min累积入渗量

入渗量由初始入渗率决定，其随初始含水率的减小而增大（李发文和费良军，2003）。坎趾的 120min 累积入渗量增长较缓慢，原因是坎趾初始含水率最高而孔隙度最小，导致其入渗量小。

埂坎各层及田面入渗率存在较大差异，但均表现为初始入渗率＞平均入渗率＞稳定入渗率（表 3.2）。埂坎各层平均入渗率与 120min 累积入渗量变化趋势基本一致，均表现为地埂＞坎腰＞田面＞坎趾，初始入渗率则表现为坎腰＞地埂＞田面＞坎趾，虽然坎腰与地埂的土壤物理性质较为接近，但是地埂作为道路因人为行走而受踩踏，土壤整体上较为密实，入渗初期水分相对不易下渗，而坎腰土壤相对疏松，因此坎腰的初始入渗率相对于地埂较大。稳定入渗率表现为田面＞坎腰＞地埂＞坎趾，可能与田面长期进行人为耕作，土质较为疏松有关。坎趾的各入渗指标均最小，可能是因为坎趾临近田面背沟，背沟及附近土壤含水率普遍较高，造成坎趾初始含水率也较高，同时坎趾以下的隔水层阻碍水分入渗，入渗路径短且持水土壤层相对于其他埂坎分层又较薄，因此坎趾入渗能力相对较弱。此外，坎趾黏粒和粉粒体积分数较大、砂粒体积分数较小，土壤较为紧实且孔隙度较小，因而坎趾入渗性能较弱（李发文和费良军，2003）。

表 3.2　埂坎各层及田面入渗指标

样点	初始入渗率/(mm/min)	平均入渗率/(mm/min)	稳定入渗率/(mm/min)	120min 累积入渗量/mm
地埂	32.71	18.36	4.39	1668
坎腰	37.77	14.53	4.50	1232
坎趾	6.40	3.11	0.81	117
田面	9.59	7.25	4.75	606

3.2.2　分层入渗模型模拟

选取 Kostiakov 模型（Kostiakov，1932）、Horton 模型（Horton，1941）、Philip 模型（Philip，1957）和通用经验模型（Voller，2011）模拟埂坎各层及田面的入渗过程。

Kostiakov 入渗模型：

$$f(t) = at^{-b} \tag{3.4}$$

式中，$f(t)$ 为土壤入渗率，mm/min；t 为入渗时间，min；a、b 为拟合参数。

Horton 入渗模型：

$$f(t) = f_c + (f_0 - f_c)e^{-kt} \tag{3.5}$$

式中，$f(t)$ 为土壤入渗率，mm/min；t 为入渗时间，min；f_c 为稳定入渗率，mm/min；f_0 为初始入渗率，mm/min；k 为常数。

Philip 入渗模型：

$$f(t) = A + bt^{-0.5} \tag{3.6}$$

式中，$f(t)$ 为土壤入渗率，mm/min；t 为入渗时间，min；A 为稳定入渗率，mm/min；b 为拟合参数。

通用经验入渗模型：

$$f(t) = a + bt^{-n} \tag{3.7}$$

式中，$f(t)$ 为土壤入渗率，mm/min；t 为入渗时间，min；a、b 为经验参数；n 为拟合参数。

见表 3.3，Kostiakov 模型的拟合效果较好，R^2 为 0.71～0.93，均值为 0.84。Kostiakov 模型拟合的 a 值表征初始入渗率，主要受土壤结构和初始含水率影响，土壤孔隙越大，初始含水率越小，a 值越大；反之，土壤孔隙越小，初始含水率越大，a 值越小。b 值表征入渗率随时间减小的程度，b 值越大，入渗率随时间减小得越快。a 值为 2.94～127.25，且表现为地埂＞坎腰＞坎趾＞田面，这与初始入渗率实测值变化趋势基本一致。b 值表现为地埂＞坎趾＞坎腰＞田面，与实测值有差异。

表 3.3　埂坎分层入渗模拟方程

样点	Kostiakov 模型		Horton 模型		Philip 模型		通用经验模型	
	$f(t) = at^{-b}$	R^2	$f(t) = f_0 + (f_c - f_0)e^{-kt}$	R^2	$f(t) = A + bt^{-0.5}$	R^2	$f(t) = a + bt^{-n}$	R^2
地埂	$f(t) = 127.25t^{1.44}$	0.85	$f(t) = 4.39 + 28.32e^{-0.17t}$	0.66	$f(t) = 4.39 + 30.22t^{-0.5}$	0.51	$f(t) = 3.01 + 172.38t^{-1.87}$	0.81
坎腰	$f(t) = 55.26t^{0.40}$	0.71	$f(t) = 4.50 + 33.27e^{-0.04t}$	0.45	$f(t) = 4.50 + 52.24t^{-0.5}$	0.69	$f(t) = -6.95 + 58.98t^{0.22}$	0.82
坎趾	$f(t) = 14.89t^{0.73}$	0.93	$f(t) = 0.81 + 5.59e^{-0.09t}$	0.92	$f(t) = 0.81 + 5.20t^{-0.5}$	0.52	$f(t) = 0.32 + 16.83t^{0.86}$	0.93
田面	$f(t) = 2.94t^{0.29}$	0.87	$f(t) = 4.75 + 4.84e^{-0.18t}$	0.82	$f(t) = 4.75 + 4.69t^{-0.5}$	0.64	$f(t) = 17.16 - 7.90t^{-0.16}$	0.90

注：$f(t)$ 为入渗率；t 为入渗时间；f_c 为稳定入渗率；f_0 为初始入渗率；k 为常数；A 为稳定入渗率；a、b、n 为拟合参数。

Horton 模型的拟合优度较低，R^2 最小仅 0.45。Horton 模型中 k 值反映了入渗率的减小状况，k 值越大，入渗率随时间减小得越快。拟合的 k 值为 0.04～0.18，表现为田面＞地埂＞坎趾＞坎腰，这与实测值相反，实测值表现为坎腰入渗率随时间减小得最快，田面入渗率减小得最慢。

Philip 模型的拟合效果较差，R^2 为 0.51～0.69，均值仅 0.59。Philip 模型中的 A 值为实测的稳定入渗率，b 值表征初始入渗率，可以有效地反映土壤入渗性能的强弱，b 值越大，入渗能力越强。b 值拟合结果为 4.69～52.24，表现为坎腰＞地埂＞坎趾＞田面，且坎腰和地埂的拟合值远大于坎趾和田面，能基本反映埂坎各层间入渗的差异。

通用经验模型的 R^2 为 0.81～0.93，拟合效果较好。模型中的 a、b 值分别表征稳定入渗率和初始入渗率，a 的绝对值表现为田面＞坎腰＞地埂＞坎趾，与实测值一致且 a 值与实测值仅相差 0.49～2.45，基本符合实测稳定入渗率。b 值表现为地埂＞坎腰＞坎趾＞田面，与实测初始入渗率稍有差异。

综上，通用经验模型对埂坎各层入渗过程的拟合效果最好，Kostiakov 模型、Horton 模型次之，Philip 模型最差。通用经验模型是描述埂坎入渗最好的模型。

3.2.3　入渗指标与土壤理化性质的相关性

土壤入渗是一个复杂的水文过程，主要受土壤理化性质、地面坡度、地表结皮、降雨强度、耕作措施等因素的影响，本试验根据埂坎实际情况选取土壤颗粒组成、初始含水率、容重、总孔隙度、有机质含量和初始入渗率、平均入渗率、稳定入渗率、120min累积入渗量进行相关性分析。分析结果表明，黏粒和粉粒体积分数与土壤入渗指标呈负相关关系，砂粒体积分数与土壤入渗指标呈正相关关系（表 3.4）。通常认为，砂粒体积分数越大，黏粒体积分数越小，土壤结构越疏松，入渗性能越强（熊东红等，2011）。埂坎各层砂粒体积分数表现为地埂＞坎腰＞田面＞坎趾，黏粒体积分数与之相反，地埂的平均入渗率、稳定入渗率和 120min 累积入渗量均大于埂坎其他各层，这与前述的研究结论相似。此外，土壤粉粒具有较强的持水能力，埂坎各层粉粒体积分数约 70%，粉粒吸水膨胀导致孔隙收缩、入渗率减小，黏粒体积分数较低（5.14%～5.75%），对入渗的影响相对较弱（余蔚青等，2014）。

初始含水率与土壤入渗指标呈负相关关系。通常情况下，土壤初始含水率越大，初始入渗率就越小，达到稳定入渗所需的时间也就越短（刘目兴，2012）。初始含水率随时间延长对入渗的影响减弱，直至可忽略，这与本试验中稳定入渗率与初始入渗率不存在显著相关性一致。容重与土壤入渗指标呈负相关关系，总孔隙度与土壤入渗指标呈正相关关系。容重与总孔隙度对入渗的影响效果相反，容重越大，总孔隙度越低，土壤入渗性能越弱，反之土壤入渗性能越强（熊东红等，2011）。此外，总孔隙度还与生物孔隙有关，根孔、虫孔的增多会增强入渗性能，提高土壤导水能力，甚至产生优势流，因此地埂孔隙度较大是其入渗率大于其他各层的原因之一（石辉等，2007）。总孔隙度与 120min 累积入渗量的相关系数达到 0.99，表明总孔隙度明显影响埂坎入渗性能。

有机质含量与土壤入渗指标呈正相关关系，但不显著。通常认为，有机质主要通过改变土壤团聚体、促进孔隙的形成改善土壤结构，进而间接影响土壤入渗性能（陈家林等，2016）。本试验中土壤有机质含量与稳定入渗率的相关系数仅为 0.07，各样点有机质含量（2.55～6.02g/kg）偏低，稳定入渗率仅为 0.81～4.75mm/min，有机质含量对稳定入渗率的影响有限。

表 3.4　埂坎入渗指标与土壤理化性质的相关性

土壤入渗指标	土壤颗粒组成			初始含水率	容重	总孔隙度	有机质含量
	黏粒（＜0.002mm）	粉粒（0.002～0.05mm）	砂粒（0.05～2mm）				
初始入渗率	−0.38	−0.80	0.77	−0.97*	−0.96*	0.83	0.85
平均入渗率	−0.65	−0.96*	0.95*	−0.98*	−0.94	0.98*	0.68
稳定入渗率	−0.88	−0.56	0.64	−0.59	−0.78	0.74	0.07
120min 累积入渗量	−0.70	−0.96*	0.96*	−0.97*	−0.94	0.99*	0.63

注：*表示在 0.05 水平上显著相关。

3.3　埂坎水分入渗各向异性

3.3.1　水分入渗各向异性形态

采用空间直角坐标系的 *XZ*、*YZ* 和 *XY* 轴分别表示以埂坎入渗点为原点的三个方向，入渗形态和各方向上的染色特征分别如图 3.7 和图 3.8 所示。*XZ*、*YZ* 和 *XY* 方向染色面积比（SAR）的平均值分别为 24%、25%、68%。*XZ* 和 *YZ* 方向为垂直染色方向，SAR 平均值为 25%，水分主要通过根孔、虫孔、裂隙等发生运移，表现为垂直条带状分化的优先流染色形态。*XY* 方向为水平染色方向，水平扩散明显，SAR 为 68%，高于 *XZ* 和 *YZ* 方向的 SAR。由于 *XY* 方向接近染色入渗源，入渗量大，水流表现出由优先流逐渐转变为基质流的趋势，根据图 3.8 也可得知 *XY* 方向染色水流几乎占据整个图像，即基质流现象明显。

图 3.7　埂坎染色入渗三维体

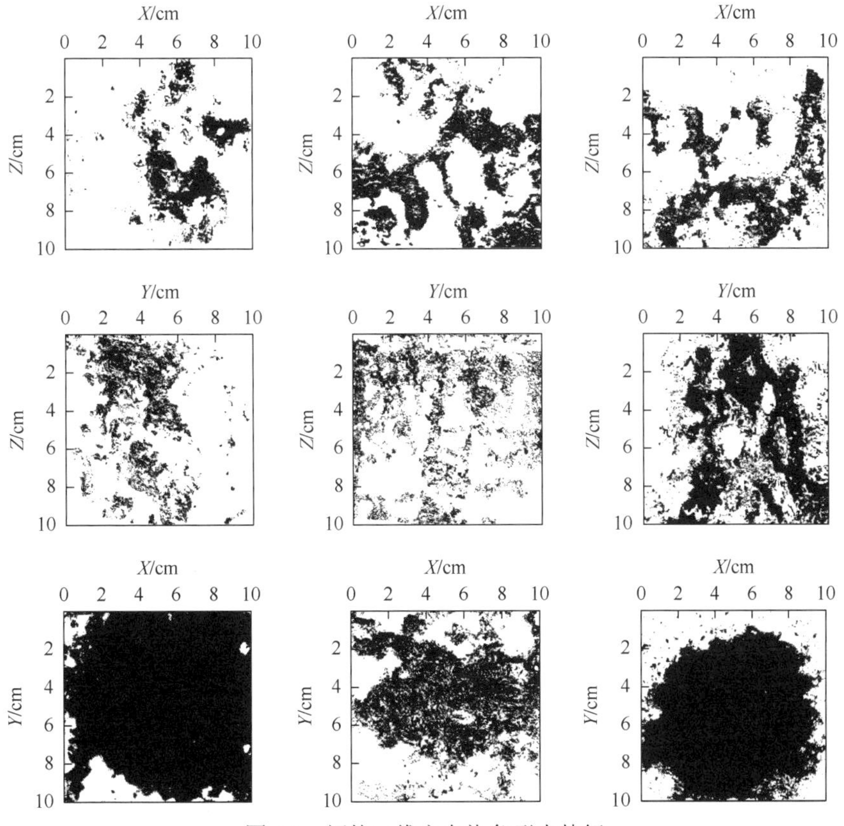

图 3.8　埂坎三维方向染色形态特征

3.3.2　水分入渗各向异性参数

本研究中 *XZ*、*YZ* 和 *XY* 3 个方向的取值面积为 10cm×10cm，因此，只有 SPW＜20mm 和 SPW 为 20～100mm 的染色路径宽度，表 3.5 不再包含 SPW＞200mm 的染色路径宽度。

见表 3.5，*XZ*、*YZ* 方向 SPW＜20mm 的平均占比分别为 24%和 25%，SPW 为 20～200mm 的平均占比分别为 0.7%和 1%，*XZ*、*YZ* 方向 SPW＜20mm 的平均占比比 SPW 为 20～200mm 的平均占比分别高 33 倍和 24 倍，可知 *XZ* 和 *YZ* 方向 SPW＜20mm 占比远高于 SPW 为 20～200mm 占比，表明 *XZ* 和 *YZ* 方向 SPW 较小，土壤水分运移以大孔隙流为主。*XY* 方向 SPW＜20mm 的平均占比为 19%，SPW 为 20～200mm 的平均占比为 48%，SPW 为 20～200mm 占比比 SPW＜20mm 占比仅高 1.53 倍，表明 *XY* 方向 SPW 相对较大，基质流现象更明显。除 2#样点外，*XZ* 和 *YZ* 方向 SPN 均大于 *XY* 方向。*XY* 方向的 2#样点与 1#、3#样点也有差异，2#样点 SPN 比 1#、3#样点高 3～6 倍，SPW＜20mm 占比比 1#、3#样点高 5 倍，而 SPW 为 20～200mm 占比却比 1#、3#样点平均低 724 倍，这是因为 SPW 和 SPN 共同反映优先流的分支性和连通性。SPW 越大，孔隙中水分与周围土壤水分的交换作用越明显，但过高的 SPW 伴随着较低的 SPN，同理，SPN 越大，有效的优先流路径越多，过大的 SPN 也伴随着较小的 SPW（李胜龙等，2018）。

表 3.5　埂坎三维体各方向形态学参数

形态学参数	样点	方向		
		XZ	*YZ*	*XY*
SPW＜20mm 占比/%	1#	15	18	7
	2#	31	18	44
	3#	25	40	7
SPW 为 20～200mm 占比/%	1#	1	0	83
	2#	0.30	0	0.10
	3#	0.70	3	62
SPN/个	1#	67	174	31
	2#	115	174	203
	3#	114	148	50

3.4　埂坎水分阻隔效应

3.4.1　埂坎阻隔形态特征

埂坎各样点的剖面 SAR 在 0～50cm 范围内随深度增加而显著波动（图 3.9）。其中，0～10cm SAR 几乎为 0，主要是因为 10cm 处为耕地水平面，试验中水流是从田内侧渗到埂坎，而田面以上的地埂难以被染色。深度为 10～20cm 时 SAR 最大，为 19%～52%，表明水分运移较多，因为埂坎 10～20cm 深处与耕地耕作层相接壤，水流从耕地横向侧渗到埂坎，增加了埂坎水分含量。25～35cm SAR 较小，为 3%～11%，仅有较少的土壤裂隙形成管状优先流，表明此深度范围为埂坎水分阻隔层，这是因为该范围的土体渗透性低，从耕地横向侧渗的水流减少，水流侧向流动也较缓慢。40cm 左右 SAR 再次波动递增，为 12%～26%，从图 3.9 中可以看出此处有一条明显的横向管状优先流，且有较多支流，表明此处为一个明显的水分运移通道，这可能是因为该层孔隙较多，且土质结构良好，耕地内的水分下渗后部分发生水平方向运移。

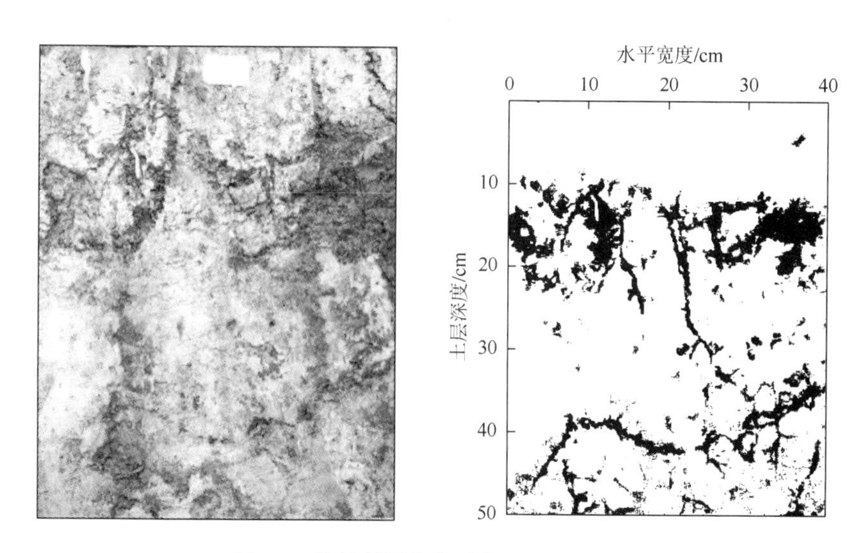

图 3.9　坎坡剖面染色形态（后附彩图）

3.4.2　坎坡染色面积比

如图 3.10 所示，除 kp30 和 kp10 的水分横向侧渗后未运移到 50cm 层外，其余的水分横向侧渗后都运移到 50cm 深度处。kp50 的 SAR 随土壤深度增加先增后减，24～33cm 层为主要的水分阻隔层，SAR 相对于其他层小 93%。kp40 除在 30～40cm 层 SAR 较大外，其余土层均较小，尤其在 25cm 左右和 43cm 以下土层。相比 kp50 和 kp40，kp30 的 SAR 整体下降，下降幅度为 55%～71%，SAR 表现为多谷形态。kp20 的 33～37cm 和 44～

50cm 层 SAR 相对较高，试验中发现这 2 个土层存在较多蚂蚁活动造成的生物孔隙，导致水分运移增多。kp10 的 SAR 极小（1%～15%），染色主要出现在 23～45cm 层，试验中发现该剖面染色路径主要沿较宽的土壤裂隙分布，且颜色较浅，表明该层水分运移缓慢且流量减少，横向侧渗明显减弱，埂坎的水分阻隔效应显著。

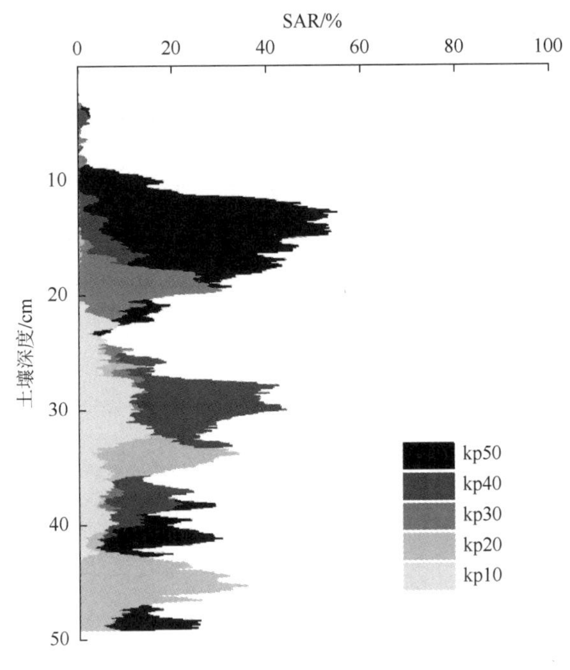

图 3.10　坎坡剖面染色面积比

kp50、kp40、kp30、kp20 和 kp10 的 SAR 分别为 15%、10%、5%、6%和 3%，距耕地越远，埂坎垂直剖面的 SAR 越小，说明横向侧渗的水分运移通道越少，埂坎的阻隔效应越明显。同时，地埂 kp50、kp40 和 kp30 的 0～10cm 深度土壤被染色，kp20 和 kp10 的 0～10cm 深度土壤几乎无染色痕迹，表明水分存在向上扩散的趋势，且扩散程度随与入渗源距离的增加而减小，水分阻隔效应明显提高。

3.4.3　坎坡染色路径宽度与数量

kp50、kp40、kp30、kp20 和 kp10 染色剖面染色路径宽度（SPW）分布存在差异（图 3.11），染色路径宽度随着土壤深度增加表现出复杂的单峰、双峰或者多峰形态，且峰值区在波动下移，直到峰值区不显著，说明土壤空间异质性导致横向侧渗及扩散更复杂。

kp50、kp40、kp30、kp20、kp10 染色剖面染色路径宽度 SPW＜20mm 占比均高于 SPW 为 20～200mm 占比，表明水分运移路径较多，主要以低相互作用大孔隙流的形式产生横向侧渗。同时，SPW＞200mm 占比均为 0，且距离耕地越远，SPW＜20mm 占比和 SPW 为 20～200mm 占比均不同程度递减，说明水分从耕地向埂坎横向侧渗的过程中，埂坎产生了水分阻隔效应。

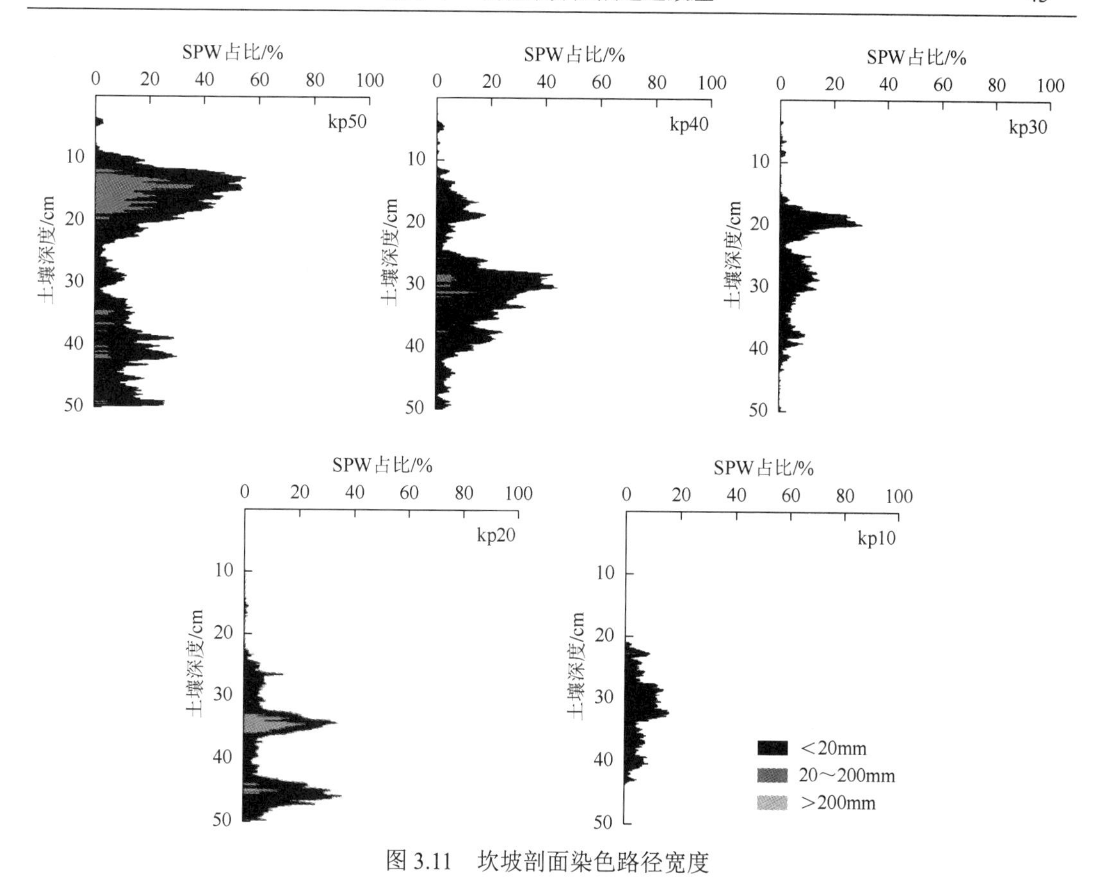

图 3.11　坎坡剖面染色路径宽度

染色路径数量（SPN）的空间变化可以揭示优先路径的复杂性和连通性（戴翠婷等，2017）。kp50 SPN 随土壤深度增加呈现缓慢波动递增的趋势，SPN 低值区出现在 23～33cm 层（图 3.12）。kp40 SPN 随土壤深度增加呈先增后波动递减的趋势，SPN 在 21～25cm 出现低谷（5～18 个），且在 20cm 急剧下降，表明水分运移受到严重阻碍。kp30 SPN 随土壤深度增加呈波动递减趋势，2 个低值区分别为 22～24cm 和 40～50cm。kp20 SPN 除 40～50cm 外

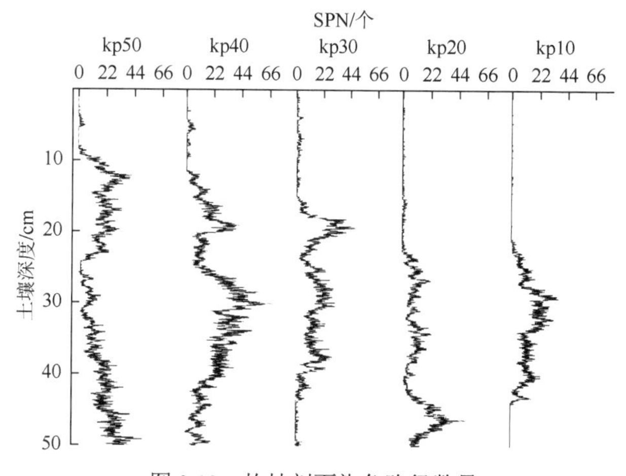

图 3.12　坎坡剖面染色路径数量

整体随土壤深度增加波动减小。kp10 SPN 除 25～45cm 层外，其他深度土层几乎没有优先路径，SPN 明显减小。可以看出，每个剖面在 20～26cm 层 SPN 几乎均为低值，且从耕地到坎坡，SPN 低值区域的垂直深度范围在增大。同时也可以看出，每个剖面 SPN 出现峰值的位置不同，表明水分流动分化最严重的位置也不同，优先路径分布和发育不稳定。

5 个剖面 SPN 开始明显增加的土壤深度分别为 7cm、12cm、15cm、22cm 和 21cm，即距离耕地越远，SPN 开始增加点越下移，表明水分阻隔层为一个倾斜向下的“硬土层”。0～10cm 为地埂，处在试验范围外，染色较少，加上距离耕地较远，入渗可忽略不计。5 个剖面 SPN 平均值分别为 14、16、8、6 和 7，即随着与耕地的距离增加，SPN 减小，说明水分运移受到埂坎的阻碍，埂坎的阻隔效应起着显著作用。

3.4.4 坎坡水分运移类型

参照 Weiler 和 Flühler（2004）提出的划分方法对水分运移进行分类，分类结果表明，试验埂坎坎坡垂直染色剖面水分运移类型主要为低相互作用大孔隙流、混合作用大孔隙流以及无水流（图 3.13）。各垂直染色剖面 0～20cm 深度水分运移类型差异较大，kp50 表现为低相互作用大孔隙流、混合作用大孔隙流、无水流相间分布，kp40 与 kp20 均表现为无水流、低相互作用大孔隙流相间分布，kp30 仅有低相互作用大孔隙流，kp10 水分运移较少，无水流区约占 55%。

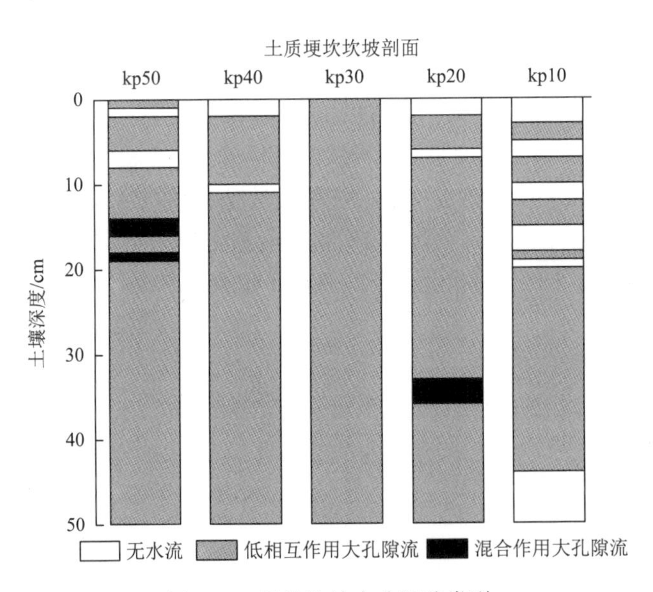

图 3.13 埂坎坎坡水分运移类型

除 kp20，各剖面在 20cm 深度以下优先流类型差异不大，多为低相互作用大孔隙流。kp20 在 35～38cm 深度范围内存在连通性较好的孔隙结构，产生了和上下土层不一样的混合作用大孔隙流，试验中发现此剖面在 30～40cm 深度存在较多砾石，导致砾石与土壤界面染色较多。可以看出，坎坡垂直染色剖面均产生了明显的土壤优先流现象。

3.5　埂坎水分通道效应

3.5.1　埂坎内部水分运移

埂坎内 SAR 随土壤深度增加呈现先增后减的趋势，在 25～50cm 层 SAR 较大，为 76%，50cm 以下土层 SAR 远小于该土层。埂坎内水流集中在 25～47cm 深度范围内，且呈倾斜条带状分布。

如图 3.14 所示，从 SPW 来看，SPW＜20mm 的分布从土壤表层延伸至垂直剖面的最下端，连通性较好，主要集中在 20～50cm 层，占比是其他土层的 1.92 倍。SPW 为 20～200mm 的优先流较少，分布范围也较小且间断性明显，主要集中在 20～45cm 层，SPW 为 20～200mm 的占比是其他土层的 10.54 倍。从 SPN 来看，埂坎 SPN 随土壤深度的增加呈现波动递增的趋势，在 54cm 深度处 SPN 最大。0～10cm 为地埂，几乎很少被染色，

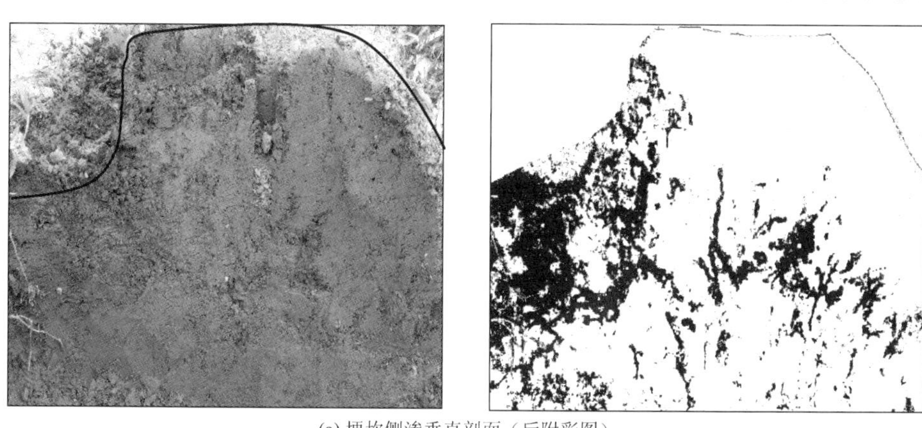

(a) 埂坎侧渗垂直剖面（后附彩图）

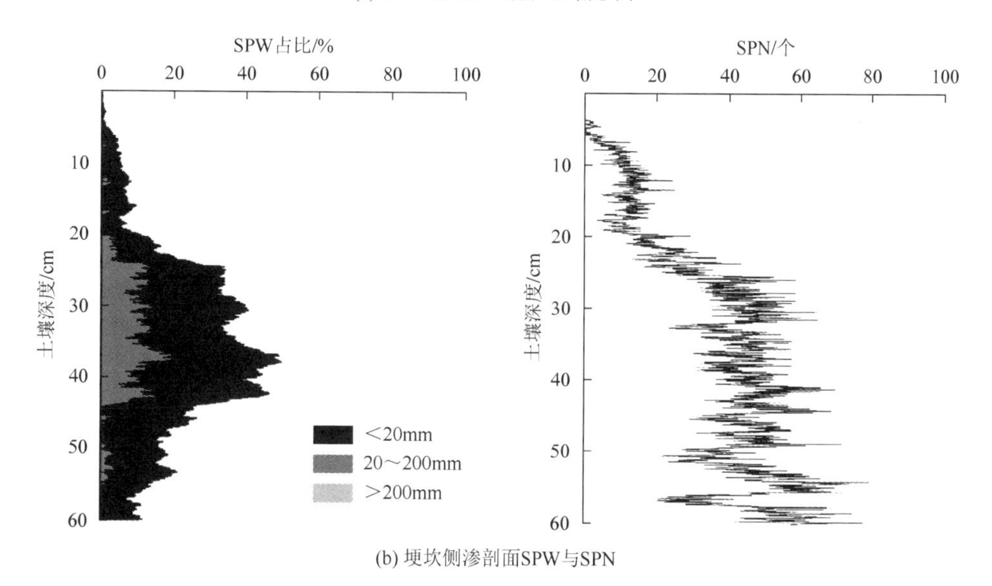

(b) 埂坎侧渗剖面SPW与SPN

图 3.14　埂坎侧渗垂直剖面及形态学参数

10～20cm 可能存在“硬土层”，因而染色也较少，20～45cm 存在水分运移通道，染色面积大，SPW＜20mm 与 SPW 为 20～200mm 的优先流路径都较多，45cm 以下虽然很少有大面积染色，却存在大量 SPW＜20mm 的大孔隙流，这也进一步说明 SPW 与 SPN 分布共同反映了优先流的分支性与连通性。

垂直侧渗剖面水平方向的长度为 70cm，其中耕地内占 20cm，其余 50cm 在埂坎内，水平距离 20cm 作为埂坎侧渗的起点。如图 3.15 所示，随着距入渗源的水平距离增加，埂坎侧渗剖面 SAR 波动减小，从 20cm 距离处至 70cm 距离处减小幅度约 68%。SAR 最大值并不在 20cm 距离处，而是在 25cm 距离处，SAR 最小值也并不在 70cm 距离处，而是在 40cm 左右距离处，这可能和土壤黏度有关。

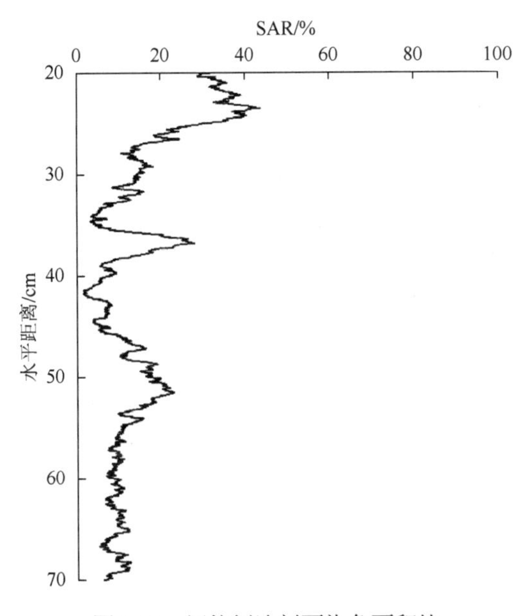

图 3.15 埂坎侧渗剖面染色面积比

3.5.2 埂坎-基岩界面水分运移

将亮蓝染色入渗水量作为耕地内水分入渗量，水分通过埂坎内部横向侧渗运移视作坎内侧渗，水分通过埂坎内部垂直下渗视作坎内下渗，水分通过埂坎与基岩相交面的水流通道渗漏视作埂坎-基岩界面渗漏。通过染色入渗试验发现，耕地内一部分水分发生下渗，一部分横向侧渗到埂坎，侧渗到埂坎的水分沿孔隙流动并填充孔隙，也有水分沿埂坎下渗或流入埂坎-基岩界面。同时，在试验开始后不久，发现大量亮蓝染色水流沿着埂坎-基岩界面不断渗漏（图 3.16）。可以看出，紫色土耕地内水分的第一运移通道为埂坎-基岩界面，第二运移通道为坎内侧渗和坎内下渗。该染色入渗试验总入渗水量约为 10L，入渗试验开始后不久便有大量水流从埂坎-基岩界面渗出。通过野外试验观察得到，紫色土耕地埂坎-基岩界面水分运移量能达到总运移量的 80%左右，而坎内侧渗和下渗水分运移量之和仅为总运移量的 20%左右。

图 3.16　埂坎-基岩界面水分运移通道（后附彩图）

3.5.3　埂坎水分运移平衡

三峡库区紫色土耕地土层薄，这使得水分易渗漏到埂坎-基岩界面而流失（朱波等，2009）。试验估测埂坎-基岩界面渗漏量占总渗漏量的 80%左右，坎内下渗量约占 12%，坎内侧渗量约占 8%（图 3.17）。Huang 等（2003）通过野外试验和用模型模拟水田埂坎 85d 的运移量发现，埂坎不是地块水分运移的主要通道，其渗漏量仅占总渗漏量的 21%左右，这与本书研究结论具有一致性。但 Janssen 和 Lennartz（2009）认为，埂坎渗漏量比田地渗漏量大，可达总渗漏量的 63%～73%，这可能与埂坎的新旧程度、土壤质地有关。为了进一步研究埂坎的水分阻隔/通道效应，在距离试验耕地 10m 处具有完整埂坎的水田内进行染色入渗试验，以对比研究旱耕地与水田埂坎的水分运移通道的异同点。试验发现水田埂坎的染色路径主要在 15～25cm 土层，但是水分并未完全渗透埂坎，表明埂坎具有良好的水分阻隔效应和水土保持作用。

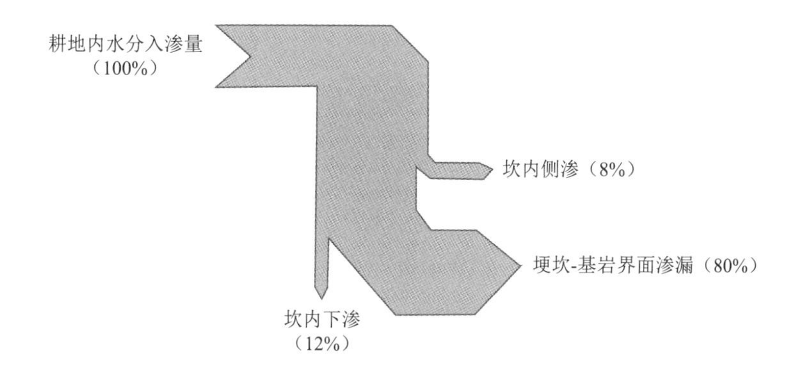

图 3.17　埂坎水分运移平衡示意图

3.6 埂坎入渗 HYDRUS 模拟

3.6.1 埂坎模型构建及参数设置

1. 埂坎入渗模型构建

本研究只有一个入渗源，入渗类似于点源入渗，水分运移过程可看作轴对称过程，水分运动方程采用 Richards 方程进行数值求解：

$$\frac{\partial\theta}{\partial t}=\frac{\partial}{\partial x}\left[K(h)\frac{\partial h}{\partial t}\right]+\frac{\partial}{\partial z}\left[K(h)\frac{\partial h}{\partial t}\right] \tag{3.8}$$

土壤水力参数计算采用 van Genuchten 模型，其计算公式为

$$\theta(h)=\theta_r+\frac{(\theta_s-\theta_r)}{(1+|ah|^n)^m} \tag{3.9}$$

$$K(h)=K_s S_e^l\left[1-\left(1-S_e^{\frac{1}{m}}\right)^m\right]^2 \tag{3.10}$$

$$S_e=\frac{\theta-\theta_r}{\theta_s-\theta_r} \tag{3.11}$$

式中，θ 为土壤含水率，cm^3/cm^3；h 为土壤负压水头，cm；$K(h)$为土壤非饱和导水率，mm/min；t 为时间，min；θ_s 为饱和含水率，cm^3/cm^3；θ_r 为残余含水率，cm^3/cm^3；K_s 为饱和导水率，mm/min；S_e 为有效含水率，cm^3/cm^3；a、n、m 为形状系数，$m=1-1/n$；$l=0.5$；x 为土壤水平距离，cm；z 为土壤垂直高度（向下为正），cm。

本研究中，以宽和高分别为 40cm 和 60cm 的土质埂坎进行模拟。三峡库区夏季为雨季，降水量大，对耕地及埂坎稳定性影响较大，因此本研究选择 2017 年 7 月作为试验时间，同时选择 24h（不考虑气象条件）作为入渗时间模拟埂坎水分入渗，并进行对比。

2. 埂坎入渗模型参数设置

（1）几何形状设置。水流从耕地内向埂坎入渗，且埂坎有一定坡度，因此设置为 XZ 方向不规则几何图形，水平宽度 $X=40$cm，垂直深度 $Z=60$cm，向下为正。

（2）模拟时间设置。为了对比分析入渗的影响，选择 2 个时间进行模拟。染色入渗试验选择 2017 年 7 月（31d）进行，同时将 2017 年 7 月的气象数据作为大气边界条件。入渗时间选择 24h，由于时间较短，故不考虑气象因素。初始时间步长、最小时间步长和最大时间步长分别设置为 0.001min、0.0001min、1min。

（3）模型选择。选择发展相对成熟、应用最广泛的 van Genuchten 模型进行模拟计算，同时不考虑水流运移的滞后现象。

（4）土壤水力参数设置。土壤具有较复杂的空间异质性，为了方便模拟，将埂坎视

为均质土体。土壤水力参数采用神经网络预测法计算，基础参数有砂粒、粉粒、黏粒的体积分数和容重。同时结合测定的土壤饱和导水率，利用试错法对参数进行适当调整，以得到较优化的模型。埂坎各层土壤水力参数见表 3.6。

表 3.6　埂坎各层土壤水力学特性参数

参数	$\theta_r/(cm^3/cm^3)$	$\theta_s/(cm^3/cm^3)$	a/cm^{-1}	n	$K_s/(mm/min)$	l
值	0.0412	0.3701	0.0063	1.6367	0.3556	0.5

（5）时间变化边界条件设置。0～31d 的埂坎入渗需要将 2017 年 7 月的气象数据作为大气边界条件，0～24h 作为入渗时间，由于入渗时间短，不考虑气象条件。

（6）区域离散设置与网格划分。采用 Galerkin 有限单元法进行区域离散设置，将模拟区域离散成不规则的三棱柱单元。

（7）初始条件设置。设置入渗点在耕地内（宽约 10cm），由于刚开始没有水分入渗，故初始压力水头为 0cm，地下水位线为–100cm。

（8）边界条件设置。入渗边界 *EO* 为定水头边界，水头为 0cm；下边界 *CD* 为自由排水边界。其他边界 *ABC* 采用大气边界条件（31d 埂坎入渗）或零通量边界条件（24h 埂坎入渗）。模型边界条件如图 3.18 所示。

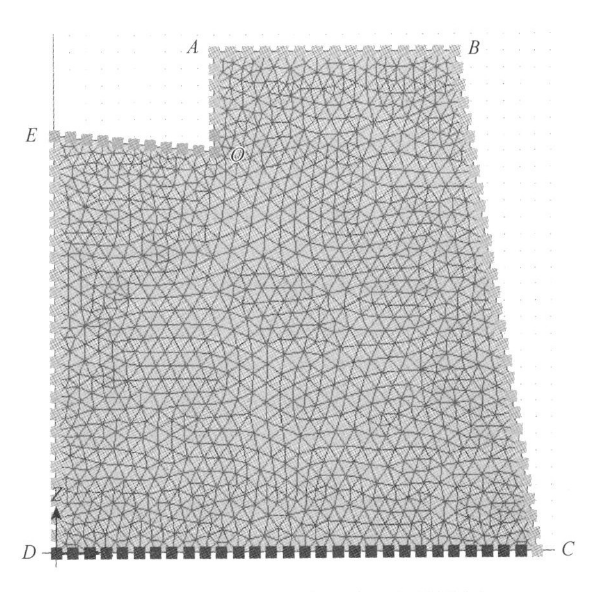

图 3.18　埂坎入渗模拟边界条件设置

3.6.2　埂坎水头高度及水分入渗过程

1. 埂坎观测点水头高度

分别选择 0～24h 和 0～31d 在垂直方向上距离入渗源 20cm、40cm（$Z=20cm$、$Z=$

40cm）的土层和在水平方向上距离入渗源 20cm、40cm、50cm（X = 20cm、X = 40cm、X = 50cm）的土层作为观测点。如图 3.19 所示，埂坎 0～24h 和 0～31d 的水头高度均先陡升后趋于平稳，且水头高度始终在 0cm 以下，表明土壤并未达到饱和状态。0～24h 的 Z = 20cm 和 X = 20cm 水头高度从–100cm 分别急速上升至–7.12cm 和–17.03cm，Z = 40cm 和 X = 40cm 水头高度也上升至–38.65～–25.04cm，可以看出，距离入渗源越近，水头高度越大、增加速率越快。Z = 20cm 水头高度一直大于 X = 20cm 水头高度，且最高可比 X = 20cm 水头高度高 57.8%。Z = 40cm 水头高度在 1.5h 前小于 X = 40cm 水头高度，1.5h 后一直大于 X = 40cm 水头高度，最高可比 X = 40cm 水头高度高 27.6%，表明以垂直方向入渗的水头高度大于同等距离下以水平方向入渗的水头高度，即垂直下渗优先于水平入渗。

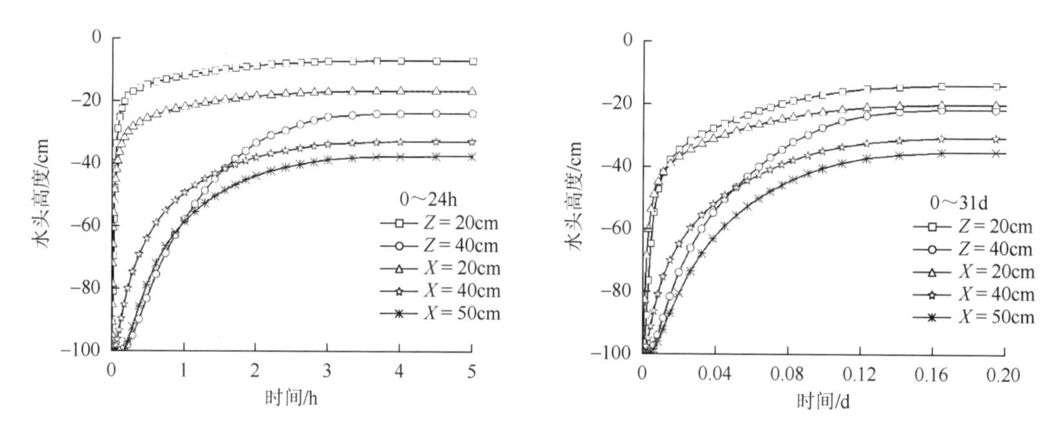

图 3.19　埂坎水分入渗观测点水头高度

0～31d 的水头高度与 0～24h 的水头高度具有相似的变化，即入渗开始时水头高度急剧上升，而后趋于平缓。0～31d 的 Z 方向和 X 方向水头高度在 0～0.20d 从–100cm 急剧上升至–36.67～–13.84cm，同时，靠近入渗源的观测点（Z = 20cm 和 X = 20cm）的上升速度均大于其他观测点。Z = 20cm 水头高度从 0.01d 开始大于 X = 20cm 水头高度，Z = 40cm 水头高度在 0.06d 前小于 X = 40cm 水头高度，0.06d 后一直大于 X = 40cm 水头高度，最高可比 X = 40cm 水头高度高 30.2%，即以垂直方向入渗的水头高度大于同等距离下以水平方向入渗的水头高度，这与 0～24h 的观测点水头高度上升趋势一致，表明无论是在较短时间还是一定气象条件影响下，埂坎的垂直入渗基本快于水平入渗。

2. 埂坎水分入渗过程

本研究模拟了埂坎入渗 0～24h 和入渗 0～31d 的过程，其中，0h、1h、24h 和 0d、1d、31d 的埂坎入渗模拟情况如图 3.20 所示。入渗 0～24h 和入渗 0～31d 有共同规律，即入渗开始时，整个埂坎较为干燥；入渗开始后，水分产生明显的垂直下渗和横向侧渗运移；入渗结束时，入渗源水分基本饱和，垂直方向土壤较为湿润，水平方向土壤水分相对较少，水分的垂直入渗快于水平侧渗。

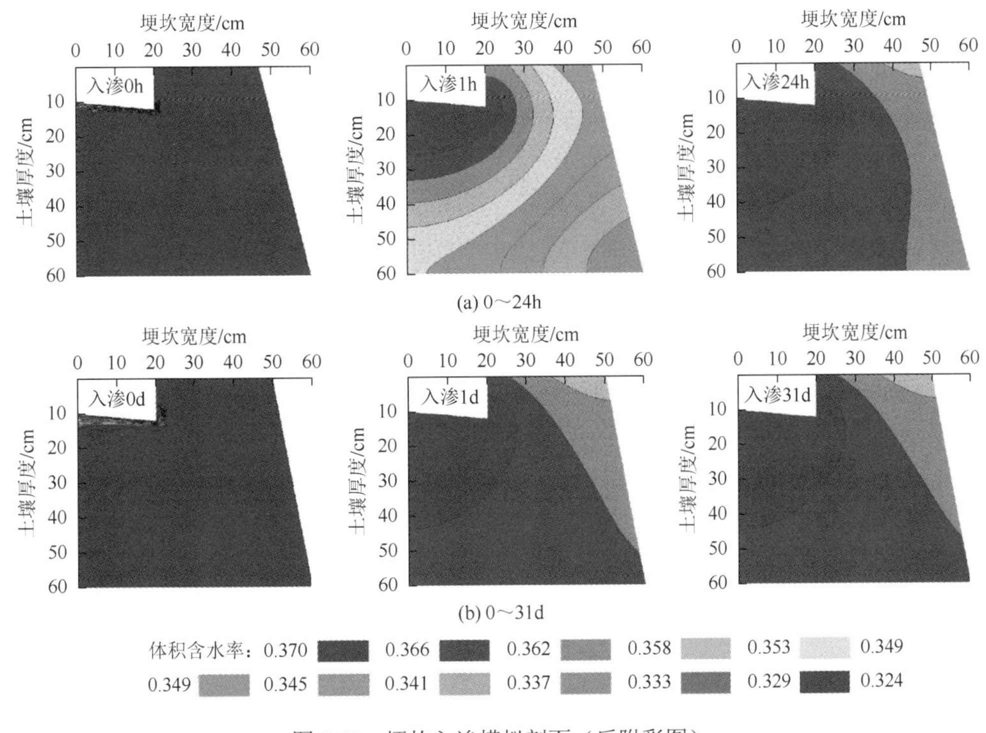

图3.20 埂坎入渗模拟剖面（后附彩图）

由埂坎0～24h模拟入渗剖面可知，入渗1h后，埂坎体积含水率变化较大，其由入渗源向四周递减，最小值在坎坡底部，为33.3%～33.7%。入渗24h后，埂坎水分趋于饱和，垂直方向上体积含水率超过36.6%的土层达到40cm厚，埂坎垂直方向的体积含水率（36.2%～37.0%）大于水平方向的体积含水率（35.3%～37.0%）。

由埂坎0～31d模拟入渗剖面可知，入渗1d后，埂坎体积含水率明显增加，除了坎坡，埂坎其他部位接近水分饱和状态。从入渗1d至入渗31d，埂坎入渗模拟剖面变化较小，且埂坎垂直方向的体积含水率（36.2%～37.0%）也大于水平方向的体积含水率（35.3%～37.0%），表明埂坎内的水分运移通道较为稳定。

由于0～24h和0～31d的水分入渗模拟结果相似，此处只分析埂坎0～24h水分运移剖面的入渗源垂直和水平方向的体积含水率。从图3.21中可以看出，与入渗源距离相同的情况下，垂直方向水分运移量始终大于水平方向水分运移量，且距离入渗源越远，两个方向水分运移量差距越大。这一结果与前述的垂直渗漏量大于横向侧渗量一致，但不同的是入渗量比例稍有差异。需要说明的是，由于进行数值模拟时，将埂坎土壤理想化为均质土壤，且未考虑任何外在因素，因而模拟结果与实际情况存在一定差距。根据对染色入渗试验的实际观测得到垂直渗漏量大于水平侧渗量，HYDRUS模型模拟也得出一致的结论，该模型模拟结果可靠。

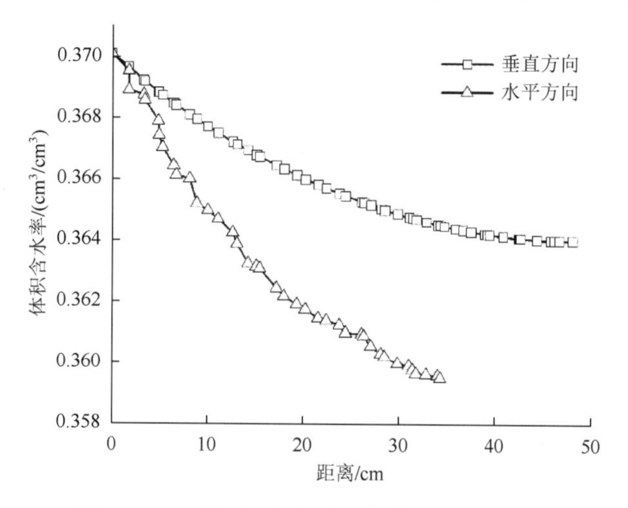

图 3.21　垂直入渗与水平入渗对比（0～24h）

3.7　本 章 小 结

埂坎各层入渗率在初始阶段急剧下降，随着时间推移，入渗率趋于平稳，总体下降约 85%。地埂入渗速率较大，达到稳定入渗的时间较长。通用经验模型拟合效果最好（R^2 为 0.81～0.93）。

埂坎下渗和侧渗明显，*XZ*、*YZ* 方向的优先流呈明显的垂直条带状形态，*XY* 方向的水流向基质流转变。从坎坡垂直染色剖面来看，随着与耕地的距离增加，SAR、SPW＜20mm 占比、SPW 为 20～200mm 占比和 SPN 均不同程度地降低（分别降低 80%、73%、97%、58%），埂坎水分阻隔效应明显，具有良好的水土保持作用，阻隔土层约为 20cm 深土层。紫色土坡耕地的第一水分运移通道为埂坎-基岩界面渗漏（80%），第二水分运移通道为坎内下渗（12%）和侧渗（8%）。

利用 HYDRUS 软件模拟埂坎入渗，埂坎的水头高度先陡升，后趋于平稳，且垂直方向水头高度大于等距离下水平方向水头高度；埂坎水分运移量垂直方向大于水平方向，与试验结果较一致，模型模拟结果具有可靠性。

参 考 文 献

陈洪松，傅伟，王克林，等，2006. 桂西北岩溶山区峰丛洼地土壤水分动态变化初探[J]. 水土保持学报，20（4）：136-139.

陈家林，孔玉华，裴丙，等，2016. 太行山低山丘陵区不同植被类型土壤渗透特性及影响因素[J]. 水土保持研究，23（4）：60-65.

蒋小金，王恩姮，陈祥伟，等，2010. 典型黑土耕地土壤优先流环绕特征[J]. 应用生态学报，21（12）：3127-3132.

李发文，费良军，2003. 膜孔多向交汇入渗特性及其影响因素研究[J]. 水土保持学报，17（4）：105-109.

李建兴，何丙辉，谌芸，等，2013. 不同护坡草本植物的根系分布特征及其对土壤抗剪强度的影响[J]. 农业工程学报，29（10）：144-152.

李胜龙，易军，刘目兴，等，2018. 稻田一田埂过渡区土壤优先流特征研究[J]. 土壤学报，55（5）：1131-1142.

刘目兴，聂艳，于婧，2012. 不同初始含水率下粘质土壤的入渗过程[J]. 生态学报，32（3）：871-878.

刘目兴，宋兴敏，卢世国，等，2022. 三峡库区不同植被覆盖坡地的土壤优先流运动特征研究[J]. 土壤学报，59（5）：1321-1335.

石辉，王峰，李秧秧，2007. 黄土丘陵区人工油松林地土壤大孔隙定量研究[J]. 中国生态农业学报，15（1）：28-32.

熊东红，翟娟，杨丹，等，2011. 元谋干热河谷冲沟集水区土壤入渗性能及其影响因素[J]. 水土保持学报，25（6）：170-175.

余蔚青，王玉杰，胡海波，等，2014. 长三角丘陵地不同植被林下土壤入渗特征分析[J]. 土壤通报，45（2）：345-351.

朱波，况福虹，高美荣，等，2009. 土层厚度对紫色土坡地生产力的影响[J]. 山地学报，27（6）：735-739.

Horton R E，1941. An approach toward a physical interpretation of infiltration-capacity[J]. Soil Science Society of America Journal，5（C）：399-417.

Huang H C，Liu C W，Chen S K，et al.，2003. Analysis of percolation and seepage through paddy bunds[J]. Journal of Hydrology，284（1-4）：13-25.

Janssen M，Lennartz B，2009. Water losses through paddy bunds：methods，experimental data，and simulation studies[J]. Journal of Hydrology，369（1-2）：142-153.

Kostiakov A N，1932. On the dynamics of the coefficient of water percolation in soils and on the necessity of studying it from a dynamic point of view for purposes of amelioration[J]. Soil Science，97（1）：17-21.

Philip J R，1957. The theory of infiltration：4. sorptivity and algebraic infiltration equations[J]. Soil Science，84（3）：257-264.

Voller V R，2011. On a fractional derivative form of the Green-Ampt infiltration model[J]. Advances in Water Resources，34（2）：257-262.

Weiler M，Flühler H，2004. Inferring flow types from dye patterns in macroporous soils[J]. Geoderma，120（1-2）：137-153.

第4章　埂坎裂隙演化的渗流效应

4.1　试 验 方 案

4.1.1　埂坎裂隙发育程度调查

选择典型坡耕地埂坎开展裂隙发育程度调查，在不破坏地埂表层裂隙形态的情况下清除地表杂草及石块，做好比例尺标记后使用高清数码相机对裂隙进行正射拍摄。土壤裂隙深度测量采用弹性塑尺法（张展羽等，2015）。

获得裂隙图像后，参照比例尺将其裁剪为20cm×30cm规格的图像。对埂坎裂隙进行数字化处理，完善属性信息，同时进行拓扑检查。利用渔网工具在对应的UTM（universal transverse Mercator projection，通用横墨卡托投影）坐标系上生成规格为2m×3m的矩形框，然后建立裂隙图像与矩形框的对应关系，并进行几何配准。按照矩形框的缩放系数（1m/10m和$1m^2/100m^2$）分别提取裂隙周长和面积后依据式（4.1）和式（4.2）计算裂隙发育程度（Xiong et al.，2009）。

裂隙面密度（crack area ratio）：

$$\mathrm{CAR}=\sum_{i=1}^{n}a_i/A\times 100\% \tag{4.1}$$

式中，CAR为裂隙面密度，%；a_i为样方内第i条裂隙的面积，cm^2；A为样方总面积，cm^2。

裂隙面积-周长比（ratio of area and perimeter）：

$$\mathrm{RAP}=\sum_{i=1}^{n}a_i/P_0 \tag{4.2}$$

式中，RAP为裂隙面积-周长比，cm；P_0为裂隙网络总周长，cm。

4.1.2　裂隙发育对渗流的影响试验

将无裂隙发育（no crack，NC）埂坎（简称无裂隙埂坎）作为对照组，选择重度裂隙发育（heavy development crack，HC）、中度裂隙发育（medium development crack，MC）和轻度裂隙发育（slight development crack，SC）埂坎进行入渗试验。入渗试验采用内环直径为15.24cm、外环直径为30.48cm、环高为17.78cm的双环入渗仪。试验时，将双环入渗仪垂直嵌入表土内约7cm并用散土把内外环与地表接触部分的空隙填实，以防止水分渗漏影响试验结果。向内外环同时注水，水位至5cm时立即按下秒表。在试验开始后5min内使用容量为1000mL和3300mL的容器供水，5min后使用马氏瓶供水。以1, 2, 3, 5,⋯, 15, 20min为间隔分别记录内、外环入渗水量，直至单位时间入渗水量达到稳定，试验时间为 90～120min。为提高数据处理的统一性和准确性，在入渗趋于稳定后延长试验时间至 3.5～4h。试验过程中内外环水位维持在 5cm 左右。

采用初始入渗率、稳定入渗率和平均入渗率及 120min 累积入渗量 4 个指标来表征土壤入渗性能（罗莹丽等，2021）。其中，初始入渗率是指入渗初始阶段单位时间入渗量；平均入渗率是指达到稳定入渗时的累积入渗量与达到稳定入渗的时间的比值；稳定入渗率是指单位时间入渗量趋于稳定（即内环水头趋于稳定）时的入渗率（黎娟娟等，2017）。

4.1.3　裂隙闭合对渗流的影响模拟

试验前，在坡耕地埂坎上采集试验用土柱，使用直径 20cm、高度 35cm 的 PVC 管进行原状土采集，PVC 管垂直嵌入埂坎 30cm，挖出后平整底部并用直径为 20cm 的 PVC 排水管帽封住管底端，管帽留若干小孔以方便排水。试验共需 3 个 PVC 管，每个 PVC 管间隔约 5cm。

裂隙发育程度设计为 3 个水平（原状土充分浸润后 3d、6d 和 9d），每个水平重复做 3 组试验，共计两个循环，即 6 次干湿交替。利用气压喷壶将采集的原状土柱均匀喷水增湿后密封，使其湿润 24h。浸润后将土柱置于 40℃的烘箱内恒温干燥至设定的干燥时间。不同裂隙发育程度的土柱制作完成后使用高清数码相机在 PVC 管正上方拍摄记录裂隙初始状态，然后开始进行入渗试验。入渗试验采用自制装置，包含支架、漏斗、积水盆和 PVC 管 4 部分。试验开始前，在管内距离表土 1cm 处铺设细纱布以减少水分供给对土壤表层的破坏，并在管内壁距表土 3cm 处进行标注，保证后续水面高度保持稳定。试验开始后，向管内加水，水面高度为 3cm 时立即按下秒表，同时持续注水使得水面高度保持恒定，以 1, 2,⋯, 15, 20min 为间隔记录入渗水量，单位时间内入渗水量达到稳定时停止试验。同时，分别在试验开始后 1, 3, 6min⋯ 拍摄记录表土裂隙状态，直至裂隙闭合。本试验获取的图像为直径 20cm 的圆形图像（即以 PVC 管为边界的表土裂隙图像）。

4.1.4　优先流试验

选择有裂隙发育与无裂隙发育埂坎开展染色示踪试验（Morris et al.，2008）。在尽量不扰动表层土壤的情况下剔除观测区表土的枯草和砾石，然后将长×宽×高为 60cm×40cm×30cm 的入渗框垂直嵌入埂坎土壤约 20cm，出露地表约 10cm。入渗框两侧边缘裂隙用散土填充并压实，避免染色溶液沿入渗框壁下渗而影响试验结果。

采用无毒、无污染、不易挥发且具有较强稳定性的食用亮蓝色素作为染色示踪剂，浓度为 4g/L（通常浓度为 3～5g/L 的示踪剂显色最佳）。将 10L 配置好的亮蓝溶液均匀倒入入渗框后，使用 PVC 薄膜覆盖于染色样地上并用透明胶带封紧。

染色 24h 后开挖土壤剖面（图 4.1）。沿 X 轴方向（即地块-埂坎横断面方向）在入渗框边缘开挖垂直剖面（侧面），垂直剖面的深度×宽度分别为 80cm×40cm（有裂隙埂坎）、70cm×40cm（无裂隙埂坎）。沿 Z 轴方向（即埂坎长度延伸方向）在近坎坡一侧入渗框壁处开挖深度×宽度分别为 80cm×60cm（有裂隙埂坎）、65cm×60cm（无裂隙埂坎）的垂直剖面（正面）。水平剖面以距地埂表层 5cm 处开挖，0～20cm 深度以 5cm 为间隔，20cm 以上深度以 10cm 为间隔开挖水平剖面，直至没有明显染色土层出现为止。其中有裂隙埂坎在 50cm 处染色范围明显减小，因此 50cm 以下深度以 15cm 为间隔挖取水平剖面。各埂坎分别开挖 9 个长度×宽度为 60cm×40cm 的水平剖面。开挖每个剖面后将标尺放置于剖面旁，记录好剖面深度、宽度、长度等信息，同时使用相机对土壤剖面进行遮光拍摄。

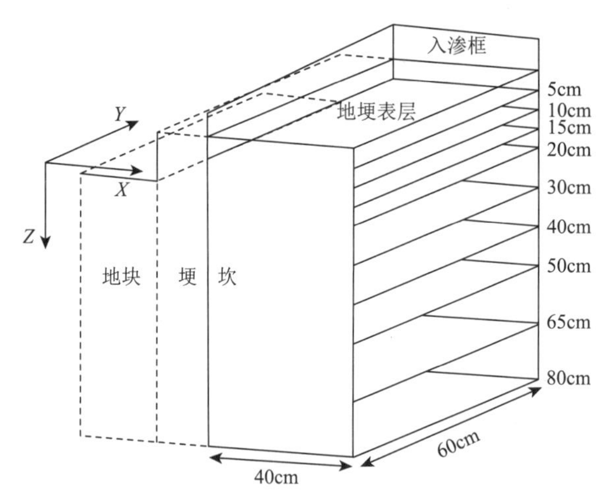

图 4.1　染色示踪试验剖面开挖示意图

染色示踪试验获取的图像通过相应步骤提取染色信息，在此基础上对埂坎土壤优先路径进行分析与归类（图 4.2）。由于部分图像受外界环境因素影响较大，试验利用 ArcGIS 对样方裂隙和虫孔进行数字化处理，以满足数据精度要求（熊东红等，2013）。

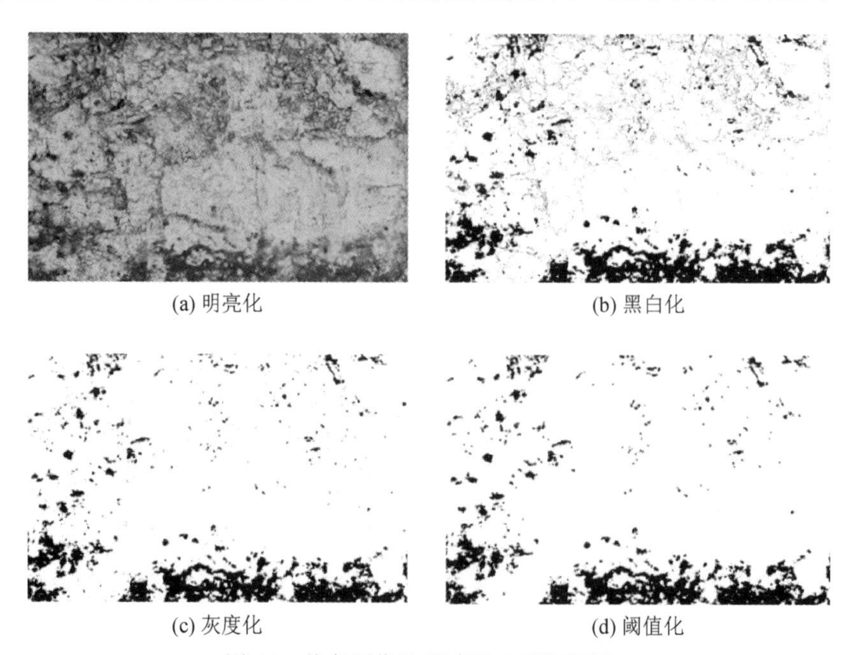

图 4.2　染色图像处理过程（后附彩图）

4.2　埂坎开裂对渗流的影响

4.2.1　埂坎裂隙发育程度分级

调查发现，埂坎裂隙发育形态表现出明显的随机性，通常可分为平行向、垂直向和网格状 3 种基本形态，其中网格状裂隙占比最大。部分裂隙从地埂连续延伸至坎趾，破坏了整个埂坎结构的完整性，严重处出现裂隙壁坍塌或脱落现象。利用裂隙面密度、裂隙面积-周长比、裂隙深度 3 个指标可以直观反映土体裂隙形态特征（表 4.1）。埂坎裂隙面密度为 1.69%～13.75%，平均值为 5.58%，裂隙面积-周长比为 0.04～0.28cm，平均值为 0.12cm，裂隙深度为 0.50～32.00cm，平均值为 14.57cm。以裂隙面密度为变量进行聚类分析（Xiong et al.，2009）。综合考虑各裂隙发育程度指标及野外实际调查情况，将埂坎裂隙发育程度分为 4 级，分级标准及特征参数见表 4.2。

表 4.1　埂坎裂隙发育特征参数

裂隙发育特征参数	最大值	最小值	平均值	标准差	变异系数
裂隙面密度	13.75%	1.69%	5.58%	3.19%	57.19%
裂隙面积-周长比	0.28cm	0.04cm	0.12cm	0.07cm	57.04%
裂隙深度	32.00cm	0.50cm	14.57cm	9.58cm	65.75%

表 4.2　埂坎裂隙发育程度分级标准及特征参数

裂隙发育程度分级	裂隙面密度/%	样本量	裂隙面积-周长比/cm	裂隙深度/cm
轻度发育	≤3.50	8	0.06±0.01	1.30±0.44
中度发育	3.51～6.00	11	0.09±0.02	7.49±2.13
重度发育	6.01～10.00	7	0.17±0.05	21.80±2.61
极重度发育	≥10.01	3	0.23±0.04	27.70±2.26

注：裂隙面积-周长比和裂隙深度的数值为均值±标准误。

4.2.2　不同裂隙发育程度埂坎入渗特征

不同裂隙发育程度下埂坎的入渗过程相似（图 4.3），入渗率均在入渗开始后 0～5min 急剧下降，降幅达 66.36%～89.71%。入渗率下降幅度随入渗时间延长明显减小，最后逐渐趋于稳定。但不同裂隙发育程度埂坎达到稳定入渗所需时间存在差异，其中，重度裂隙发育埂坎达到稳定入渗所需的时间最长，分别是中度裂隙发育、轻度裂隙发育及无裂隙埂坎的 1.09 倍、1.45 倍和 1.55 倍。入渗过程中，最大入渗率（重度裂隙发育埂坎）与最小入渗率（无裂隙埂坎）间的差值最高达 716.04mm/min。随着时间增加，不同埂坎入渗率逐渐接近，稳定入渗时入渗率差值降低至 2.10mm/min。

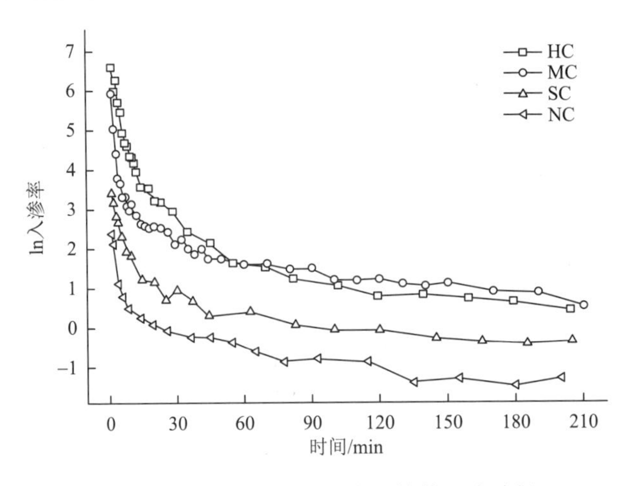

图 4.3 不同裂隙发育程度埂坎的入渗过程

与其他不同裂隙发育程度埂坎相比，无裂隙埂坎的初始入渗率、稳定入渗率、平均入渗率与 120min 累积入渗量均最小（表 4.3），分别为 7.32mm/min、0.26mm/min、0.77mm/min 和 102.60mm，仅为重度裂隙发育埂坎的 1.28%、11.02%、2.33%和 2.77%，中度裂隙发育埂坎的 3.61%、15.29%、7.03%和 6.96%，轻度裂隙发育埂坎的 31.28%、26.26%、25.58%和 35.32%，说明裂隙发育可以增强土壤渗透性，但增强幅度存在差异。随着裂隙发育程度的提高，各入渗参数的增幅表现为初始入渗率（98.72%）＞平均入渗率（97.67%）＞120min 累积入渗量（97.23%）＞稳定入渗率（88.98%）。

不同裂隙发育程度埂坎初始含水率存在明显差异，其中，无裂隙埂坎初始含水率最大（22.04%），使得土壤基质势梯度较小，对水分子的吸引力弱，土壤初始入渗率相对较小（表 4.3）。但随着入渗时间的延长，初始含水率对入渗的影响逐渐减弱，直至可忽略不计，导致不同裂隙发育程度埂坎稳定入渗率增幅小于初始入渗率增幅。

表 4.3 不同裂隙发育程度埂坎的入渗参数

埂坎类型	初始入渗率/(mm/min)	稳定入渗率/(mm/min)	平均入渗率/(mm/min)	120min 累积入渗量/mm
HC	571.33	2.36	33.11	3699.46
MC	202.94	1.70	10.96	1474.86
SC	23.40	0.99	3.01	290.45
NC	7.32	0.26	0.77	102.60

从埂坎入渗性能与裂隙发育程度的相关性来看，裂隙面密度、裂隙面积-周长比和裂隙深度均对土壤入渗性能产生较大影响（表 4.4）。其中裂隙面密度与各入渗参数均呈显著正相关关系（$P<0.05$），尤其与平均入渗率呈极显著正相关关系（$P<0.01$）。裂隙深度和裂隙面积-周长比与初始入渗率、平均入渗率、稳定入渗率和 120min 累积入渗量均呈极显著正相关关系（$P<0.01$），表明裂隙深度和裂隙面积-周长比是土壤入渗性能的重要影响因素。与初始入渗率、平均入渗率和 120min 累积入渗量相比，裂隙发育程度对稳定入渗率的影响相对较弱，相关系数介于 0.85～0.89。这可能是因为稳定入渗率表征的是土

壤入渗达到饱和后的导水能力，此时表层裂隙已经完全闭合，入渗率的大小主要受土壤内部孔隙结构制约（徐勤学等，2018）。

表 4.4　埂坎入渗参数与裂隙发育指标的相关性

入渗参数	裂隙面密度	裂隙面积-周长比	裂隙深度
初始入渗率	0.86*	0.93**	0.99**
稳定入渗率	0.85*	0.88**	0.89**
平均入渗率	0.87**	0.94**	0.99**
120min 累积入渗量	0.85*	0.93**	0.97**

注：*表示在 0.05 水平上显著相关；**表示在 0.01 水平上显著相关。

根据埂坎入渗参数与裂隙发育指标的相关性分析，选择裂隙面密度、裂隙面积-周长比和裂隙深度作为自变量，以 4 个入渗参数为因变量进行逐步回归分析。由表 4.5 可以看出，影响初始入渗率、平均入渗率及 120min 累积入渗量的主导因素为裂隙深度，而稳定入渗率主要受裂隙面积-周长比的制约，且所有方程均通过显著性检验，这和埂坎入渗率与裂隙发育指标的相关性研究结果一致。

表 4.5　埂坎入渗率与裂隙发育指标逐步回归方程

入渗参数	回归方程	R^2	P
初始入渗率	$y = -8.22 + 25.65x_3$	0.972	<0.01
稳定入渗率	$y = 0.47 + 11.41x_2$	0.675	0.023
平均入渗率	$y = 0.40 + 1.45x_3$	0.973	<0.01
120min 累积入渗量	$y = 50.15 + 164.59x_3$	0.945	<0.01

注：y 为各入渗指标；x_2 为裂隙面积-周长比；x_3 为裂隙深度。

4.2.3　不同裂隙发育程度埂坎入渗过程模拟

1. 入渗模型选择

目前常用的入渗模型分为经验模型、物理模型和半经验模型 3 类（孙福海等，2020）。其中经验模型是根据实际入渗数据统计得出入渗率与入渗时间关系的模型，如 Kostiakov 模型（Kostiakov，1932）。物理模型是通过相关物理性质分析入渗率随时间的变化规律，如 Philip 模型（Philip，1957）。而半经验模型介于二者之间，如 Horton 模型（Horton，1941）和 Mezencev 模型（Mezencev，1948）。选择 Kostiakov 模型、Mezencev 模型、Philip 模型和 Horton 模型模拟不同裂隙发育程度埂坎的入渗过程，其中，Kostiakov 模型、Philip 模型和 Horton 模型在“3.2.2 分层入渗模型模拟”中已做介绍。

Mezencev 模型：

$$f(t) = B + at^{-b} \tag{4.3}$$

式中，$f(t)$为土壤入渗率，mm/min；B 为稳定入渗率，mm/min；t 为入渗时间，min；a、b 为拟合参数。

2. 不同裂隙发育程度下埂坎入渗拟合

1）模型拟合参数

Kostiakov 模型的 a 值可用来表征初始入渗率，主要受土壤孔隙结构与初始含水率的影响，反映不同裂隙发育程度下入渗初期入渗率的差异。b 值表示入渗率随时间延长而减小的程度，b 值越大，入渗率减小速度越快。试验拟合结果中 a 值介于 11.20～573.41，并随裂隙发育程度的提高而增加，与实际初始入渗率变化趋势一致；b 值介于 0.70～1.34，其中中度裂隙发育 1.34、重度裂隙发育 0.81、无裂隙 0.78、轻度裂隙发育 0.70，基本反映了不同裂隙发育程度埂坎间入渗率减小的差异。

Mezencev 模型与 Kostiakov 模型相比，二者 a、b 值的变化趋势相似，但 Mezencev 模型的 a 值始终较 Kostiakov 模型小，范围为 11.05～571.27；除无裂隙埂坎外，其余不同裂隙发育程度埂坎其 Mezencev 模型的 b 值较 Kostiakov 模型大，范围为 0.76～1.37。这可能是因为在 Mezencev 模型中，当 $t\to1$ 时，初始入渗率等于稳定入渗率加上 a 值，因此 a 值偏小；当 t 为任意数值时，$f(t)$均为稳定入渗率加上 at^{-b}，即在相同时间内，需要更快的下降速度才能达到同一入渗率，因此 b 值偏大；当 $t\to\infty$时，$f(t)$等于稳定入渗率，这与实际情况相符。

Philip 模型中的 S 值表征吸湿率，S 值越大，土壤入渗能力越强。从拟合结果来看，不同裂隙发育程度埂坎的 S 值介于 16.81～786.16，从大到小依次为重度裂隙发育（786.16）、中度裂隙发育（346.23）、轻度裂隙发育（49.90）、无裂隙（16.81），表明土壤入渗能力随裂隙发育程度的提高而增加。

Horton 模型中 k 值可以用来表示入渗率减小的速率，从拟合结果来看，k 值从大到小依次为中度裂隙发育（0.40）、轻度裂隙发育（0.30）、重度裂隙发育（0.27）、无裂隙（0.24），与实际情况存在偏差。

2）模型模拟效果

见表 4.6，中度裂隙发育、轻度裂隙发育和无裂隙埂坎采用 Kostiakov 模型和 Mezencev 模型的拟合效果明显优于 Horton 模型和 Philip 模型，其 R^2 均介于 0.97～0.99。重度裂隙发育埂坎采用 Horton 模型时的 R^2 为 0.94，拟合效果较好。Philip 模型对各埂坎入渗过程的拟合效果较差，R^2 最小值仅为 0.57。4 个模型中，Kostiakov 和 Mezencev 模型的均方根误差（RMSE）较小（分别为 0.04～15.98 和 0.56～15.43），表明更适用于模拟不同裂隙发育程度埂坎的入渗过程。但当 $t\to\infty$时，Kostiakov 模型入渗率逐渐趋于 0 而不是逐渐趋于稳定入渗率，不符合实际情况。只有当入渗时间 $t<t_{\max}=(a/K_S)^{1/b}$（K_S 为饱和导水率）时，Kostiakov 模型才能有效描述土壤入渗过程（Kostiakov et al.，1932）。

表 4.6　入渗模型对不同裂隙发育程度埂坎的模拟结果

模型	参数	HC	MC	SC	NC
Kostiakov 模型 $f(t)=at^{-b}$	a	573.41	372.91	32.57	11.20
	b	0.81	1.34	0.70	0.78
	R^2	0.84	0.99	0.98	0.97
	RMSE	15.98	2.19	0.23	0.04

续表

模型	参数	HC	MC	SC	NC
Mezencev 模型 $f(t)=B+at^{-b}$	B	2.36	1.70	0.99	0.26
	a	571.27	372.05	31.89	11.05
	b	0.82	1.37	0.76	0.50
	R^2	0.84	0.99	0.97	0.97
	RMSE	15.43	1.21	0.56	1.26
Philip 模型 $f(t)=A+bt^{-0.5}$	A	2.36	1.70	0.99	0.26
	b	393.08	173.12	24.95	8.41
	R^2	0.69	0.57	0.87	0.83
	RMSE	4.04	16.96	1.74	0.59
Horton 模型 $f(t)=f_c+(f_0-f_c)e^{-kt}$	k	0.27	0.40	0.30	0.24
	f_0	726.74	372.97	43.88	10.97
	f_c	2.36	1.70	0.99	0.26
	R^2	0.94	0.67	0.90	0.79
	RMSE	26.12	4.96	0.33	0.32

Mezencev 模型是在 Kostiakov 模型基础上添加常数项（即稳定入渗率），解决了 Kostiakov 模型的时间限制问题。然而，埂坎裂隙发育导致土壤性质复杂多变，这会影响稳定入渗率测量精度，从而降低 Mezencev 模型拟合效果。Horton 模型中初始入渗率和稳定入渗率均为实测值，受土壤性质影响较大，拟合效果低于 Kostiakov 模型和 Mezencev 模型。Philip 模型对初始含水率接近或达到饱和的均质土壤的入渗模拟效果较好，因此不适用于裂隙发育埂坎土壤入渗过程模拟。

综合考虑，Kostiakov 模型和 Mezencev 模型对不同裂隙发育程度埂坎入渗过程的拟合效果相对较好，其次是 Horton 模型。

4.3　埂坎裂隙闭合对渗流的影响

4.3.1　干湿交替下埂坎裂隙发育及闭合特征

以裂隙发育面密度为例，对干湿交替下的入渗过程进行分析。随着干湿交替次数增加，各试样裂隙面密度均呈先急剧上升后趋于平稳的变化趋势（图 4.4）。试样 1、试样 2、试样 3 的增幅分别为 219.30%、135.91%、120.30%，表明干湿交替次数增加明显提升了裂隙发育强度。但不同试样上升幅度间存在差异，其中，试样 1 和试样 2 在第 1～4 次干湿交替过程中土体收缩剧烈，相邻干湿交替之间面密度最大上升幅度分别为 93.70%和 56.29%；4 次交替以后面密度虽有小幅度波动，但整体趋于稳定，波动幅度不超过 15%。相比而言，试样 3 面密度上升幅度则是在第 4～5 次干湿交替时达到最大，且其值整体较小，平均值仅为试样 1 和试样 2 的 74.26%、73.63%。

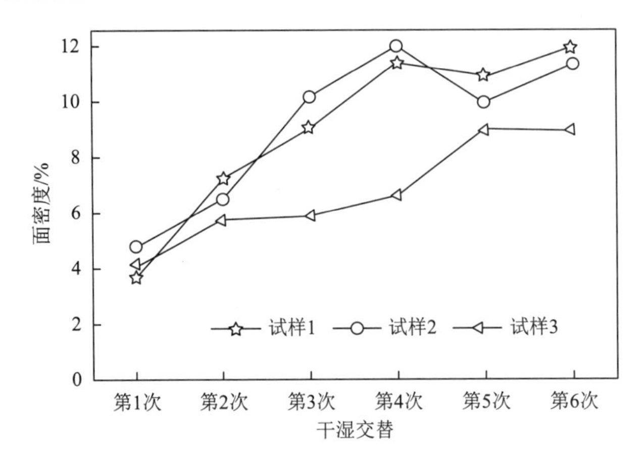

图 4.4 干湿交替下埂坎裂隙面密度变化特征

干湿交替下不同试样裂隙面密度均在入渗初期迅速下降，3min 时下降幅度最高达 97.93%，随后下降速率随时间的增加而匀速减小，直至裂隙闭合（图 4.5）。但不同干湿交替次数下裂隙闭合时间存在差异，除试样 1 外，其余试样的闭合时间为第 2 次＞第 3 次＞第 5 次＞第 6 次＞第 1 次＞第 4 次，即裂隙闭合时间整体上随干湿交替次数的增加而缩短，表明干湿交替次数对裂隙闭合时间具有较为明显的影响。

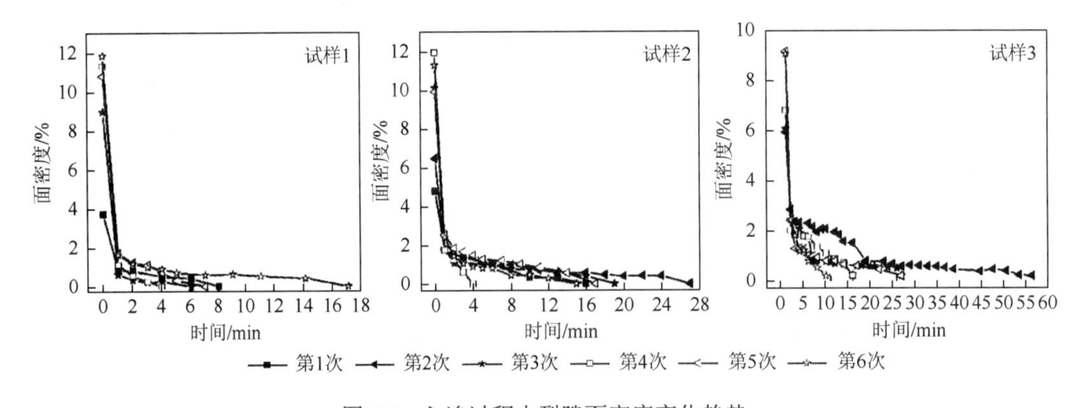

图 4.5 入渗过程中裂隙面密度变化趋势

4.3.2 干湿交替下裂隙发育埂坎的入渗特征

干湿交替条件下各试样入渗率随时间的变化大致可分为 3 个阶段（图 4.6）：①瞬时入渗阶段（0～3min），入渗率较大，但随时间的增加迅速下降，3min 下降幅度为 60.00%～86.96%；②缓慢入渗阶段（4～30min），入渗率下降幅度明显减小，同时初始裂隙随时间的变化逐渐闭合，对水分入渗的促进作用也不断减弱；③稳定入渗阶段（31min 后），土壤孔隙基本被水分填满，水分主要在重力的作用下运移，入渗率比较稳定。

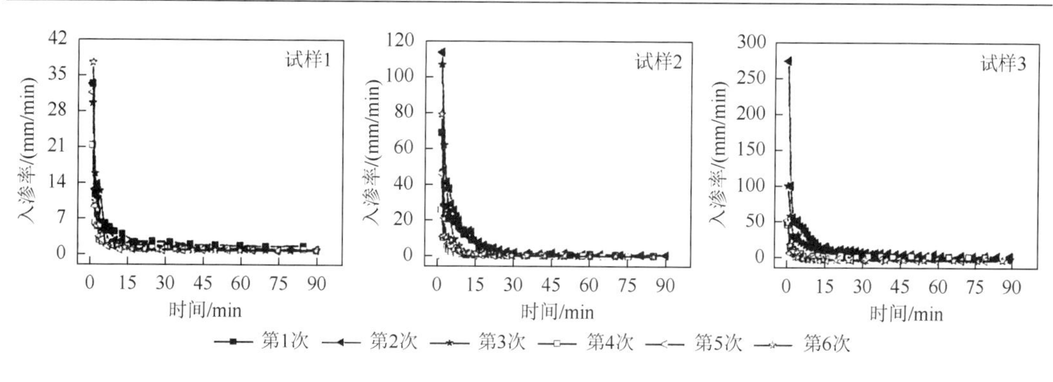

图 4.6　干湿交替下裂隙发育埂坎的入渗过程

前 3 次干湿交替下裂隙发育埂坎入渗率明显大于后 3 次，并且在瞬时入渗阶段和缓慢入渗阶段存在明显差异。具体表现为第 1～3 次干湿交替各试样在瞬时入渗阶段的平均入渗率分别为 29.32mm/min、51.22mm/min 和 50.95mm/min，分别是第 4 次干湿交替的 1.69 倍、2.96 倍和 2.94 倍，第 5 次干湿交替的 1.61 倍、2.82 倍和 2.81 倍，第 6 次干湿交替的 1.01 倍、1.85 倍和 1.84 倍。入渗率在缓慢入渗阶段呈逐渐减小的变化趋势，其中第 4～6 次干湿交替减小幅度大于第 1～3 次，这与土体结构和裂隙闭合速率有关。

不同干湿交替次数下各试样入渗参数存在较大差异，但最大值多出现在前 3 次干湿交替中（表 4.7）。以试样 1 为例，初始入渗率和达到稳定入渗的时间均随干湿交替次数的增加而先增加后迅速降低，直至第 6 次干湿交替时才出现反弹，最大值分别为 19.4mm/min 和 19min，且均出现在第 2 次干湿交替时；平均入渗率、稳定入渗率和 30min 累积入渗量则是在第 1 次干湿交替时出现最大值，其中平均入渗率和 30min 累积入渗量在前期试验（第 1～3 次干湿交替）和后期试验（第 4～6 次干湿交替）中的变化趋势相反，即在前期试验中随干湿交替变化递减，而在后期试验中则表现出递增的变化规律，同时最小值均出现在第 4 次干湿交替时；稳定入渗率随干湿交替次数的增加呈非匀速递减的趋势，最大下降幅度出现在第 1 次和第 2 次干湿交替之间，其值为 67%。综上所述，前期干湿交替试验（第 1～3 次）土壤入渗性能优于后期（第 4～6 次），即土壤入渗性能随干湿交替次数的增加而降低，这与王佳妮等（2021）对崩岗土体干湿循环下的入渗研究结果相似。

表 4.7　干湿交替下裂隙发育埂坎入渗参数

编号	干湿交替	初始入渗率/(mm/min)	平均入渗率/(mm/min)	稳定入渗率/(mm/min)	达到稳定入渗的时间/min	30min 累积入渗量/mm
试样 1	第 1 次	17.2	3.7	0.6	18	126.2
	第 2 次	19.4	2.9	0.2	19	106.8
	第 3 次	17.4	2.9	0.1	19	87.1
	第 4 次	10.4	1.8	0.3	9	51.8
	第 5 次	5.5	2.4	0.1	7	58.3
	第 6 次	18.2	3.0	0.1	17	75.9

续表

编号	干湿交替	初始入渗率/(mm/min)	平均入渗率/(mm/min)	稳定入渗率/(mm/min)	达到稳定入渗的时间/min	30min 累积入渗量/mm
试样 2	第 1 次	41.5	9.0	0.8	24	315.0
	第 2 次	68.0	11.9	0.7	40	487.8
	第 3 次	69.1	9.5	0.2	19	283.8
	第 4 次	14.1	2.2	0.2	11	68.9
	第 5 次	22.7	4.0	0.1	17	104.5
	第 6 次	36.9	5.8	0.1	15	160.8
试样 3①	第 2 次	146.3	20.3	4.4	65	1046.7
	第 3 次	66.4	12.5	1.6	30	569.8
	第 4 次	27.5	6.6	2.8	15	259.4
	第 5 次	26.3	4.7	0.4	26	137.2
	第 6 次	28.2	4.2	0.1	9	110.0

注：①试样 3 做第 1 次干湿交替试验时入渗过快，导致数据存在较大误差，故不列出，余同。

4.3.3　埂坎裂隙闭合对入渗的影响

裂隙面密度和入渗率随入渗过程的变化趋势具有一定相似性（图 4.7），即均在入渗初始阶段迅速下降，下降幅度随时间的增加而逐渐减小，直至趋于平稳。但在不同阶段面密度和入渗率的下降幅度存在差异，入渗初始阶段（0～3min）面密度的下降幅度（均值为 81.55%）较大，为入渗率下降幅度的 1.13 倍。随后面密度下降速度逐渐放缓，二者下降速度随入渗过程的推移而逐渐接近，表明入渗初始阶段除了受裂隙

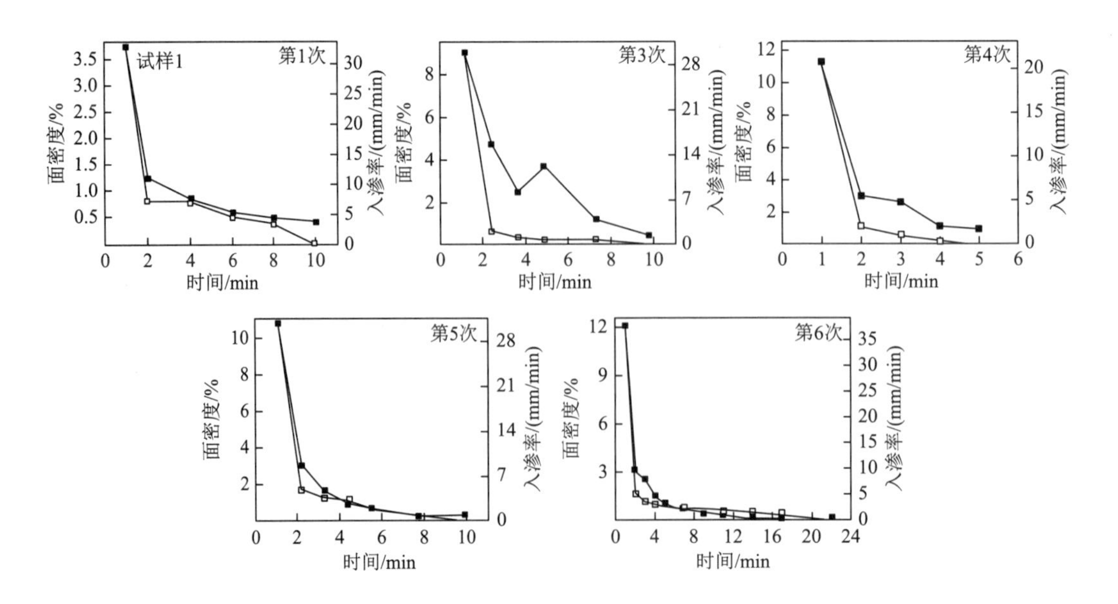

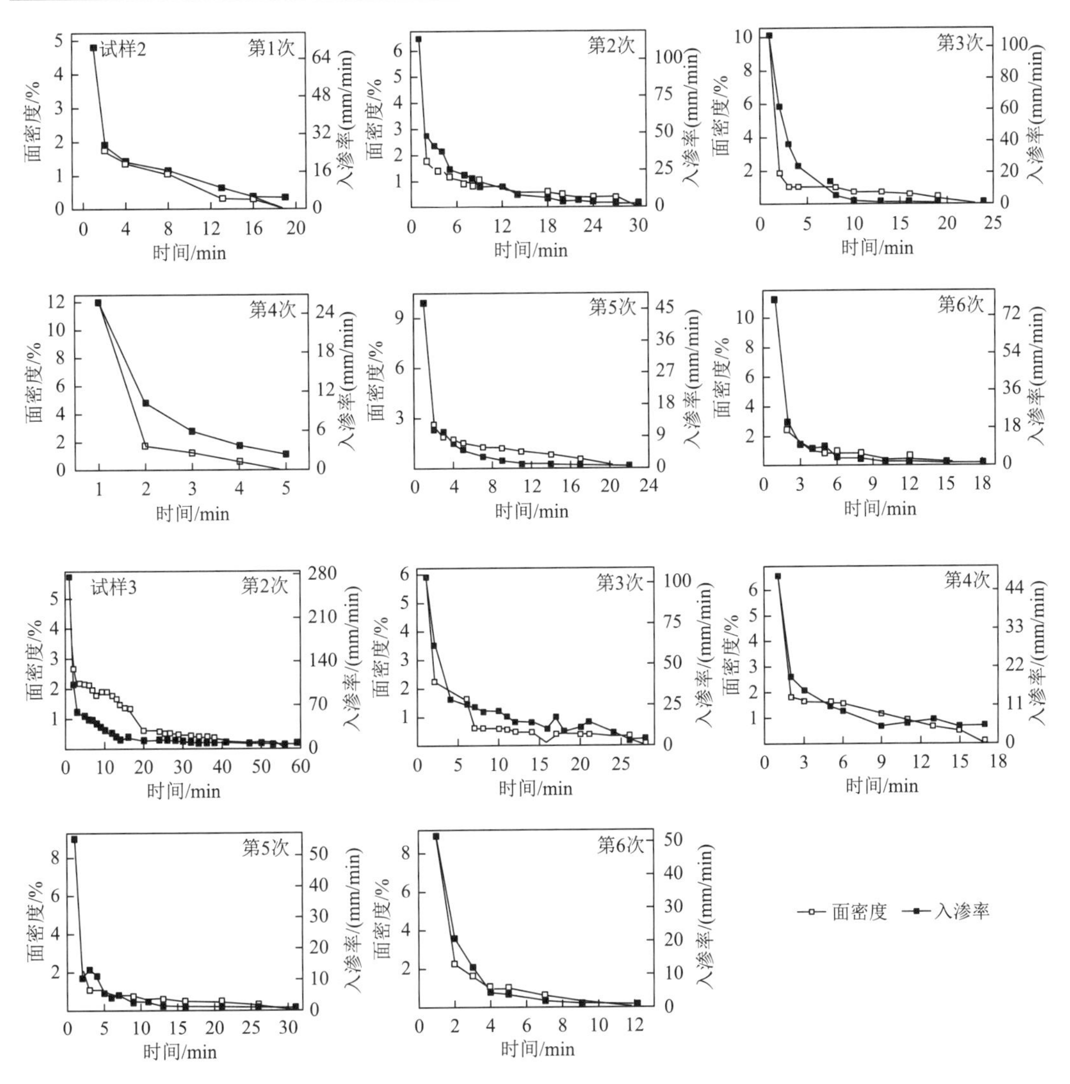

图 4.7　干湿交替下埂坎裂隙闭合对入渗过程的影响

注：由于试验时土体较为松散，在水流的冲击下激起的土壤颗粒影响了拍照的清晰度，图片处理技术无法准确提取裂隙面密度，故试样 1 第 2 次干湿交替只有初始裂隙面密度及入渗数据，而无裂隙闭合数据，余同。

发育影响外，含水率梯度和土体内的大孔隙等也会促进水分入渗，造成入渗率初始下降速度小于面密度。与前期（第 1～3 次）干湿交替相比，后期（第 4～6 次）裂隙闭合对入渗率变化的主导程度更高，这是因为前期的多次干湿交替对土体造成了破坏，疏松土壤颗粒迁移程度增大，随水分运移堵塞土体内部孔隙，减小了土体孔隙对渗透性能的影响，使得水分入渗对裂隙形成与闭合的依赖程度增加。

由不同干湿交替次数下裂隙面密度和入渗率的线性回归分析可知，各试样所有干湿交替次数下裂隙面密度与入渗率的线性回归方程的 R^2 均大于或等于 0.88，除试样 1 第 3 次干湿交替以外，其余 P 值均小于 0.01，表明裂隙闭合与入渗率之间存在显著的线性相关关系，即入渗率受裂隙闭合的影响较大（表 4.8）。

表 4.8　干湿交替下埂坎裂隙闭合与入渗率的线性回归分析结果

编号	干湿交替次数/次	回归方程	R^2	P
试样 1	1	$y = 2.34 + 8.14x$	0.99	0.00
	3	$y = 7.24 + 2.46x$	0.88	0.02
	4	$y = 2.75 + 1.59x$	0.99	0.00
	5	$y = 0.93 + 2.80x$	0.99	0.00
	6	$y = 0.70 + 3.10x$	0.98	0.00
试样 2	1	$y = 3.26 + 13.65x$	0.99	0.00
	2	$y = 1.63 + 18.39x$	0.97	0.00
	3	$y = 5.74 + 10.59x$	0.89	0.00
	4	$y = 3.83 + 1.88x$	0.98	0.00
	5	$y = 1.77 + 4.88x$	0.99	0.00
	6	$y = 0.07 + 7.09x$	0.99	0.00
试样 3	2	$y = 14.13 + 39.20x$	0.91	0.00
	3	$y = 6.63 + 16.84x$	0.96	0.00
	4	$y = 1.51 + 7.00x$	0.97	0.00
	5	$y = 0.19 + 6.16x$	0.98	0.00
	6	$y = 0.50 + 5.93x$	0.98	0.00

注：x 表示裂隙面密度，y 表示入渗率。

各试样裂隙闭合时间与 4 个入渗参数之间的关系存在明显差异，其中试样 1 的平均入渗率和 30min 累积入渗量与裂隙闭合时间呈现相似的变化趋势，即随干湿交替次数的增加先递减后增加；达到稳定入渗的时间总是晚于裂隙闭合时间，二者的差值随干湿交替次数增加由 13min（试样 1 的第 3 次干湿交替和试样 2 的第 2 次干湿交替）减小至第 5 次干湿交替之后的 0min，表明随着干湿交替次数增加，裂隙闭合对达到稳定入渗时间的影响增大（图 4.8）。但干缩裂隙对入渗率的影响因裂隙吸水闭合效应随时间延长逐渐衰减，直至可忽略不计，因此稳定入渗率与裂隙闭合时间的变化趋势明显不同。但对试样 2 和试样 3 来说，裂隙闭合时间仅与达到稳定入渗的时间具有相似变化，即裂隙闭合时间仅与达到稳定入渗的时间存在一定相关关系。对各入渗参数与裂隙闭合时间的方差分析表明，裂隙闭合时间对达到稳定入渗的时间具有显著影响（$P<0.05$），而对平均入渗率、稳定入渗率和 30min 累积入渗量没有显著影响（$P<0.05$）。

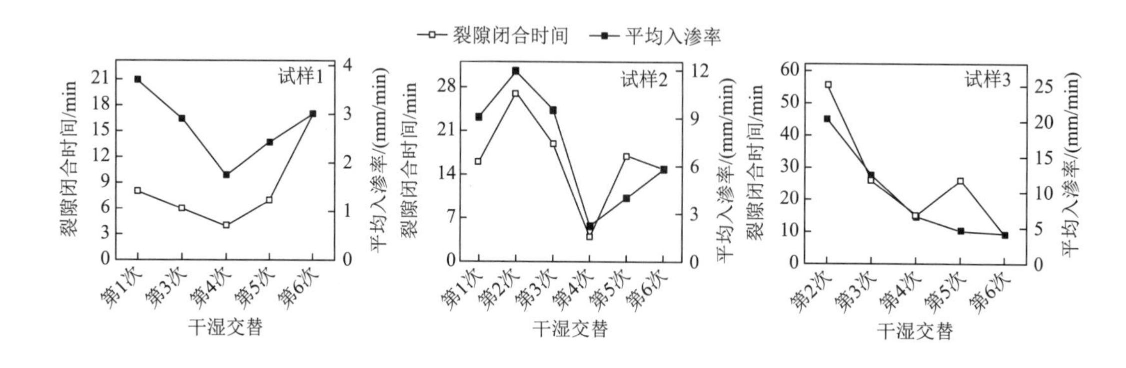

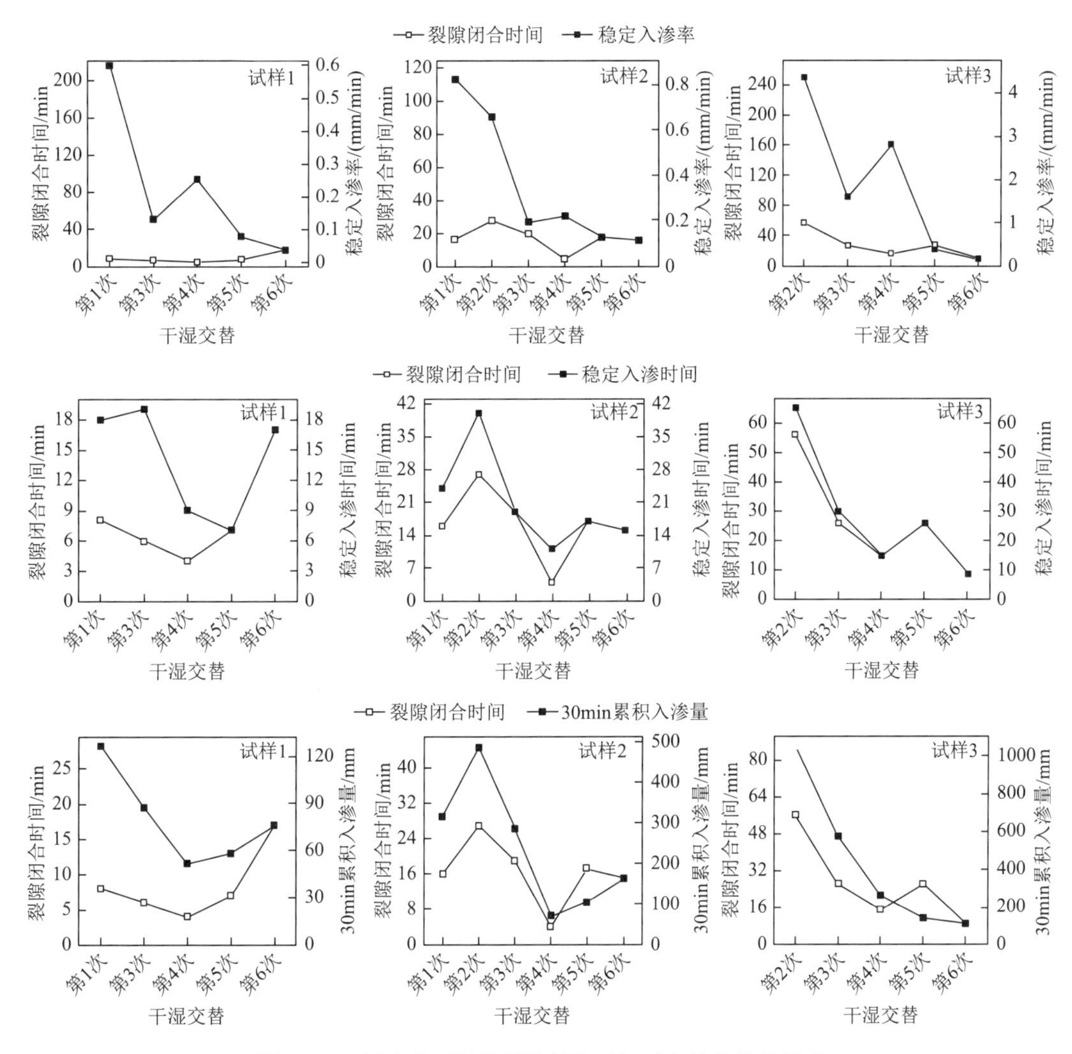

图 4.8　干湿交替下埂坎裂隙闭合时间对入渗参数的影响

4.4　埂坎优先路径特征研究

4.4.1　埂坎优先路径组成与分布

无裂隙埂坎与裂隙发育埂坎间裂隙发育指标（面密度和面积-周长比）垂直变化差异显著（图 4.9）。其中，裂隙发育埂坎裂隙面密度随土壤深度的增加呈先增后减的变化趋势：在 0～20cm 范围内迅速增加，增加幅度达 84.82%；在 20～50cm 深度骤减，直至 65cm 深度趋于稳定。表层无裂隙埂坎裂隙面密度在 0～70cm 范围内随深度增加呈现先增大后减小的变化规律，但与裂隙发育埂坎相比，其变化幅度较小。当深度介于 0～10cm 时，无裂隙埂坎裂隙面密度增幅达 79.89%。深度由 10cm 增加至 70cm 时，裂隙面密度从 2.04%降至 0.28%，除 10～15cm 的变化幅度为 62.78%外，其余相邻深度之间变化幅度均未超过 50%。

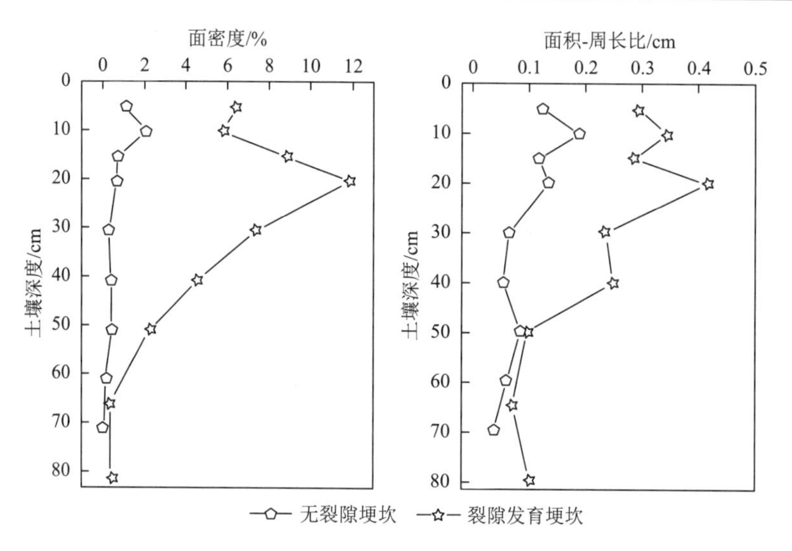

图 4.9　埂坎裂隙发育指标垂直变化规律

从裂隙面积-周长比来看，无裂隙埂坎裂隙面积-周长比整体较小且未发生明显波动。相比而言，裂隙发育埂坎变化趋势复杂，表明其土体内部裂隙发育空间异质性较强。裂隙发育埂坎裂隙面积-周长比的变化随土层深度增加大致可划分为 3 个阶段：①在 0～20cm 深度，裂隙面积-周长比波动上升，这可能是因为受降雨影响，埂坎土体吸水膨胀，从而导致表层裂隙面积-周长比较小；②在 20～50cm 深度，裂隙面积-周长比迅速下降，最大降幅为 61.81%；③在 50～70cm 深度，裂隙面积-周长比基本保持稳定。

不同埂坎各土层深度均广泛发育虫孔，且虫孔分布因深度的变化较为复杂（图 4.10）。试验裂隙发育埂坎虫孔数量为 81～251 个，随深度增加整体呈“M”形的变化趋势，且分别在 10cm 和 65cm 处出现峰值，表明此深度土壤生物活动频繁；无裂隙埂坎虫孔数量则随土层深度增加呈先增加后减少的变化趋势，并在 15cm 深度处达到峰值（165 个）。总体上，裂隙发育埂坎和无裂隙埂坎虫孔面密度均随土层深度增加呈先增加后波动减小

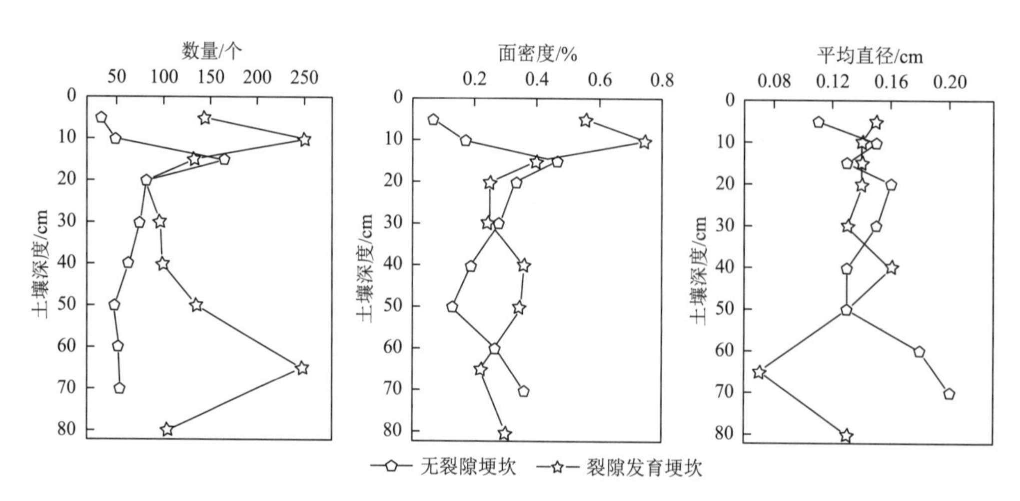

图 4.10　裂隙发育和无裂隙埂坎虫孔发育指标垂直变化规律

的变化趋势，分别于 10cm 和 15cm 处取得最大值（0.75%和 0.47%）。虫孔平均直径在 0～50cm 土层整体较为稳定，裂隙发育埂坎和无裂隙埂坎未发现明显差异，在 30cm 以下土层，无裂隙埂坎虫孔直径均值多大于裂隙发育埂坎。

由于埂坎多生长杂草，根系较浅且少，因此将根系径级划分为 $D<1$mm 和 $1\leq D<3$mm。由表 4.9 可知，裂隙发育埂坎和无裂隙埂坎均以径级为 $D<1$mm 的根系为主，且径级为 $1\leq D<3$mm 的根系仅出现在部分土层。其中裂隙发育埂坎径级为 $1\leq D<3$mm 的根系主要分布在 5～50cm 深度，而无裂隙埂坎则集中分布于 30～70cm 深度范围内。

表 4.9 埂坎根系特征垂直变化规律

埂坎类型	土层深度/cm	径级/mm	湿根重/(g/cm)	根长/(cm/cm)	投影面积/(cm^2/cm)	表面积/(cm^2/cm)	体积/(cm^3/cm)	平均直径/cm
裂隙发育埂坎	(0, 5]	$D<1$	0.09	124.12	4.09	12.84	0.21	0.55
	(5, 10]	$D<1$	0.05	84.84	2.76	8.66	0.09	0.35
		$1\leq D<3$	0.29	36.33	3.14	9.87	0.32	1.05
	(10, 15]	$D<1$	0.03	60.30	1.72	5.39	0.05	0.31
		$1\leq D<3$	0.03	2.31	0.30	0.95	0.03	1.23
	(15, 20]	$D<1$	0.02	47.65	1.43	4.48	0.04	0.33
		$1\leq D<3$	0.10	14.98	1.20	3.76	0.11	0.98
	(20, 30]	$D<1$	0.04	35.88	1.34	4.20	0.05	0.39
		$1\leq D<3$	0.01	1.35	0.18	0.57	0.03	0.99
	(30, 40]	$D<1$	0.01	29.17	0.92	2.88	0.03	0.35
		$1\leq D<3$	0.01	2.30	0.20	0.62	0.02	0.96
	(40, 50]	$D<1$	0.03	42.45	1.32	2.61	0.04	0.33
		$1\leq D<3$	0.01	2.54	0.33	1.03	0.03	0.92
	(50, 65]	$D<1$	0.01	18.98	0.54	1.70	0.02	0.40
	(65, 80]	$D<1$	0.02	33.58	0.84	2.64	0.02	0.27
无裂隙埂坎	(0, 5]	$D<1$	0.05	43.20	1.59	4.26	0.05	0.40
	(5, 10]	$D<1$	0.08	62.13	2.25	7.05	0.09	0.36
	(10, 15]	$D<1$	0.06	71.93	2.16	6.77	0.07	0.30
	(15, 20]	$D<1$	0.12	93.10	3.22	10.11	0.14	0.38
	(20, 30]	$D<1$	0.13	120.68	4.59	12.53	0.15	0.33
	(30, 40]	$D<1$	0.13	120.38	3.87	12.15	0.13	0.35
		$1\leq D<3$	0.06	1.86	0.26	0.81	0.03	1.66
	(40, 50]	$D<1$	0.10	79.72	2.65	8.31	0.08	0.36
	(50, 60]	$D<1$	0.07	64.36	2.15	6.75	0.07	0.38
		$1\leq D<3$	0.06	1.41	0.61	1.92	0.23	3.96
	(60, 70]	$D<1$	0.06	63.28	2.00	6.28	0.06	0.35
		$1\leq D<3$	0.06	2.47	0.48	1.51	0.10	1.78

除平均直径外，其余根系发育指标在裂隙发育埂坎和无裂隙埂坎间差异明显。其中裂隙发育埂坎根系集中于 0～30cm 土层，5～10cm 深度根系湿根重、投影面积、表面积和体积最大，其值分别为 0.34g/cm、5.9cm^2/cm、18.53cm^2/cm 和 0.41cm^3/cm，而根长最大值出现在 0～5cm 深度，这与径级为 1≤D<3mm 的根系占比有关。30～80cm 深度范围内除平均直径外，其余指标均较小，但并未随深度增加而减小。无裂隙埂坎根系发育指标随土层深度的增加呈先波动递增至峰值后逐渐减小的变化趋势。其中根系湿根重、根长和表面积的最大值出现在 30～40cm 深度，其值分别为 0.19g/cm、122.24cm/cm、12.96cm^2/cm。根系投影面积的峰值位于 20～30cm 土层深度而根系体积的峰值位于 50～60cm 土层深度，表明埂坎根系形态和数量的分布在土壤内部存在空间异质性，与林地、草地、耕地等的根系分布有较大差异（侯芳等，2021；邵一敏等，2020；田香姣等，2014）。

4.4.2　埂坎剖面优先流分布特征

经过 24h 浸染后，裂隙发育埂坎和无裂隙埂坎水平剖面染色结果分别如图 4.11 和图 4.12 所示。裂隙发育埂坎在 5～40cm 深度染色范围较广，染色痕迹集中于剖面中部发育的横向裂隙附近，并以零星点状、团块状和条带状分布于虫孔和裂隙周围，表明此范围优先流发育程度较高，虫孔和裂隙的存在可有效降低水分在土壤基质中的扩散程度。以深度为 50cm 的水平剖面为转折点，染色范围迅速减小，这可能是因为埂坎地表裂隙发育深度最大约为 50cm，土壤水分运移路径随裂隙面密度的迅速下降而减少，染色范围也随之减小。在 50～80cm 土层，染料分布呈点状、团块状和条状，其中以沿裂隙分布的条状为主要染色形态，而直径较小的点状染色范围明显减小，表明此时水分运移主要发生在大孔隙中。

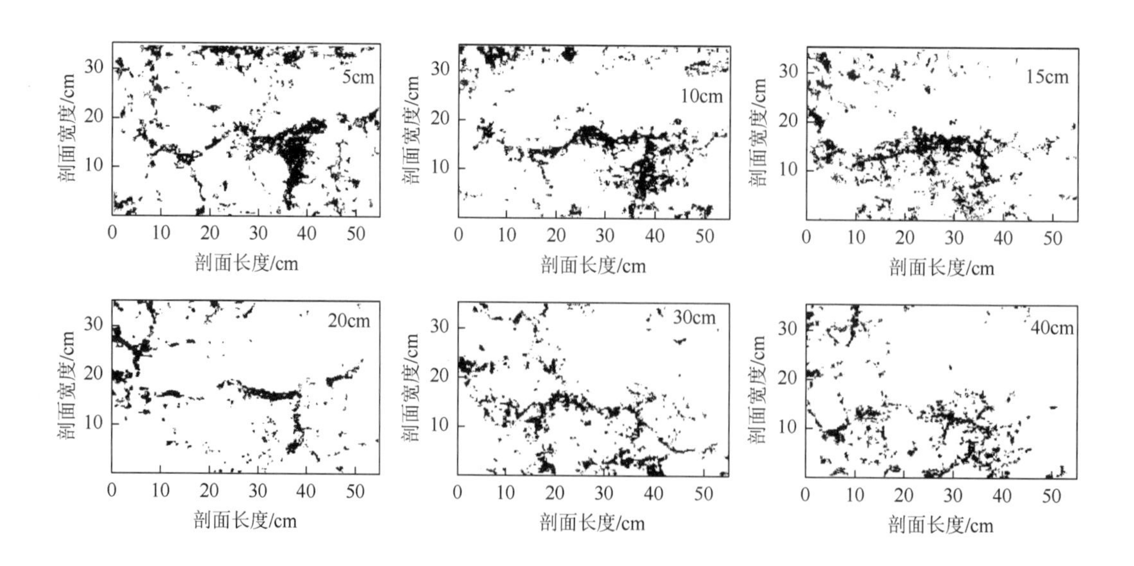

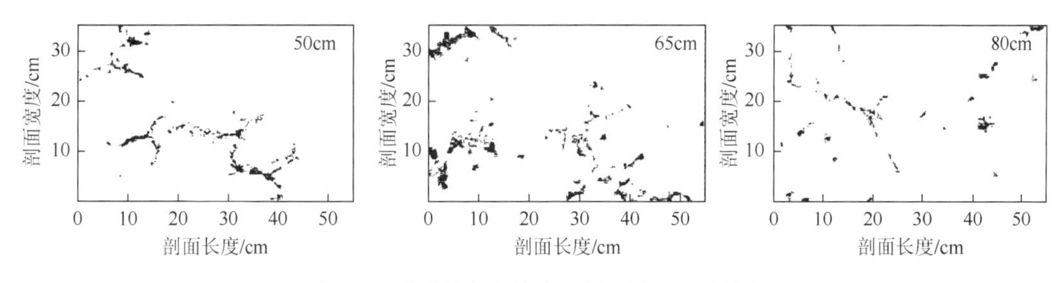

图 4.11　裂隙发育埂坎水平剖面染色形态特征

无裂隙埂坎染色范围主要集中于剖面底部（即埂坎近坎坡一侧）（图 4.12），随着深度增加染色区域逐渐向埂坎内侧移动，表明坎坡对水分运移的影响逐渐减小，埂坎下层土体内部孔隙成为水分运移的主要通道。5～20cm 深度水流染色虽有零星点状分化现象，但仍以团块状集中分布为主。随着深度增加埂坎宽度也增加，在大孔隙的引导下水分运移通道逐渐趋近于埂坎内部。30～70cm 层染色区域不再呈大范围团块状聚集，而是呈条状和小范围团块状分布。其中 30～60cm 层染色形态主要为短小支流众多的条带状，而 70cm 深度处则以团块状分布于剖面中部，说明两土层之间水分运移通道存在差异，30～60cm 层水分主要通过裂隙流动，在 70cm 土层发现直径较大的虫孔，导致该层染色区域主要集中于虫孔附近。

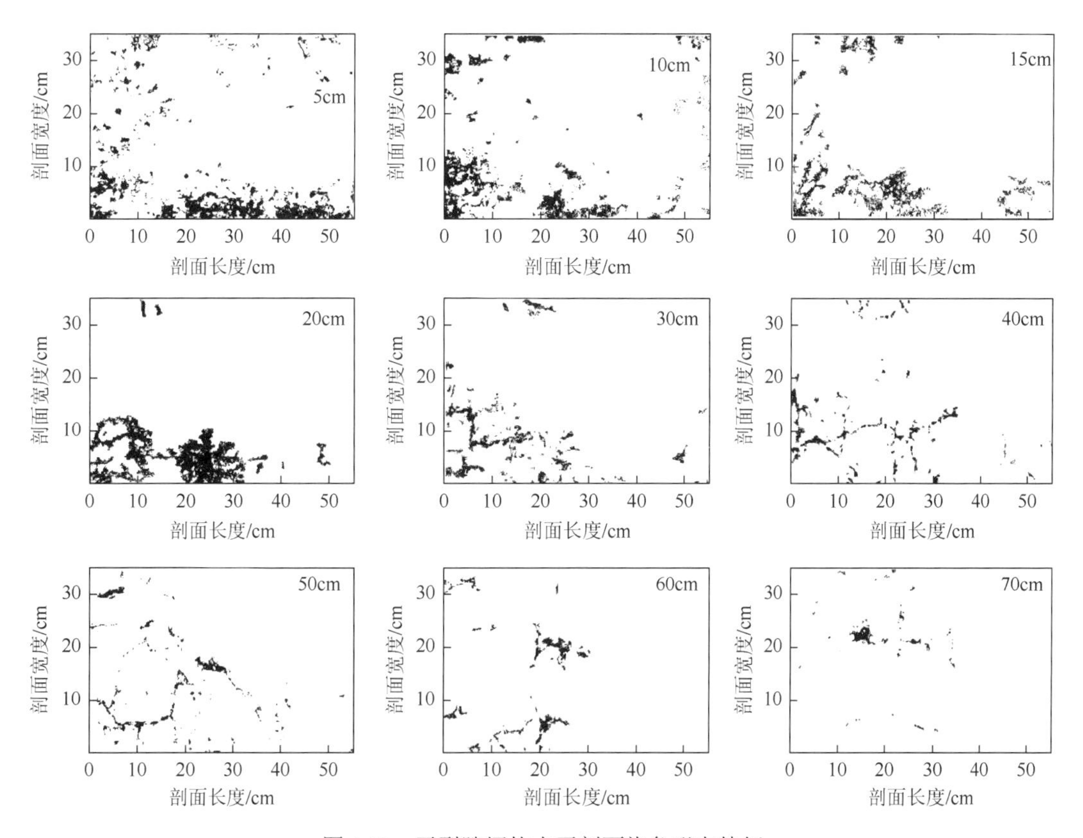

图 4.12　无裂隙埂坎水平剖面染色形态特征

裂隙发育埂坎和无裂隙埂坎均产生较为明显的优先流，但土壤结构的差异使得其垂直剖面优先流形态不同（图 4.13）。其中裂隙发育埂坎出现与地埂表层直接连通的优先路径，大大增强水分与表层土壤的交互作用，从而抑制了基质流的发育。裂隙发育埂坎在 0～30cm 深度剖面两侧出现大面积染色，随后在 30～50cm 深度范围水分运移分化明显，出现垂向条带状染色形态且上下连通性较好，水分经由数条优先路径快速下渗。50cm 以下染色范围迅速减小，染色形态多为零散点状，表明水分运移受到阻碍，优先流仅存在于部分孔径较大的孔隙中。无裂隙埂坎 0～2cm 深度被大面积染色，且染色范围在水平方向上分布较均匀，水分运移类型为基质流。随着深度的增加水分入渗迅速减少，2cm 以下深度开始出现优先流现象。其中 2～45cm 深度染色形态多由条状和团块状组成，表明水分在快速下渗的同时也在横向侧渗，而在 45～65cm 深度范围染色区域以点状独立分布于部分孔隙周围。

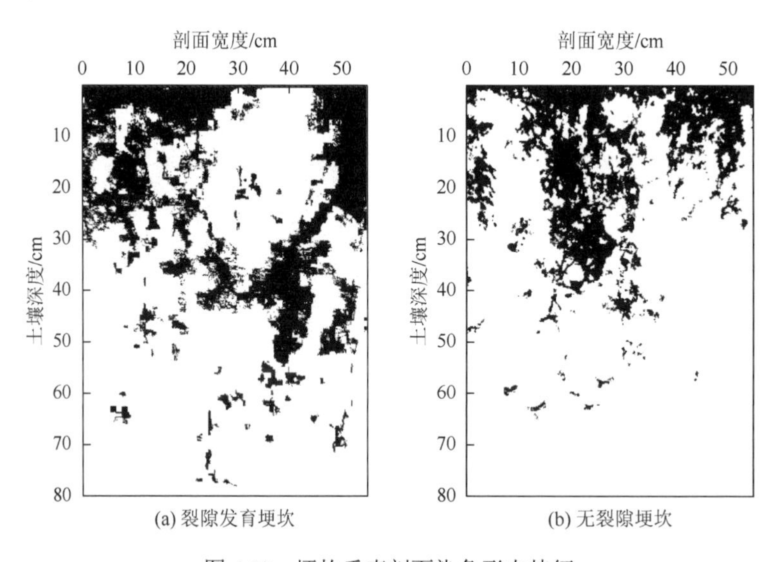

图 4.13　埂坎垂直剖面染色形态特征

与无裂隙埂坎相比，裂隙发育埂坎优先流发育程度相对较高，优先流分布于并贯穿整个埂坎垂直剖面，最大运移深度可达 78cm，约为无裂隙埂坎的 1.2 倍，表明裂隙的发育可有效延缓地表径流，提高水分入渗量。

从水平剖面来看，两种埂坎染色面积比均随深度增加呈波动递减的变化趋势，由于剖面出现土壤水分侧渗的现象，部分土层染色面积比突然增大，染色面积比并不随深度增加而单调递减（图 4.14）。裂隙发育埂坎和无裂隙埂坎染色面积比最大值均出现在 5cm 处，分别为 15.28%和 8.75%。其中裂隙发育埂坎染色面积比在 5～20cm 深度迅速降低，降幅达 50.98%。20cm 深度处染色面积比突然增加，至 30～40cm 范围染色较均匀，染色面积比无明显波动，表明裂隙发育埂坎存在一些上下连通性强的优先路径，土壤水分可通过这些路径绕过土壤基质快速运移至深层土体。40cm 以下深度染色面积比又呈递减的变化趋势，且染色范围整体较小。无裂隙埂坎染色面积比随深度的增加呈“S”形减小趋势。染色面积比在 5～15cm 范围内匀速下降，后逐渐上升，直至 20cm 处出现明显峰值，这可能是由该层土壤孔隙连通性增强引起的。20cm 以上深度染色范围呈单调递减的趋势，随着深度增加其减小幅度逐渐下降。

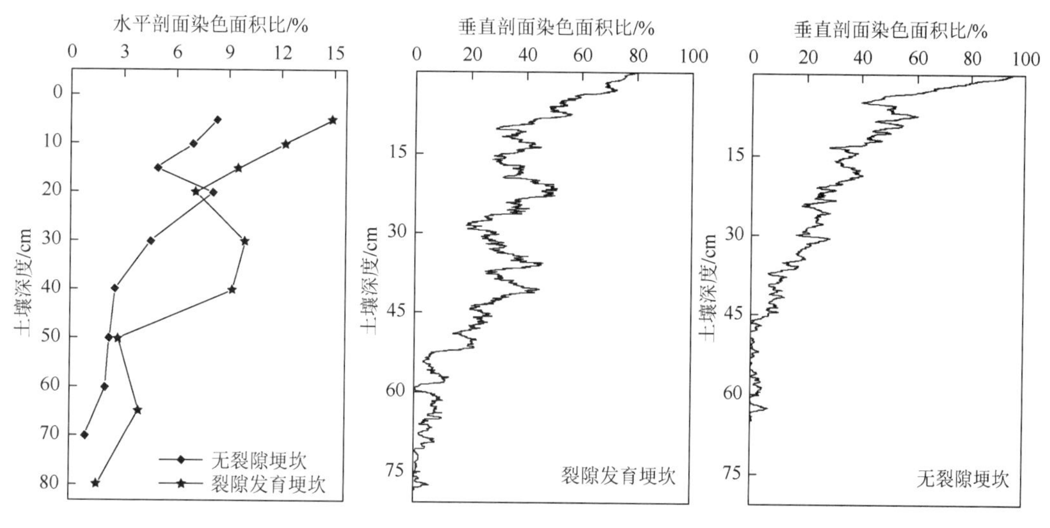

图 4.14　埂坎不同剖面染色面积比

从垂直剖面来看，裂隙发育埂坎和无裂隙埂坎染色面积比在同一剖面不同深度、不同剖面同一深度都表现出一定差异，但整体变化趋势基本相同（图 4.14）。裂隙发育埂坎染色区域主要分布在 0～10cm 深度，染色面积比平均值为 59.58%。随着深度增加 10～50cm 深度波动幅度增加，其中在 28～32cm 范围染色面积比明显减小，表明此范围土壤渗透性能降低，水分在通过特定优先路径快速下渗的同时，也产生大量横向侧渗。50cm 以下深度染色面积比迅速下降，甚至部分土层几乎未出现染色，说明该深度优先路径较少或连通性较差，造成水分运移减少。无裂隙埂坎表层土壤几乎完全被染色，0～2cm 深度染色面积比均为 80%以上。随着深度增加染色面积比整体表现出递减的变化趋势，其中 0～5cm 下降幅度最大，约为 59.05%。5cm 以下深度呈波动递减的变化趋势，但与裂隙发育埂坎相比，整体下降速率较为均匀，未出现明显峰值。

4.4.3　埂坎剖面优先路径特征

结合垂直剖面实际染色形态，将染色路径宽度（SPW）划分为 SPW＜20mm、SPW 为 20～200mm 和 SPW＞200mm（熊东红等，2013；Zhang et al.，2019）。如图 4.15 所示，裂隙发育埂坎中，SPW＜20mm 的分布可从地埂表层延伸至最大染色深度，垂直连续性较好，并且占比随深度增加表现出先增后减的变化趋势；SPW 为 20～200mm 集中分布在 0～53cm 深度范围内，SPW 波动幅度较大且呈明显双峰形态；而 SPW＞200mm 分布范围最小，只出现在表层土壤 0～3cm 深度，占比平均值为 52.11%。无裂隙埂坎 SPW＜20mm 占比随深度增加先波动递增，直至 9cm 处出现最大值（40.22%）后波动递减，最后在染色底部略有回升，表明 SPW<20mm 占比最低值并未出现在剖面底部，这可能是因为受到了水分横向侧渗的影响；SPW 为 20～200mm 占比在 0～45cm 深度整体呈递减的变化趋势，但在 25～35cm 突然增大，表明埂坎土体内部优先路径形态具有不稳定性；由于 SPW>200mm 仅出现在表层土壤 0～0.5cm 深度，故可以忽略不计。

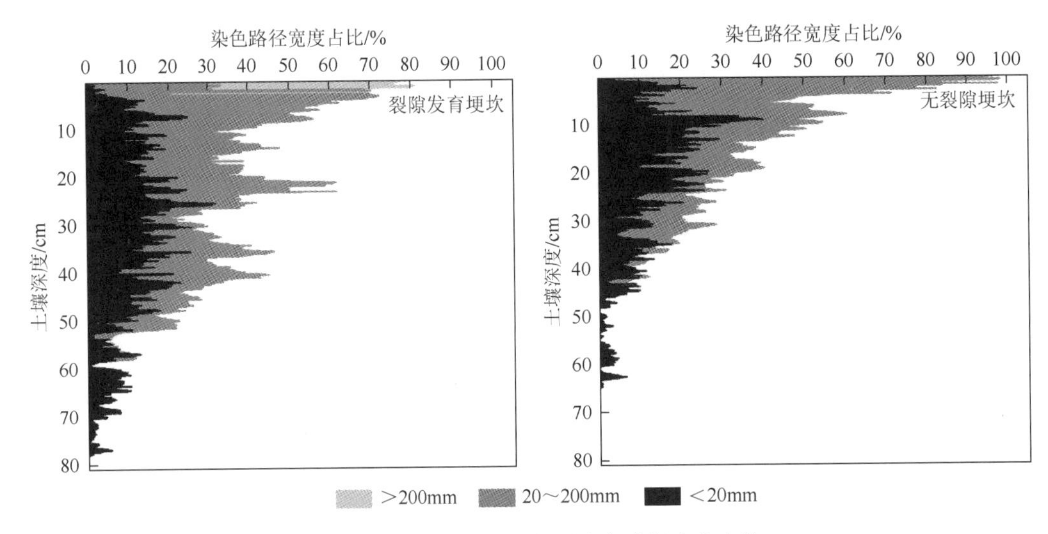

图 4.15　不同埂坎垂直剖面染色路径宽度占比

染色路径数量（SPN）的空间变化可有效揭示土体优先流流态和优先路径的连通性及复杂性（戴翠婷等，2017）。如图 4.16 所示，裂隙发育埂坎 SPW<20mm 的 SPN 随深度增加呈先增后波动递减的趋势，SPN 范围为 0～32，峰值区出现在 4～44cm 土层，说明 SPW<20mm 的优先路径在此范围内分化最明显；SPW 为 20～200mm 的 SPN 变化较为稳定，随深度增加未出现明显波动，最大值为 6；SPW>200mm 的 SPN 则只出

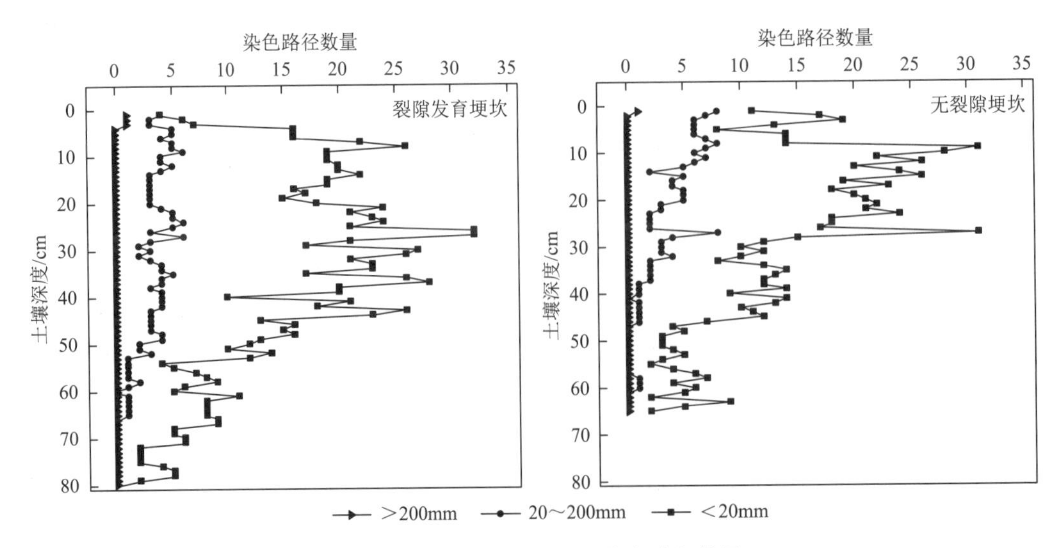

图 4.16　不同埂坎垂直剖面染色路径数量

现在 0～3cm 深度。无裂隙埂坎 SPW＜20mm 的 SPN 为 0～31，在 9cm 处 SPN 出现极大值，结合 SPW 的变化规律可总结出水分运移在此土层且集中于直径较大的孔隙，水流分化不明显，随着水分下渗，可将剖面划分为 9～27cm、28～45cm 和 46～65cm 土层 3 个部分，每个部分 SPN 基本保持稳定，表明水分在各部分基本沿着稳定路径下渗；SPW 为 20～200mm 的 SPN 变化幅度较裂隙发育埂坎大，随深度增加呈波动递减的变化趋势，尤其在 27cm 处出现较大波动；SPW＞200mm 只出现在表层土壤 1cm 处，且 SPN 为 1。裂隙发育埂坎和无裂隙埂坎 SPW 为 20～200mm 和 SPW＞200mm 的 SPN 波动较小，优先路径的变化主要体现在 SPW＜20mm，表明水分在依靠若干传导力较强的优先路径下渗的同时，也依靠小孔隙进行传输。

以 SPW 为基础，可将水分运移划分成基质流、非均质指流、混合作用大孔隙流、高相互作用大孔隙流和低相互作用大孔隙流 5 种类型（Weiler and Flühler，2004）。当 SPN 较大时，通常伴随较小的 SPW，表明土壤水分主要以大孔隙为优先路径运移；当 SPW 较大时，水分与周围土壤基质的交互作用强烈，土壤水分通常以基质流或非均质指流形式运移。试验埂坎均发生明显优先流现象，水分运移类型整体以低相互作用大孔隙流为主，但在埂坎上层土体差异较大（图 4.17）。其中裂隙发育埂坎在 0～6cm 处出现非均质指流，随后表现为混合作用大孔隙流、低相互作用大孔隙流交替分布，直至 53cm 处，随着深度增加水分运移类型以低相互作用大孔隙流为主。无裂隙埂坎在土壤表层 0～4cm 处出现基质流和非均质指流，4cm 以下深度基本表现为混合作用大孔隙流、低相互作用大孔隙流交替分布，偶尔在 28cm 和 59～61cm 深度范围分别出现非均质指流和无水流，表明了土体孔隙结构的复杂性。整体来说，无裂隙埂坎低相互作用大孔隙流的占比更高，约为裂隙发育埂坎的 1.42 倍，表明无裂隙埂坎大孔隙和周围土壤基质的水分交互作用受到抑制，使得染色区域主要分布在孔隙周围。

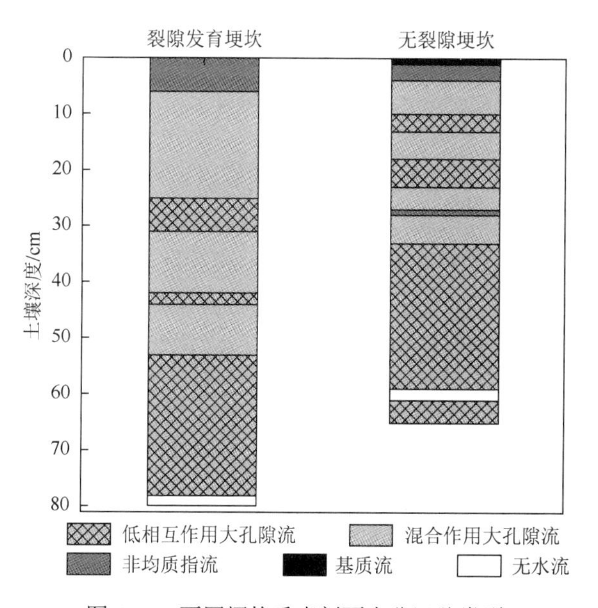

图 4.17　不同埂坎垂直剖面水分运移类型

4.4.4　不同优先路径与埂坎优先流

选取裂隙面密度、裂隙面积-周长比、虫孔数量、虫孔面密度、根系表面积、根系体积和染色面积比进行相关性分析。分析结果表明，裂隙面积-周长比对染色面积比的影响较大（表 4.10）。

表 4.10　埂坎剖面裂隙、虫孔、根系特征参数与染色面积比的相关性分析

埂坎类型	参数	染色面积比	裂隙面密度	裂隙面积-周长比	虫孔数量	虫孔面密度	根系表面积	根系体积
裂隙发育埂坎	染色面积比	1.00	0.65	0.73*	0.10	0.65	0.74*	0.66
	裂隙面密度	0.65	1.00	0.80**	–0.30	0.20	0.43	0.39
	裂隙面积-周长比	0.76*	0.80**	1.00	–0.18	0.42	0.69*	0.64
	虫孔数量	0.10	–0.30	–0.18	1.00	0.48	0.39	0.46
	虫孔面密度	0.65	0.20	0.42	0.48	1.00	0.89**	0.88**
	根系表面积	0.74*	0.43	0.69*	0.39	0.89**	1.00	0.98**
	根系体积	0.66	0.39	0.64	0.46	0.88**	0.98**	1.00
无裂隙埂坎	染色面积比	1.00	0.71*	0.82**	0.07	–0.20	–0.33	–0.52
	裂隙面密度	0.71*	1.00	0.93**	–0.07	–0.35	–0.46	–0.55
	裂隙面积-周长比	0.82**	0.93**	1.00	0.10	–0.19	–0.46	–0.55
	虫孔数量	0.07	–0.07	0.10	1.00	0.80**	–0.05	–0.19
	虫孔面密度	–0.20	–0.35	–0.19	0.80**	1.00	0.15	0.22
	根系表面积	–0.33	–0.46	–0.46	–0.05	0.15	1.00	0.44
	根系体积	–0.52	–0.55	–0.55	–0.19	0.22	0.44	1.00

注：*表示在 0.05 水平上显著相关；**表示在 0.01 水平上显著相关。

裂隙发育埂坎和无裂隙埂坎的裂隙面密度和裂隙面积-周长比与染色面积比呈正相关关系，其中裂隙发育埂坎裂隙面积-周长比和无裂隙埂坎裂隙面密度均与染色面积比呈显著正相关关系（$P<0.05$），无裂隙埂坎裂隙面积-周长比与染色面积比呈极显著正相关关系（$P<0.01$），表明裂隙面积-周长比能显著影响染色面积比。通常认为，裂隙的发育可直接为水分入渗提供运移路径，增加入渗深度及入渗面积，从而提升入渗性能。由图 4.17 可知，两种埂坎均产生明显大孔隙流。要产生大孔隙流，必须满足水分运移速率大于土壤基质入渗速率这一前提条件，裂隙作为影响半径较大的大孔隙，在水分入渗过程中可有效排出土壤中的空气，减弱气压对水分运移的阻碍作用，增加水分运移速率及运移量（Germann and Beven，1981）。

裂隙发育埂坎虫孔及根系指标与染色面积比呈正相关关系，但除根系表面积外，其余指标和染色面积比的相关性均不显著。一般认为，植物根系的分布会对土壤孔隙度、容重及导水率等产生影响。同时相互交织盘结的根系在土体内部形成复杂的网络通道，对优先流的发育起着重要作用（魏虎伟等，2015）。对土壤生物来说，其活动孔穴是大孔隙的主要组成部分，同时还能通过疏松土壤增加孔隙度，为水分快速运移提供优先通道。然而在本研究中，由于裂隙发育埂坎中裂隙密集分布，可直接拦截下渗水分，导致水流无法通过直径较小的虫孔及根系进行传导，从而降低了虫孔及根系对染色面积比的影响。对无裂隙埂坎来说，除虫孔数量外，其余虫孔及根系指标均与染色面积比呈负相关关系，与实际情况不符。这可能是因为连续降水使得埂坎表层土壤水稳性降低，细小的土壤颗粒在跟随水分下渗至土壤深处的同时堵塞了直径较小的虫孔，导致原本连续发育的虫孔遭到阻断，从而形成断孔或死孔，虫孔对优先流的发育及水分运移过程的影响减弱。而埂坎植物根系对染色面积比的影响主要受根系直径及根系生物量的限制，对水分的传导能力有限。

4.5　本章小结

紫色土坡耕地埂坎经反复干湿交替处理后极易产生裂隙。不同裂隙发育程度下，埂坎土壤入渗率变化趋势均为先迅速下降后逐渐趋于稳定。有裂隙埂坎各时段的入渗率均大于无裂隙埂坎；随着埂坎裂隙发育程度的增加，土壤初始入渗率、平均入渗率、稳定入渗率和120min累积入渗量均增大，其中初始入渗率的增幅最高；土壤入渗性能与裂隙发育程度密切相关，不同裂隙发育程度埂坎土壤入渗性能与裂隙深度、面密度和面积-周长比呈显著正相关关系；Kostiakov模型对不同裂隙发育程度下埂坎入渗过程的拟合效果最好。

土壤初始裂隙面密度随干湿交替次数增加而逐渐上升。裂隙面密度在入渗初期迅速下降，然后随时间的延长而匀速减小，直至裂隙完全闭合。入渗率随裂隙面密度的减小呈近线性衰减趋势，并且第4～6次干湿交替下裂隙闭合对入渗率变化的主导程度高于第1～3次。同时，裂隙闭合时间对达到稳定入渗的时间也具有显著影响（$P<0.05$）。

裂隙发育埂坎比无裂隙埂坎更容易产生优先流，优先路径直接与土壤表层相连，优先路径发育程度高，优先流活跃；水分运移类型主要以低相互作用大孔隙流和混合作用大孔隙流为主。无裂隙埂坎土壤表层出现短暂基质流现象，优先流发育较晚；染色面积比在5cm深度处迅速降低，染色路径发育不稳定；水分运移类型主要以低相互作用大孔隙流为主。裂隙发育和无裂隙埂坎染色面积比均与裂隙面积-周长比呈显著正相关关系，无裂隙埂坎染色面积比与裂隙面密度存在显著正相关关系（$P<0.05$），说明埂坎优先流的产生受裂隙发育影响较大。

参考文献

戴翠婷，刘窑军，王天巍，等，2017. 三峡库区高砾石含量紫色土优先流形态特征[J]. 水土保持学报，31（1）：103-108，115.
侯芳，程金花，祁生林，等，2021. 重庆四面山不同林地类型优先流特征及染色形态定量评价[J]. 西南林业大学学报（自然科学版），41（2）：107-117.
黎娟娟，韦杰，李进林，等，2017. 紫色土坡耕地土质埂坎分层入渗试验研究[J]. 水土保持学报，31（4）：69-74.
罗莹丽，韦杰，刘春红，2021. 紫色土坡耕地埂坎裂隙发育对土壤入渗的影响[J]. 农业工程学报，37（21）：116-123.
邵一敏，赵洋毅，段旭，等，2020. 金沙江干热河谷典型林草地植物根系对土壤优先流的影响[J]. 应用生态学报，31（3）：

725-734.

孙福海，肖波，张鑫鑫，等，2020. 黄土高原生物结皮覆盖对土壤积水入渗特征的影响及其模型模拟[J]. 西北农林科技大学学报（自然科学版），48（10）：82-91.

田香姣，程金花，杜士才，等，2014. 2 种土地利用方式下的优先流特征[J]. 水土保持学报，28（3）：37-41.

王佳妮，马戌，张晓明，2021. 干湿循环下崩岗土体裂隙发育对其渗透性能的影响[J]. 水土保持学报，35（1）：90-95，102.

魏虎伟，程金花，杜士才，等，2015. 利用染色示踪法研究四面山两种林地优先路径分布特征[J]. 水土保持通报，35（2）：193-197，204.

熊东红，杨丹，李佳佳，等，2013. 元谋干热河谷区退化坡地土壤裂缝形态发育的影响因子[J]. 农业工程学报，29（1）：102-108.

徐勤学，李春茂，陈洪松，等，2018. 喀斯特峰丛坡地灌木林地与梯田旱地土壤水分入渗特征[J]. 农业工程学报，34（8）：124-131.

张展羽，陈于，孔莉莉，等，2015. 土壤干缩裂缝几何特征对入渗的影响[J]. 农业机械学报，46（10）：192-197.

Germann P，Beven K，1981. Water flow in soil macropores：I. an experimental approach[J]. European Journal of Soil Science，32（1）：1-13.

Horton R E，1941. An approach toward a physical interpretation of infiltration-capacity[J]. Soil Science Society of America Journal，5（C）：399-417.

Kostiakov A N，1932. On the dynamics of the coefficient of water-percolation in soils and on the necessity of studying it from a dynamic point of view for purposes of amelioration[C]//Transactions of 6th Congress of International Soil Science Society，Moscow，97（1）：17-21.

Mezencev V J，1948. Theory of formation of the surface runoff[J]. Meteorologiae Hidrologia，3：33-40.

Morris C，Mooney S J，Young S D，2008. Sorption and desorption characteristics of the dye tracer，Brilliant Blue FCF，in sandy and clay soils[J]. Geoderma，146（3-4）：434-438.

Philip J R，1957. The theory of infiltration：4. sorptivity and algebraic infiltration equations[J]. Soil Science，84（3）：257-264

Weiler M，Flühler H，2004. Inferring flow types from dye patterns in macroporous soils[J]. Geoderma，120（1-2）：137-153.

Xiong D H，Long Y，Yan D C，et al.，2009. Surface morphology of soil cracks in Yuanmou dry-hot valley region，southwest China[J]. Journal of Mountain Science，6（4）：373-379.

Zhang J，Lei T W，Qu L Q，et al.，2019. Method to quantitatively partition the temporal preferential flow and matrix infiltration in forest soil[J]. Geoderma，347：150-159.

第5章　埂坎植物根-土界面摩阻特性

5.1　试验方案

5.1.1　根系表面粗糙度试验

试验根系为马唐[*Digitaria sanguinalis* (L.) Scop]、稗草[*Echinochloa crusgali* (L.) Beauv.]和牛筋草[*Eleusine indica* (L.) Gaertn.]根系3种，均采自重庆市北碚区歇马镇的典型紫色土埂坎。采样时，选择生长良好的植株，去除植物的地上部分，以根茬为中心，取完整的根-土复合体带回试验室（黎娟娟等，2017；Samariks et al.，2021；申紫雁等，2021）。根系冲洗干净后，运用根系分析系统测定根系直径、根系总长度等指标，并确定根系直径范围。根据3种植物根系直径分布情况，以0.5mm为间隔划分根系径级，马唐根系直径为0～0.5mm，稗草和牛筋草根系直径分别为0～0.5mm和0.5～1mm（强娇娇等，2020；甘凤玲等，2022）。每种植物均采集6株。以300dpi为分辨率扫描所有根系，测量根系两端间的直线距离和根系表面凹凸曲线长度，根据式（5.1）计算根系表面粗糙度。试验共观察根系88根，获取图像1236张。

$$R_{cc} = (l_{cc} - l_0) / l_0 \times 100\% \tag{5.1}$$

式中，R_{cc}为根系表面粗糙度，%；l_{cc}为根系表面凹凸曲线长度，px；l_0为根系表面直线长度，px。

5.1.2　直剪摩阻试验

采用重塑试样研究埂坎根-土复合体的抗剪特征，所用土样均为埂坎上植物根系采样点的土壤。室温条件下风干，研磨通过2mm筛，测定风干土含水率为5.10%±0.48%。重塑土的干密度设为1.25g/cm^3、1.35g/cm^{3}和1.45g/cm^3，质量含水率设为10%、15%、20%和25%。根据原状根-土复合体的实际含根量，试验选取径级为0～0.5mm的根系、径级为0.5～1mm的根系作为直剪摩阻试验的重塑根-土复合体根系材料（Chen et al.，2022；孙庆敏等，2022）。剪切试验所用仪器为南京智龙有限公司生产的全自动四联剪直剪仪，剪切速率设为0.8mm/min，垂直荷载分别为25kPa、50kPa、75kPa和100kPa 4种，每种重复进行4次试验（颜哲豪等，2022）。

5.1.3　拉拔摩阻试验

采用电子万能拉力机测量根系的拉拔摩阻特征（Su et al.，2020；刘亚斌等，2020；张学宁等，2022）。自制容器中部对称开一个圆孔，分2次添加需要测定的试验重塑土，第一次添加重塑土至略高于圆孔1/2直径处时，将根系穿过圆孔，直至从夹口端露出，然后继续添加重塑土，直至将整个容器填满，并且控制添加的重塑土土壤干密度达到所设定的试验干密度，最后加盖压实。参考《土工试验方法标准》（GB/T 50123—2019），将制好的根-土复合体试样用夹具固定在电子万能拉力机上，设置加载速度为 10mm/min，竖直匀速向上拉拔根系，直至其完全从土中被拔出（黎娟娟等，2017；许桐等，2021）。在 4 个质量含水率梯度条件下进行稗草、马唐和牛筋草单根根系的拉拔摩阻试验。整个拉拔过程中通过软件记录最大抗拔力，每种根系重复进行 3 次试验。

5.2　草本植物根系表面粗糙度

5.2.1　马唐根系表面粗糙度

马唐为须根系植物，其根系与地平面的夹角较大，但根数量较少，靠近根轴部分的根系表面粗糙度较低，靠近根系末端部分的根系上生长有较多次级侧根，根系表面较为粗糙（Ma et al.，2022）。

马唐根系的平均直径小于 0.5mm，因此，试验中选择的马唐根系直径为 0～0.5mm。根据根系表面粗糙度公式［式（5.1）］计算马唐根系表面粗糙度。如图 5.1 所示，在根系

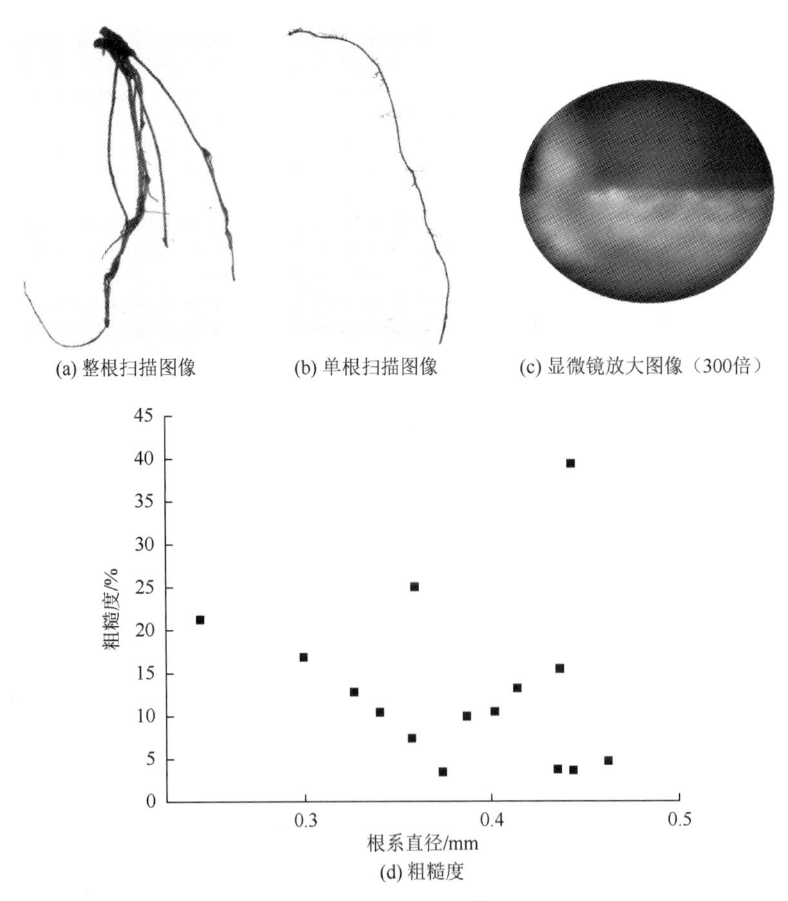

图 5.1　马唐根系表面扫描图像和粗糙度

直径为 0～0.38mm 范围内，马唐根系表面粗糙度随根系直径的增加而减小，平均减小 162.42%；在根系直径为 0.38～0.43mm 范围内，马唐根系表面粗糙度随根系直径的增加而增加，平均增加 119.27%；在根系直径为 0.43～0.50mm 范围内，马唐根系表面粗糙度随根系直径的增加基本不变。

5.2.2　稗草根系表面粗糙度

稗草为须根系植物，其根系基本上竖直向下生长，根系较为丰富，但根系含量随着距根轴距离的增加而减小。稗草直径 0～0.5mm 一级侧根上生长有次级侧根，且一级侧根表面也具有一定的粗糙度，根系表面整体较为粗糙；稗草直径 0.5～1mm 一级侧根上次级侧根数量更多，且次级侧根生长位置之外的一级侧根表面粗糙度相对较小。

稗草根系平均直径小于 1mm，分别选择直径为 0～0.5mm、0.5～1mm 两个径级的稗草根系进行试验。当根系直径为 0～0.5mm 时，稗草根系表面粗糙度整体随根系直径的增加而减小；当根系直径为 0.5～1mm 时，稗草根系表面粗糙度整体随根系直径的增加而增加，且整体高于直径 0～0.5mm 稗草根系表面粗糙度，但差异不显著（图 5.2）。

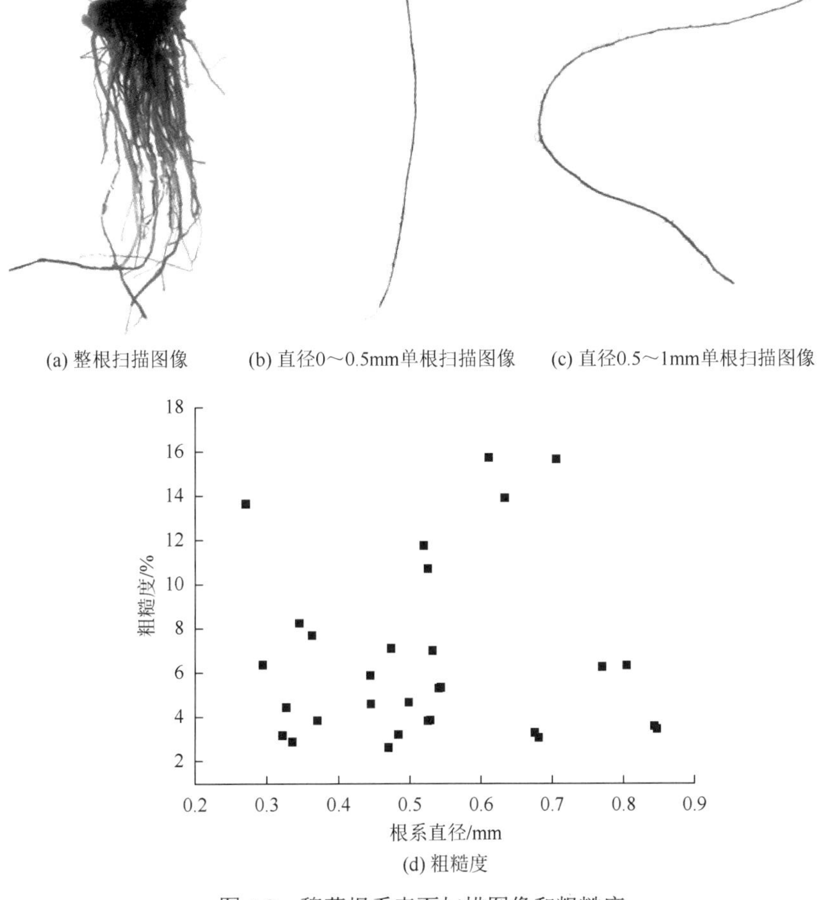

图 5.2　稗草根系表面扫描图像和粗糙度

5.2.3　牛筋草根系表面粗糙度

牛筋草为须根系植物，其根系基本上竖直向下生长，根系较为丰富，整体呈爪状，直径 0～0.5mm 一级侧根上生长的次级侧根较少，相邻连接点之间根系弯曲度较大（次级侧根生长位置称为“连接点”）。

牛筋草根系平均直径小于 1mm，分别选择直径为 0～0.5mm、0.5～1mm 两个径级的牛筋草根系进行试验。随着根系直径的增加，牛筋草根系表面粗糙度个体差异较大，但未表现出明显的规律性（图 5.3）。相较于直径 0～0.5mm 根系而言，直径 0.5～1mm 一级侧根上次级侧根数量更多，相邻连接点之间根系弯曲度也更大，导致根系表面整体粗糙度较大。

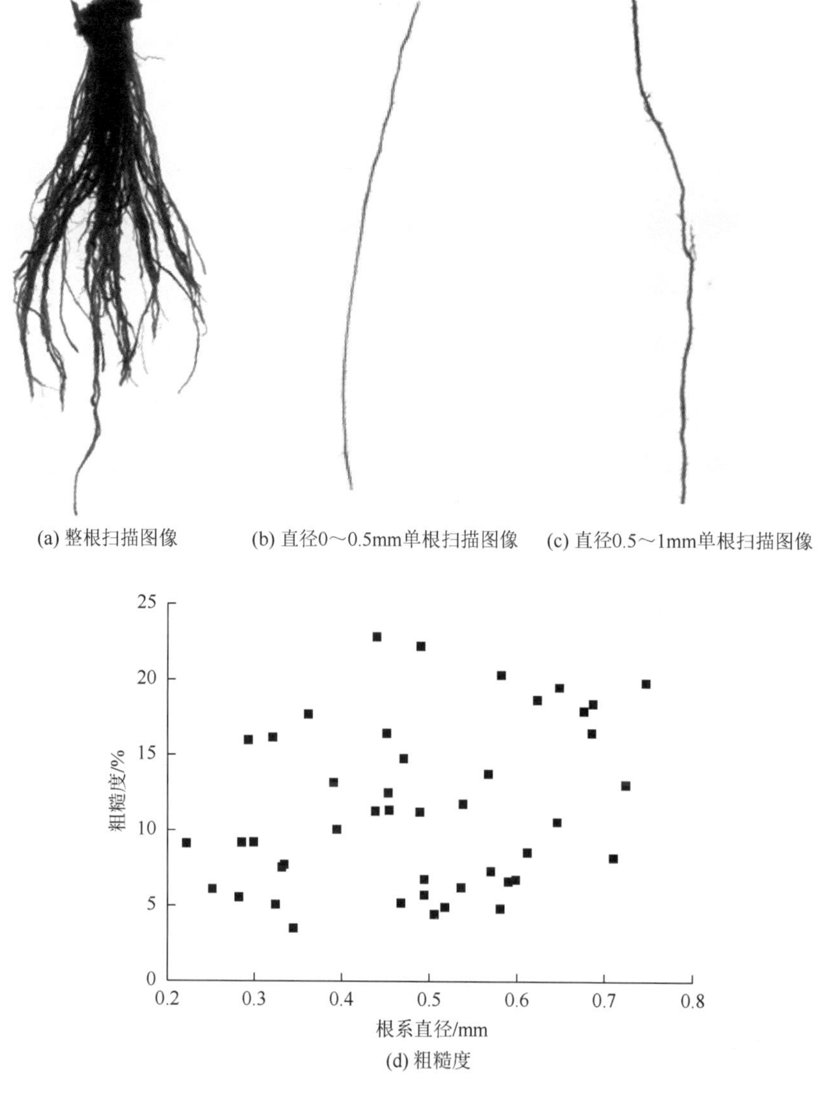

图 5.3　牛筋草根系表面扫描图像和粗糙度

5.2.4　三种草本植物根系表面粗糙度比较

对比 3 种草本植物根系，平均粗糙度：稗草（6.60%）＜牛筋草（11.43%）＜马唐（13.16%）。当根系直径为 0～0.5mm 时，稗草根系的平均粗糙度分别为马唐和牛筋草根系平均粗糙度的 43%和 51%，当根系直径为 0.5～1mm 时，稗草根系平均粗糙度为牛筋草的 63%。同种植物直径 0.5～1mm 根系的平均粗糙度大于直径 0～0.5mm 根系的平均粗糙度。

5.3　根-土界面摩阻及其与根系和土壤性质的关系

5.3.1　三种草本植物根-土界面摩阻特征

土壤干密度一定时，素土黏聚力随含水率的增大呈先增加后减小趋势，且在含水率为 15%处出现最大值。在不同含水率下，素土黏聚力的最大值均出现在最大干密度（1.45g/cm^3）处。在含水率为 20%和 25%时，干密度 1.25g/cm^3 和 1.35g/cm^3 的素土黏聚力均相近，且均显著小于干密度 1.45g/cm^3 的黏聚力（P＜0.05）。在含水率由 10%增加至 25%时，素土内摩擦角平均降幅表现为干密度 1.45g/cm^3（28.69%）＞干密度 1.25g/cm^3（13.31%）＞干密度 1.35g/cm^3（10.97%）（图 5.4）。

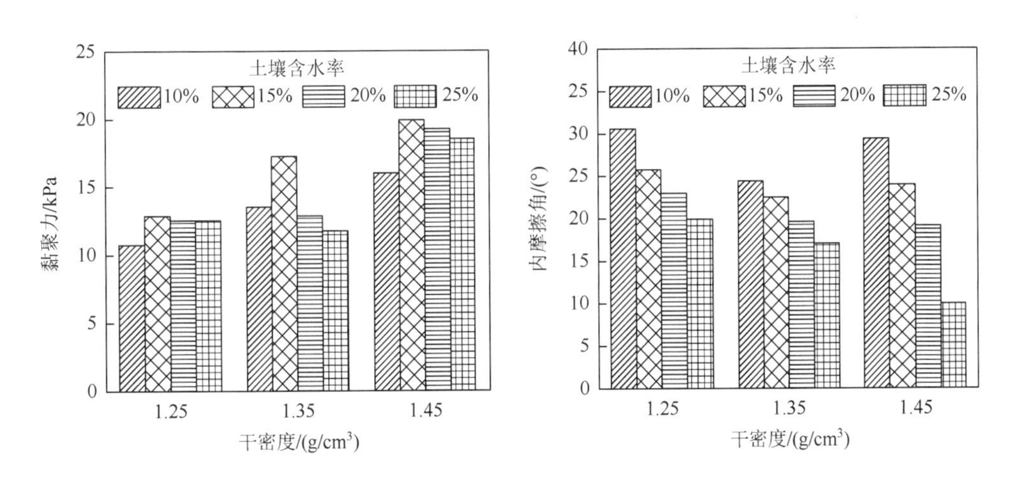

图 5.4　不同干密度和含水率下素土黏聚力和内摩擦角

1. 马唐根-土界面摩阻特征

如图 5.5 所示，干密度为 1.45g/cm^3 时，随着含水率的增加，马唐根-土界面黏聚力变化规律不明显，最大值出现在含水率为 20%处，为 11.43kPa。含水率为 10%时，马唐根-土界面黏聚力随干密度的增加而先增加后减小，最大值出现在干密度为 1.35g/cm^3 处。含水率为 25%时，马唐根-土界面黏聚力随干密度的增加而单调递减。马唐根-土界面内摩擦角随含水率增加整体呈减小趋势，而在不同含水率条件下，随着干密度的变化，马唐根-土界面内摩擦角有所差异，含水率为 15%时，干密度 1.35g/cm^3 的马唐根-土界面内摩擦角（41.75°）略大于干密度 1.25g/cm^3 和 1.45g/cm^3 的马唐根-土界面内摩擦角。含水率为 20%和 25%时，马唐根-土界面内摩擦角随着干密度的增大而增大。对于马唐根-土界面摩擦系数比，干密度为 1.45g/cm^3 时含水率 25%的马唐根-土界面摩擦系数比显著高于其他含水率条件下的马唐根-土界面摩擦系数比（$P<0.05$）。低含水率（10%和 15%）时，马唐根-土界面摩擦系数比随着干密度的增加呈先增后减趋势，而含水率为 20%和 25%时，摩擦系数比随干密度的增加而增大（邢书昆等，2021；Xu et al.，2021）。

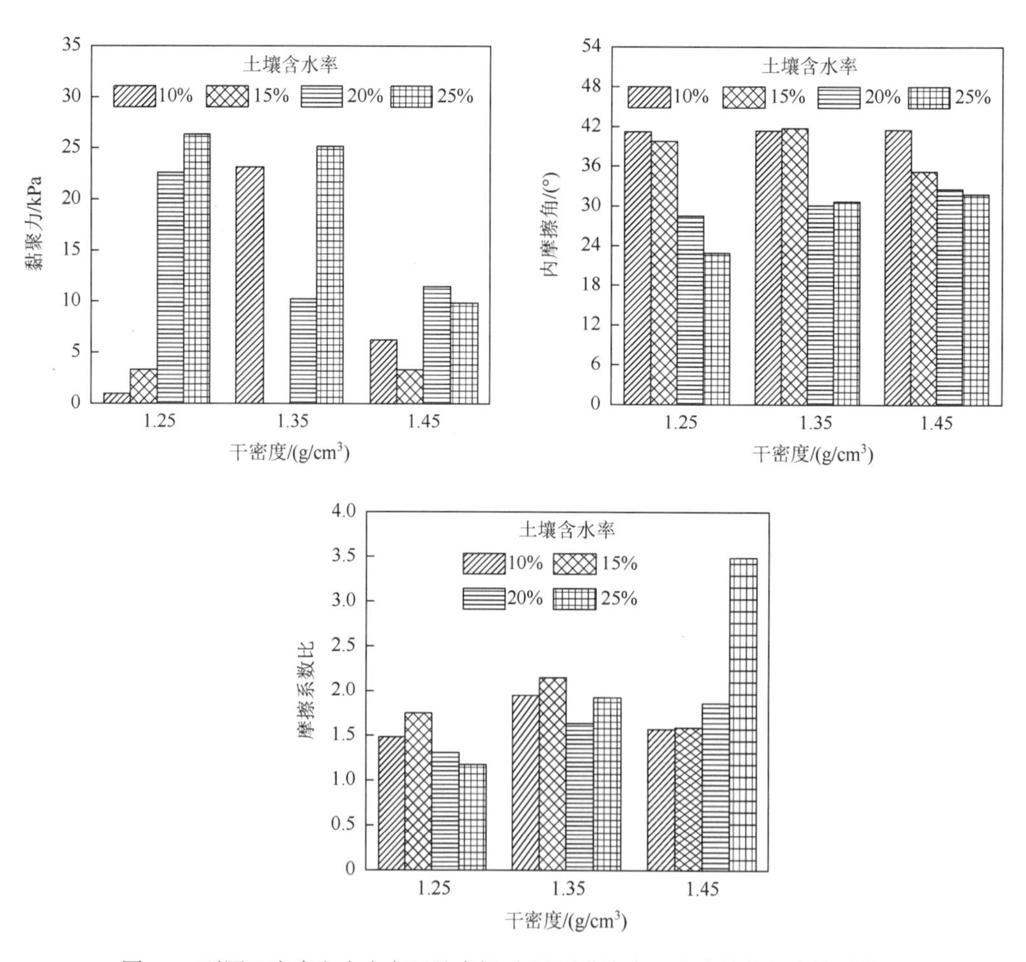

图 5.5　不同干密度和含水率下马唐根-土界面黏聚力、内摩擦角和摩擦系数比

2. 稗草根-土界面摩阻特征

低含水率稗草根-土界面内摩擦角大于高含水率稗草根-土界面内摩擦角。对于根系

直径 0～0.5mm 稗草根-土界面（图 5.6），当干密度为 1.25g/cm^3 和 1.45g/cm^3 时，黏聚力随含水率的增加分别呈先减小后增加和先增加后减小趋势。干密度为 1.25g/cm^3 时内摩擦角最大值在低含水率（10%和 15%）下相近，均显著高于高含水率（20%和 25%）下，内摩擦角对含水率的敏感度高于干密度。仅含水率为 15%的稗草根-土界面摩擦系数比最大值出现在干密度为 1.35g/cm^3 处，而其他含水率条件下的最大值均出现在干密度为 1.45g/cm^3 处。

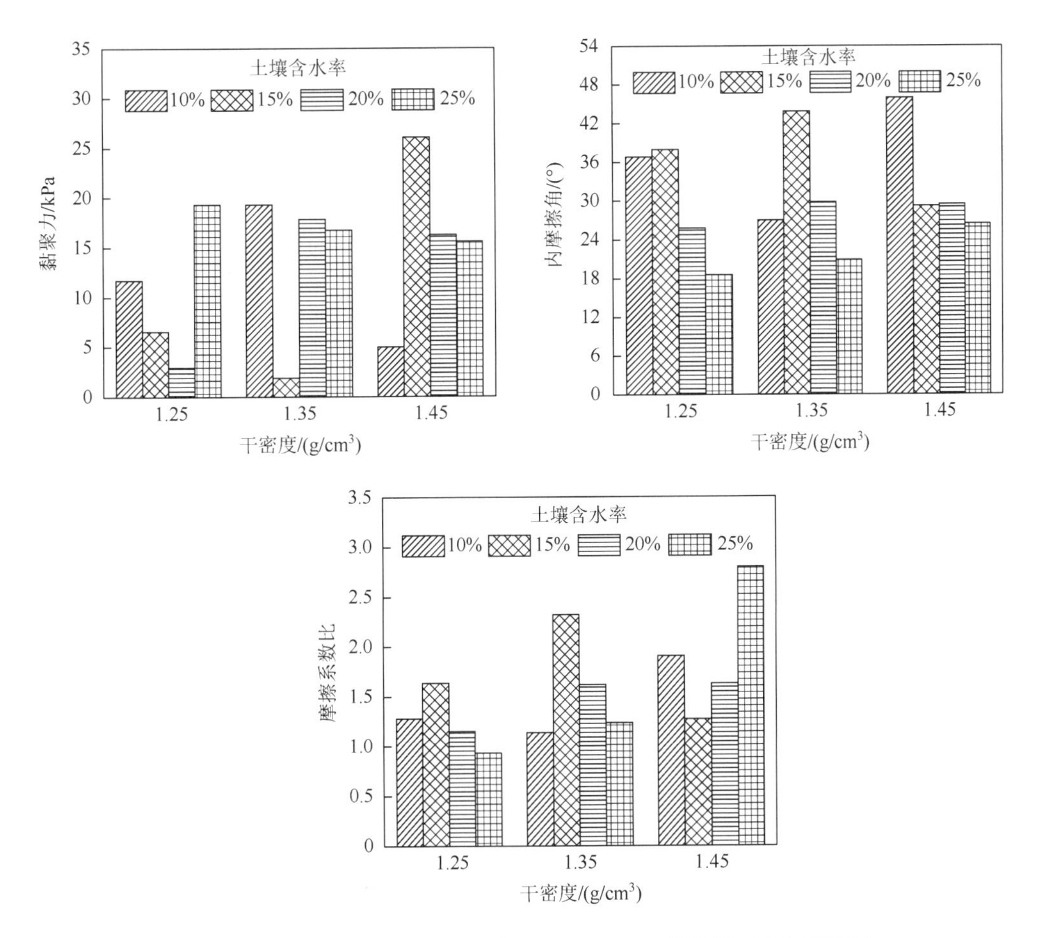

图 5.6　不同干密度和含水率下根系直径 0～0.5mm 稗草根-土界面黏聚力、内摩擦角和摩擦系数比

对于根系直径 0.5～1mm 稗草根-土界面黏聚力（图 5.7），在干密度为 1.35g/cm^3 时，其随含水率的增加而增大；在干密度为 1.45g/cm^3 时，其随含水率的增加呈先增后减趋势，其中，含水率为 10%的稗草根-土界面黏聚力最小，仅为 0.23kPa。此外，根系直径 0.5～1mm 稗草根-土界面摩擦系数比在含水率为 15%时随干密度的增加而增大，在含水率为 25%时随干密度的增加呈先减小后增大趋势（廖博等，2021）。

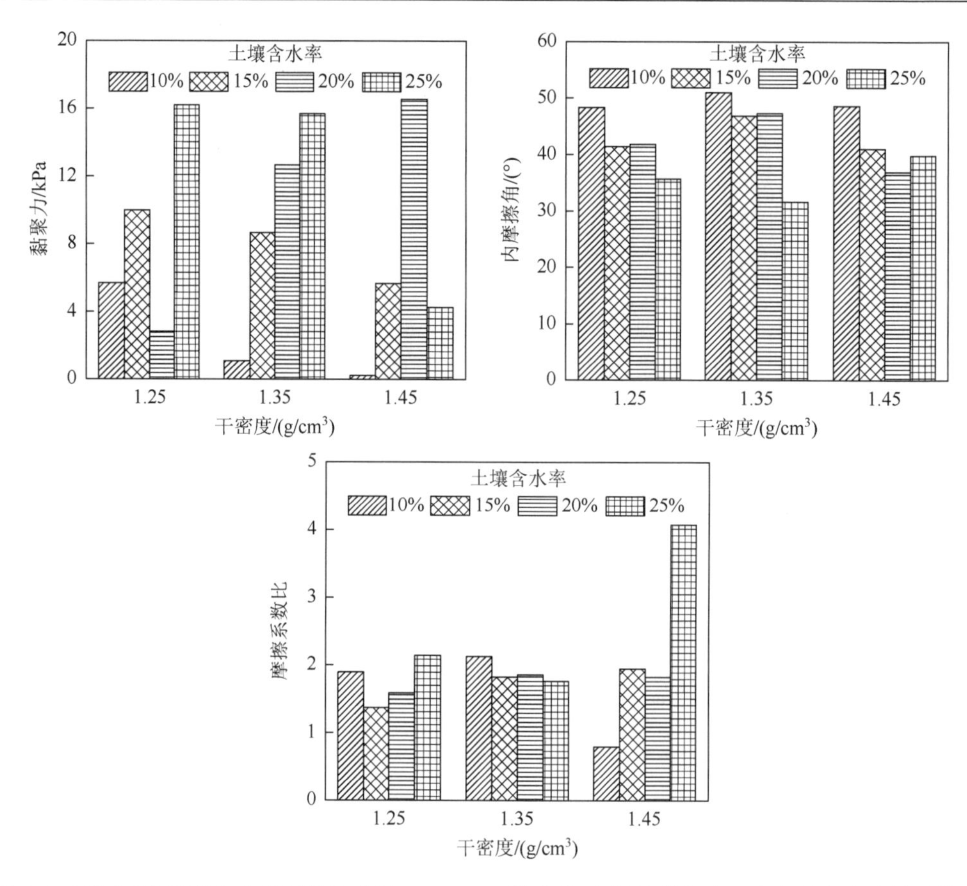

图 5.7　不同干密度和含水率下根系直径 0.5～1mm 稗草根-土界面黏聚力、内摩擦角和摩擦系数比

3. 牛筋草根-土界面摩阻特征

土壤含水率为 10%和 25%时，根系直径 0～0.5mm 的牛筋草根-土界面黏聚力均随干密度的增加而增大（图 5.8）。内摩擦角在土壤含水率为 10%时达到最大，且不随干密度的变化而发生明显变化，土壤含水率为 10%、15%、20%时内摩擦角最大值均出现在干密度为 1.35g/cm^3 处。

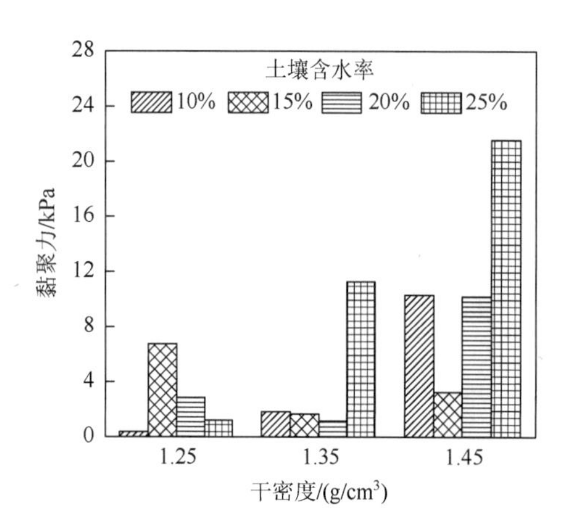

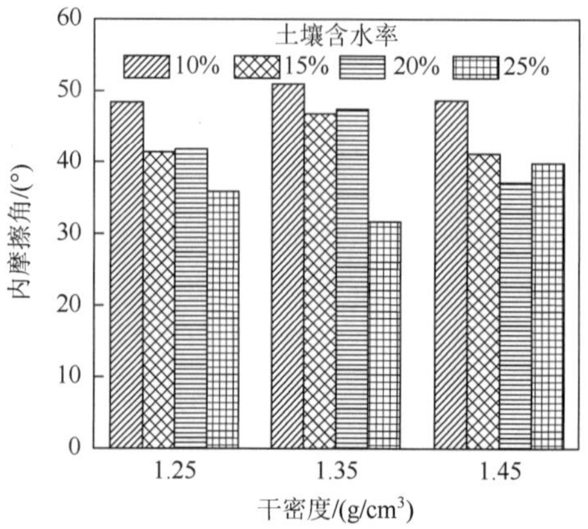

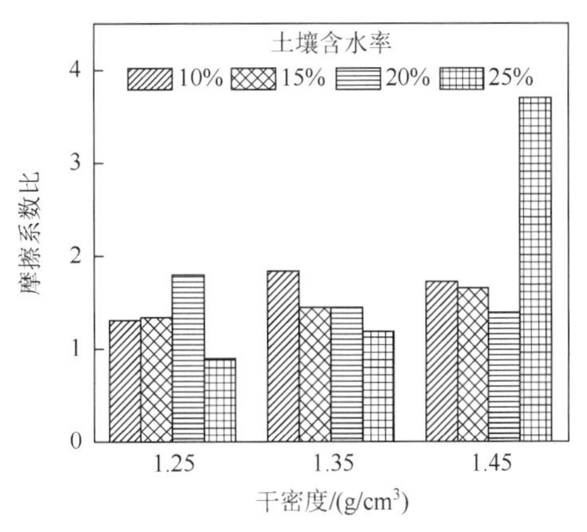

图 5.8　不同干密度和含水率下根系直径 0～0.5mm 牛筋草根-土界面黏聚力、内摩擦角和摩擦系数比

对于根系直径 0.5～1mm 牛筋草根-土界面（图 5.9），在干密度为 1.25g/cm^3 和 1.35g/cm^3 时，其黏聚力最小值均出现在含水率为 10%处，在干密度为 1.45g/cm^3 时，其黏聚力最大值出现在含水率为 10%处，为 17.73kPa。其内摩擦角最大值出现在干密度为 1.25g/cm^3 处。在含水率为 10%时，其摩擦系数比表现为干密度为 1.45g/cm^3 的显著小于干密度为 1.25g/cm^3 和 1.35g/cm^3 的（P＜0.05），含水率为 25%时，干密度为 1.45g/cm^3 的摩擦系数比显著大于干密度为 1.25g/cm^3 和 1.35g/cm^3 的（P＜0.05），其他同一含水率下不同干密度的牛筋草根-土界面摩擦系数比之间差异均未达到显著水平（刘亚斌等，2020）。

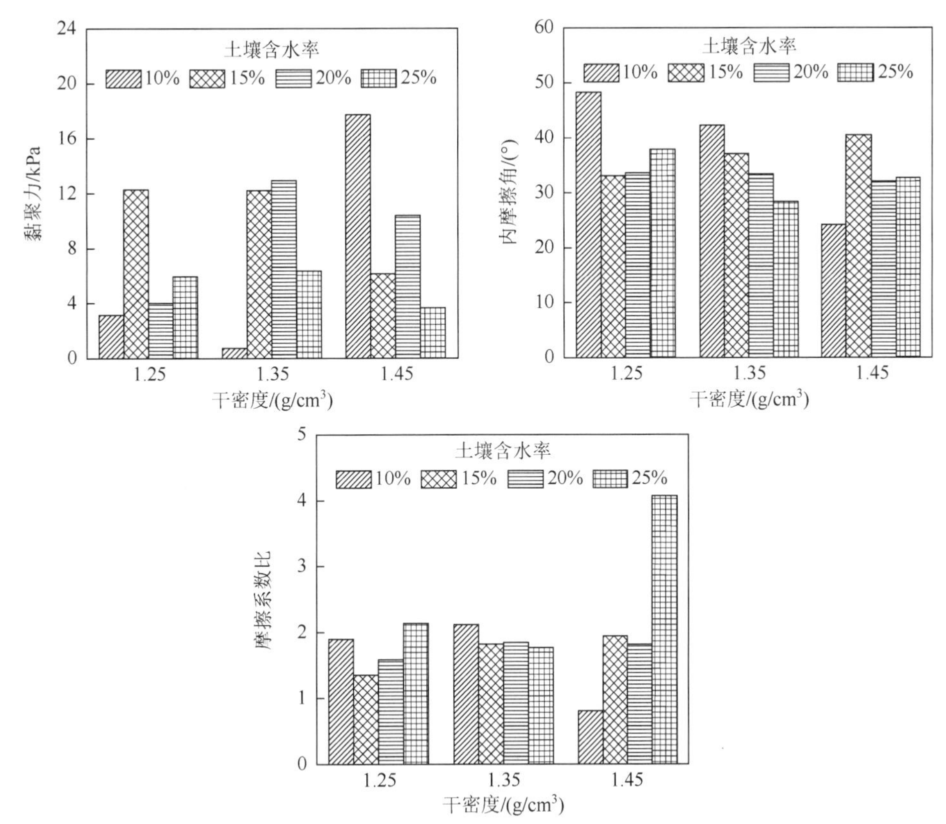

图 5.9　不同干密度和含水率下根系直径 0.5～1mm 牛筋草根-土界面黏聚力、内摩擦角和摩擦系数比

5.3.2 直剪摩阻特性与根系和土壤性质的相关性

1. 摩阻特性与根系粗糙度

根-土界面内摩擦角最大值均出现在根系粗糙度为 11.05%时（图 5.10）。根系表面粗糙度由 7.52%增加至 11.05%时，所有含水率和干密度条件下根-土界面内摩擦角均增大，而在根系表面粗糙度由 5.60%增加至 7.52%、11.05%增加至 11.90%、11.90%增加至 13.16%时，根-土界面内摩擦角均存在减小情况。这可能是因为根系粗糙度为 7.52%和 11.90%的根系直径（0.5～1mm）大于根系粗糙度为 5.60%和 11.05%的根系直径（0～0.5mm），而根系直径较大的直剪根系试样表面凹凸不平，受力不均，导致根-土界面内摩擦力较小（Pallewattha et al.，2019；徐宗恒等，2022）。

总体来看，根-土界面黏聚力随着根系表面粗糙度的增大变化规律不明显，可能是因为根-土界面黏聚力主要受根-土胶结力的影响，而本试验为快剪试验，且试验前未固结，根系与土样之间胶结力较弱，导致根-土界面黏聚力受根系表面粗糙度的影响较小。

根-土界面摩擦系数比随着根系表面粗糙度的增大呈先增大后减小趋势，“增-减”拐点多出现在根系表面粗糙度为 11.05%左右，说明根系表面粗糙度是根-土界面摩擦系数比的主要影响因素。此外，土壤含水率和干密度对根-土界面摩擦系数比也有一定的影响。

2. 摩阻特性与垂直荷载

素土抗剪强度和三种草本植物根-土抗剪强度均随垂直荷载的增加而增大（图 5.11）。马唐、稗草和牛筋草根-土抗剪强度与垂直荷载均呈极显著正相关关系（$P<0.01$），相关系数均大于 0.70，服从莫尔-库仑定律，可用莫尔-库仑定律计算根-土界面内摩擦角、黏聚力等根-土界面摩阻特性指标。

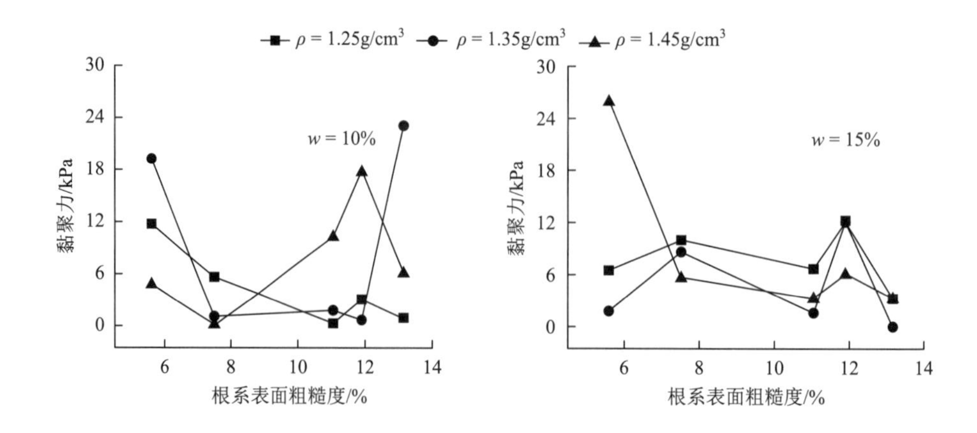

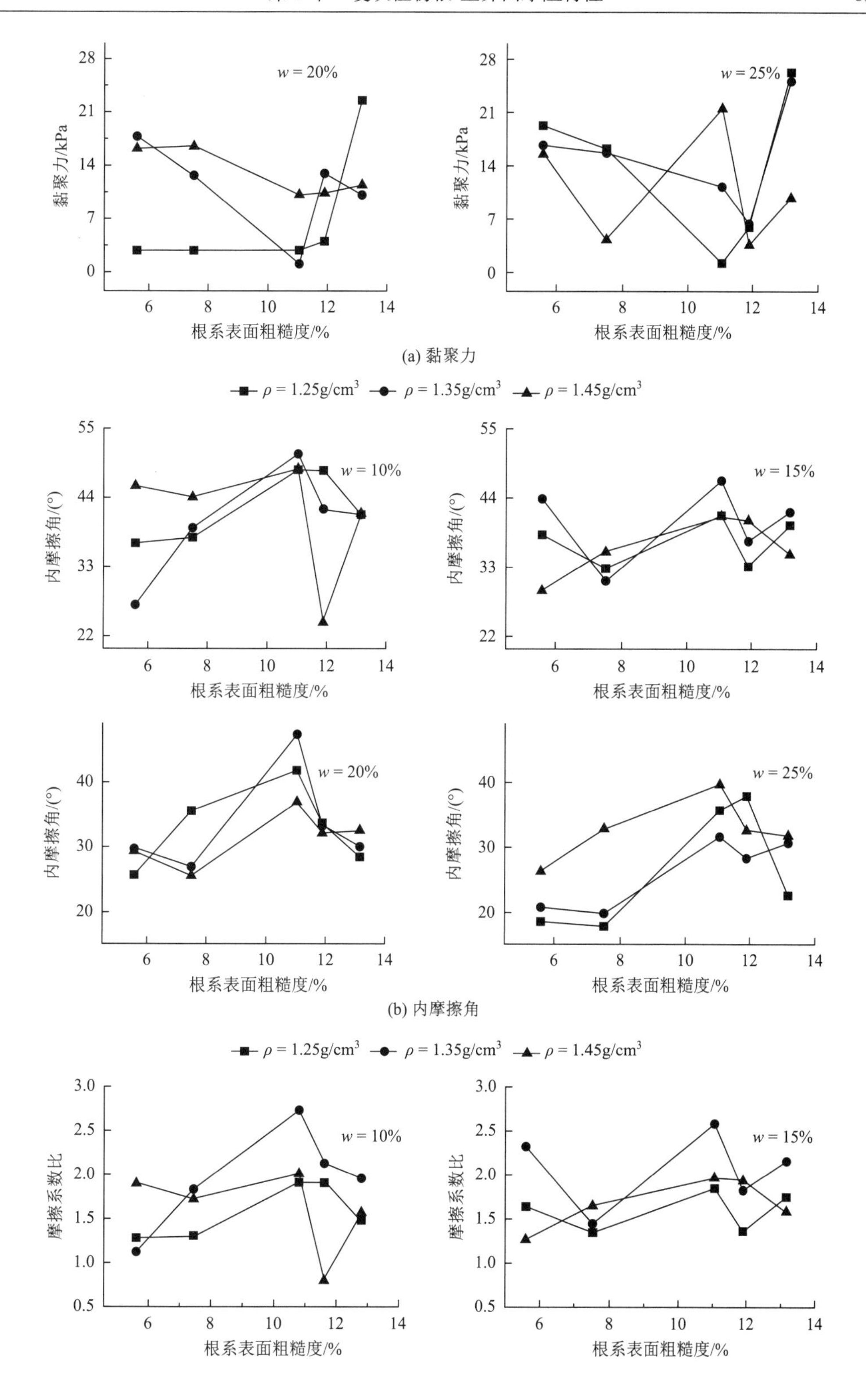

w = 20%
w = 25%
黏聚力/kPa
根系表面粗糙度/%
(a) 黏聚力
ρ = 1.25g/cm3
ρ = 1.35g/cm3
ρ = 1.45g/cm3
w = 10%
w = 15%
内摩擦角/(°)
w = 20%
w = 25%
(b) 内摩擦角
摩擦系数比

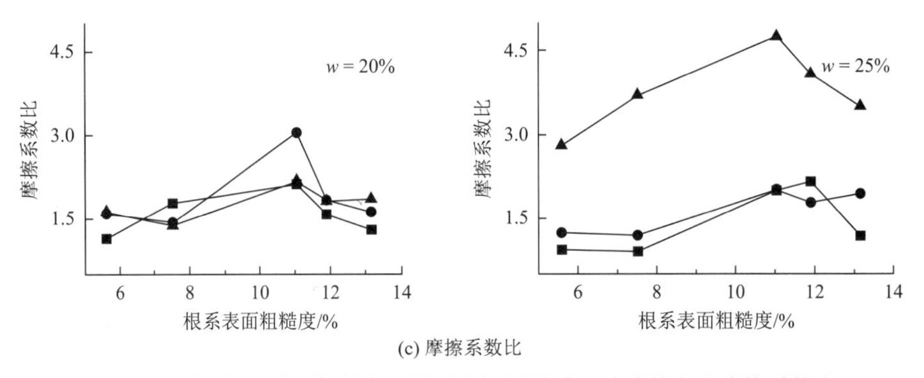

(c) 摩擦系数比

图 5.10　不同根系表面粗糙度下根-土界面黏聚力、内摩擦角和摩擦系数比

注：图中 w 为土壤含水率；ρ 为土壤干密度。

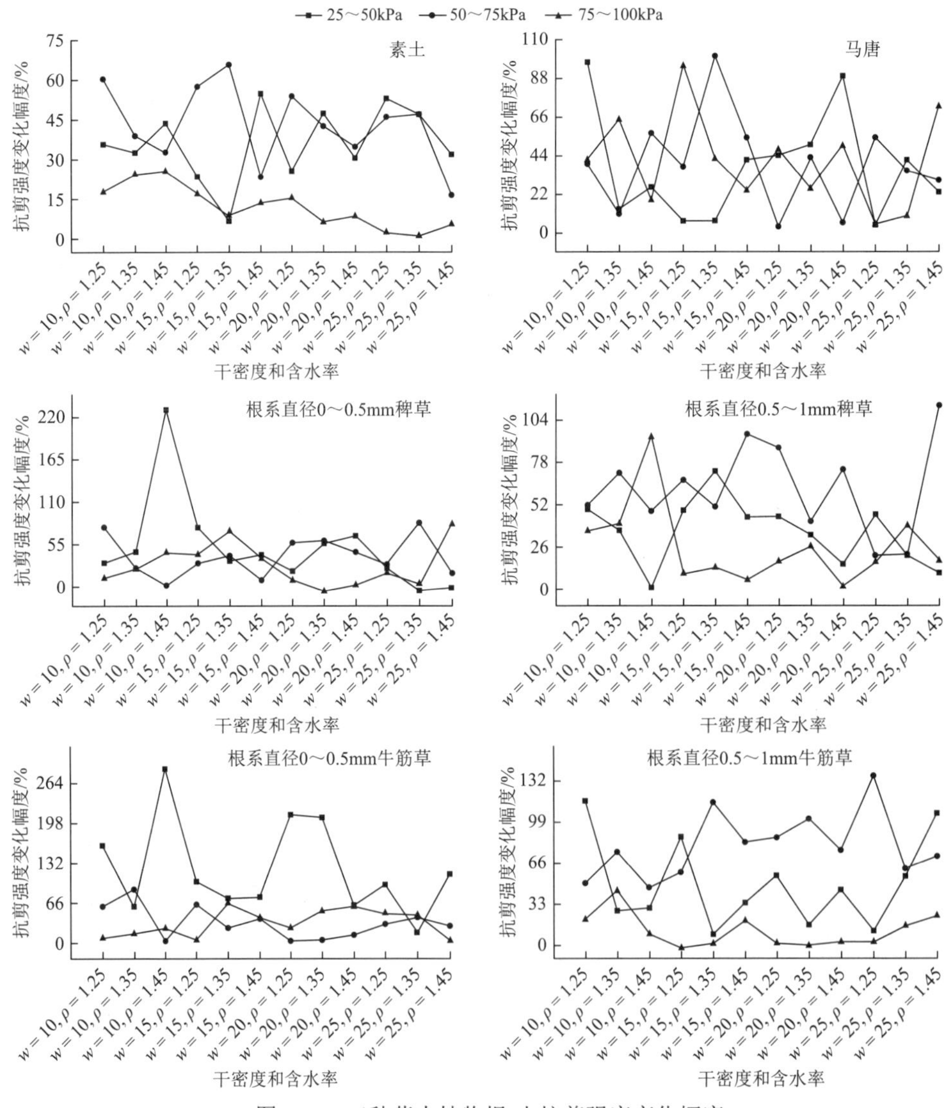

图 5.11　三种草本植物根-土抗剪强度变化幅度

注：图中 w 为土壤含水率，%；ρ 为土壤干密度，g/cm^3。

在垂直荷载较大时，三种草本植物根-土抗剪强度高于素土抗剪强度。就根-土抗剪强度增长幅度而言，垂直荷载由 25kPa 增长至 50kPa 时最高，50kPa 增长至 75kPa 时其次，75kPa 增长至 100kPa 时最低，可以认为，根-土抗剪强度增长幅度随垂直荷载的增加而减小。根系所处土层越深，所承受的土体重力载荷越大，因此可以推断根-土摩擦阻力随根系埋深的增加而增大，在根系埋深较小时，根-土界面摩擦阻力随根系埋深增加快速增大，而在根系埋深较大时，根-土界面摩擦阻力的增加幅度逐渐减小（Zhang et al.，2020；袁亚楠等，2022）。

3. 摩阻特性与含水率和干密度

含水率为 10%～20%时，素土的黏聚力随着干密度的增加而增大，含水率为 25%时，干密度 1.25g/cm^3 和 1.35g/cm^3 的素土黏聚力相近，均明显小于干密度 1.45g/cm^3 的素土黏聚力，且根-土界面摩擦系数比大多大于 1，表明根系具有一定的固土作用。高含水率和高干密度的根-土界面摩擦系数比较大，根系对稳定土体的增强作用最好。素土黏聚力最大值均出现在 15%含水率条件下，而根-土界面黏聚力最大值多出现在 25%含水率处（图 5.12）。

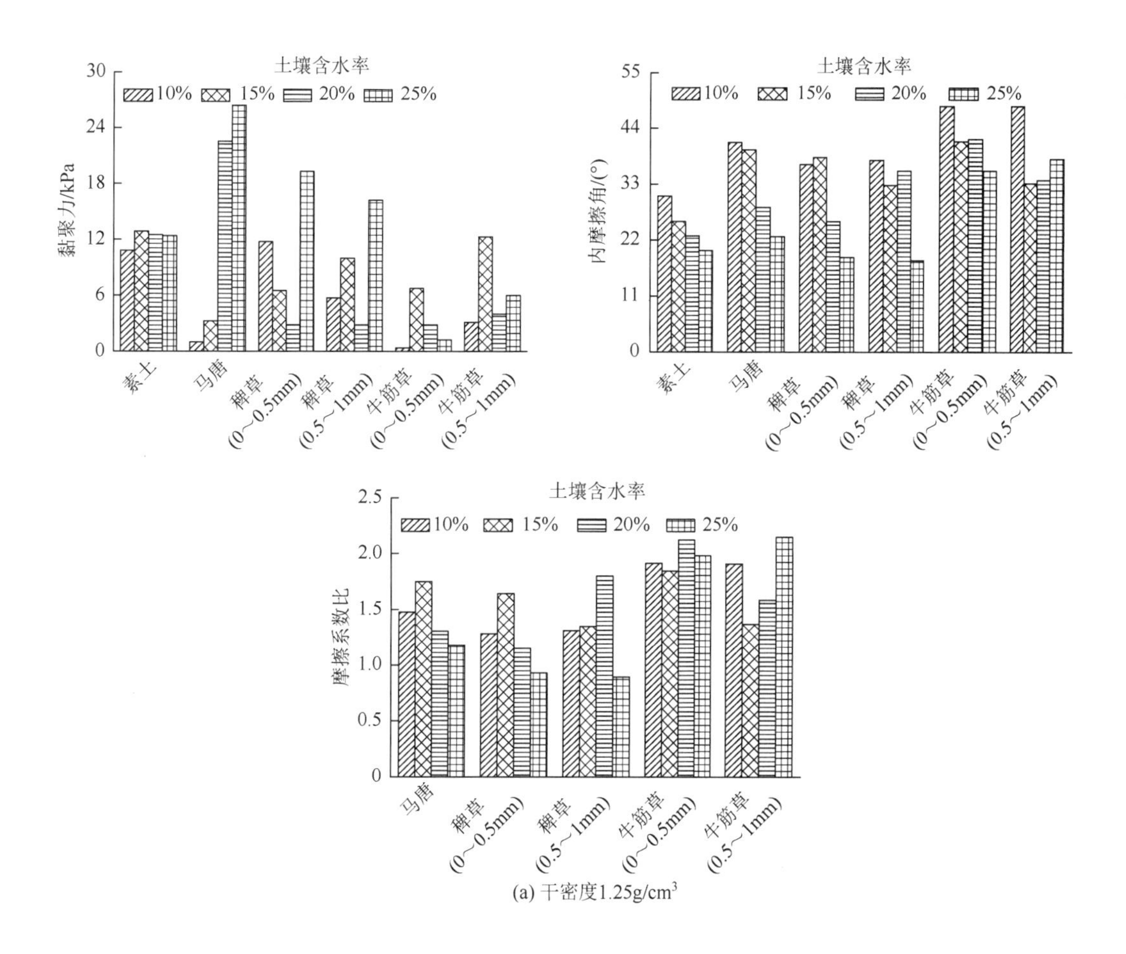

(a) 干密度1.25g/cm^3

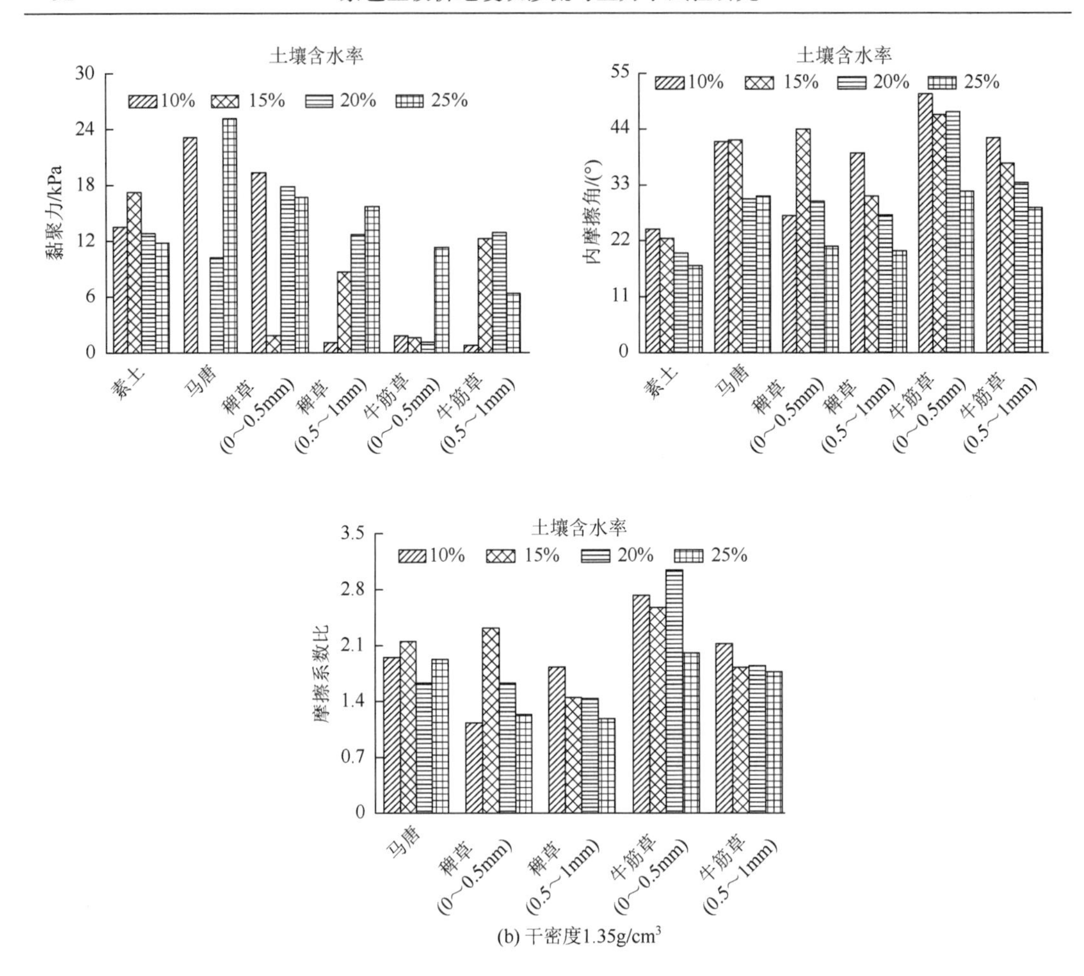

(b) 干密度1.35g/cm^3

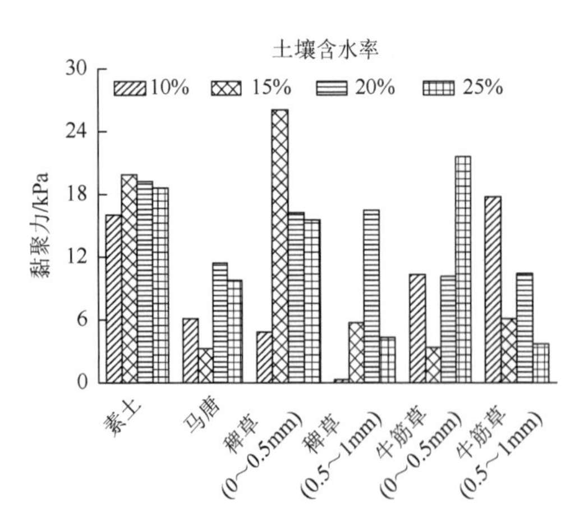

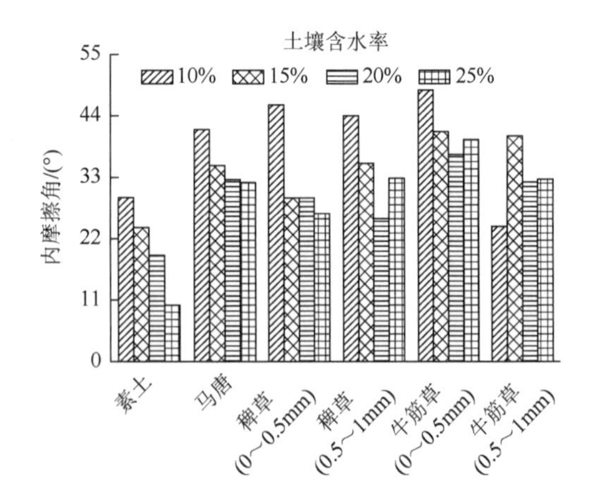

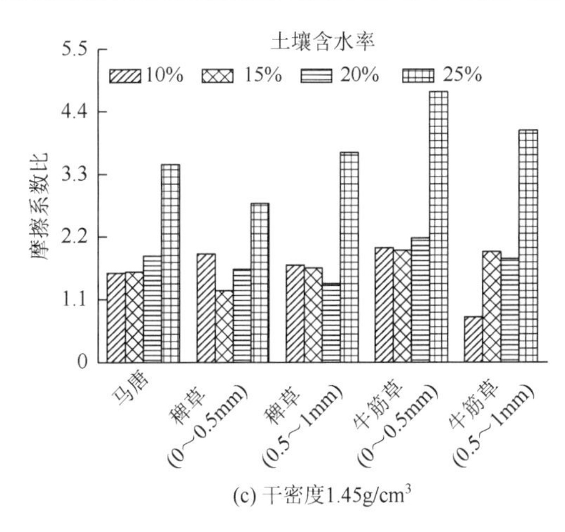

(c) 干密度1.45g/cm³

图5.12 不同干密度下根-土界面和素土黏聚力及内摩擦角以及根-土界面摩擦系数比

随着含水率的增加，根-土界面摩擦系数比大多大于1，3种草本植物根-土界面内摩擦角整体大于素土内摩擦角。对根-土界面摩擦系数比与含水率进行线性拟合和二次函数拟合，仅在干密度为1.35g/cm³时根系直径0～0.5mm稗草根-土界面摩擦系数比与含水率二次函数拟合通过0.05水平显著性检验，拟合优度R^2为0.99，表明含水率对摩擦系数比的影响不显著。但在高干密度（1.45g/cm³）和高含水率（25%）条件下，根-土界面摩擦系数比显著大于其他干密度和含水率的情况，表明根-土界面摩擦系数比可能受到干密度和含水率交互作用的影响。

5.4 根-土界面抗拉拔及与根系和土壤性质的关系

5.4.1 三种草本植物根-土界面抗拉拔特征

1. 马唐根-土界面抗拉拔

干密度为1.25g/cm³时，根-土界面最大抗拔力随含水率的增加呈先减后增的变化趋势，含水率10%～20%的马唐根-土界面最大抗拔力显著小于含水率25%的最大抗拔力（$P<0.05$）。

干密度为1.35g/cm³和1.45g/cm³时，马唐根-土界面最大抗拔力均随含水率的增加呈先增后减趋势，其中干密度为1.45g/cm³时，马唐根-土界面最大抗拔力在“增-减”拐点处，即含水率10%→15%→20%处变化幅度较大（图5.13）。

2. 稗草根-土界面抗拉拔

根系直径0～0.5mm的稗草根-土界面最大抗拔力在不同干密度下随含水率的增加分别呈先增后减、先增后减、不规律变化趋势。在含水率为10%时，干密度1.25g/cm³和干密度1.35g/cm³的稗草根-土界面最大抗拔力均显著小于干密度1.45g/cm³的最大抗拔力（$P<0.05$）。

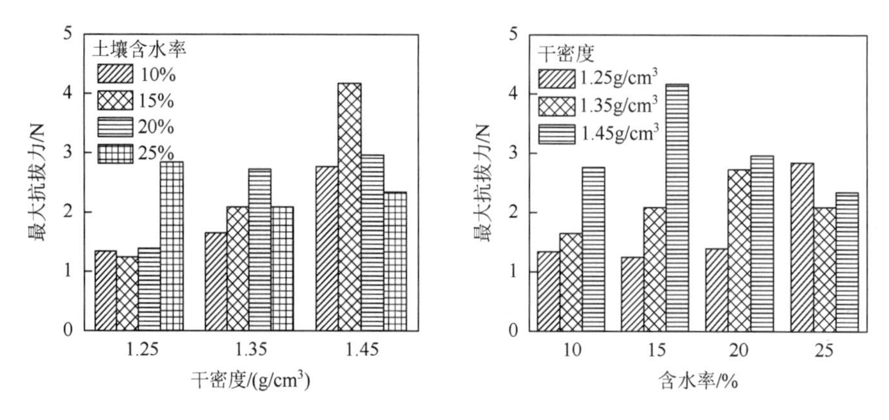

图 5.13　不同干密度和含水率下马唐根-土界面最大抗拔力

根系直径 0.5～1mm 的稗草，含水率为 15%时，干密度 1.45g/cm^3 的根-土界面最大抗拔力显著大于其他干密度的最大抗拔力（P<0.05）；含水率为 25%时，各干密度的根-土界面最大抗拔力相近，介于 1.75～2.20N（图 5.14）。

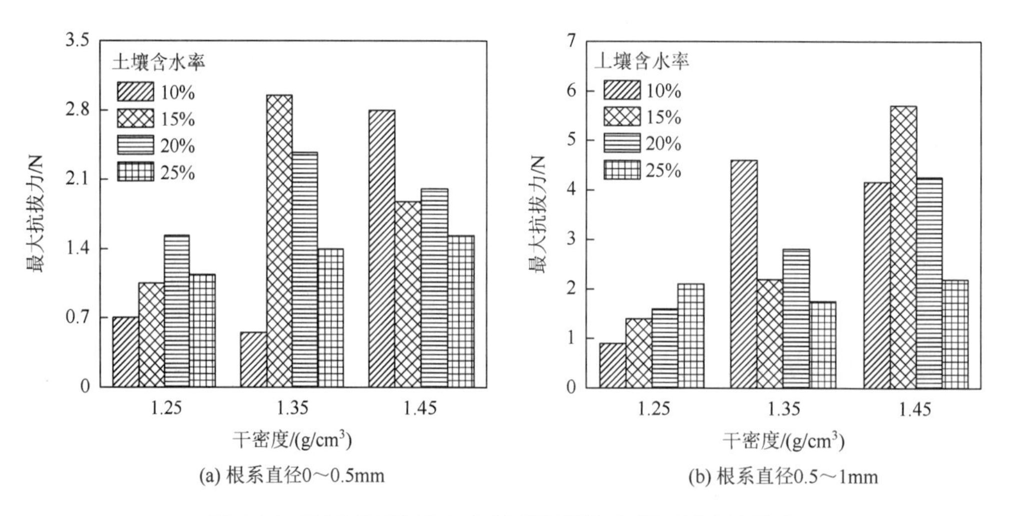

图 5.14　不同干密度和含水率下稗草根-土界面最大抗拔力

3. 牛筋草根-土界面抗拉拔

根系直径 0～0.5mm 的牛筋草在不同干密度条件下，随着含水率的增加，其根-土界面最大抗拔力变化规律差异较大。在干密度为 1.25g/cm^3 时，牛筋草根-土界面最大抗拔力随含水率的增加而增大，含水率为 15%和 20%时，牛筋草根-土界面最大抗拔力均随干密度的增加而增大。根系直径 0.5～1mm 的牛筋草，含水率为 10%和 20%时，干密度 1.25g/cm^3 和 1.35g/cm^3 的根-土界面最大抗拔力均相近且均显著小于干密度 1.45g/cm^3 的最大抗拔力（P<0.05）；含水率为 25%时，牛筋草根-土界面最大抗拔力随着干密度的增加而增大（图 5.15）。

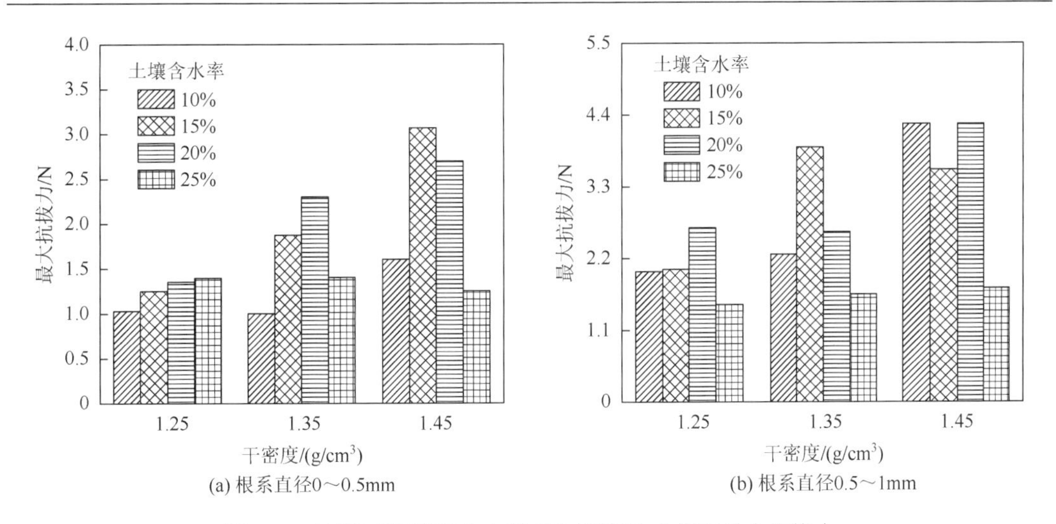

(a) 根系直径0～0.5mm (b) 根系直径0.5～1mm

图5.15 不同干密度和含水率下牛筋草根-土界面最大抗拔力

4. 三种草本植物根-土界面抗拉拔比较

不同干密度和不同含水率条件下将马唐、稗草和牛筋草根-土界面最大抗拔力比较后发现，根系直径0～0.5mm，3种草本植物根-土界面最大抗拔力表现为马唐（2.31N）＞牛筋草（1.68N）＞稗草（1.66N）；根系直径0.5～1mm，牛筋草根-土界面最大抗拉力平均值（2.81N）高于稗草（2.71N）。因此，在埂坎生物措施中应优先考虑种植马唐和牛筋草。

根系直径为0～0.5mm、干密度为1.25g/cm^{3}时，除稗草根系抗拔强度随含水率的增加先增后减外，马唐和牛筋草根系抗拔强度均随含水率的增加而增加；干密度为1.35g/cm^{3}时，3种草本植物根系抗拔强度均随含水率的增加而先增后减，增减转折点分别在含水率为20%、15%、15%处；干密度为1.45g/cm^{3}时，马唐和牛筋草根系抗拔强度均随含水率的增加而先增后减，且均在含水率为15%处达到最大值，分别为0.62kPa和0.38kPa，而稗草根系抗拔强度随含水率的增加而减小。马唐抗拔强度大多大于稗草和牛筋草（图5.16）。

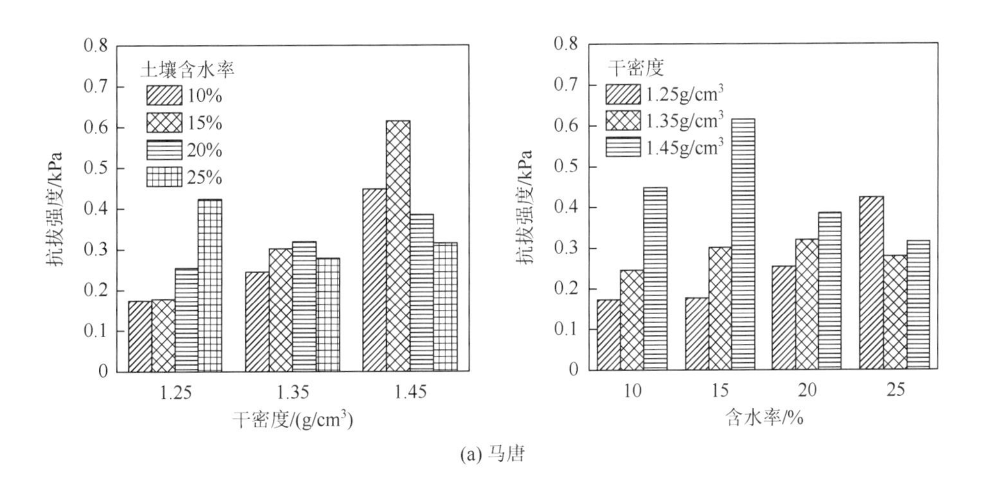

(a) 马唐

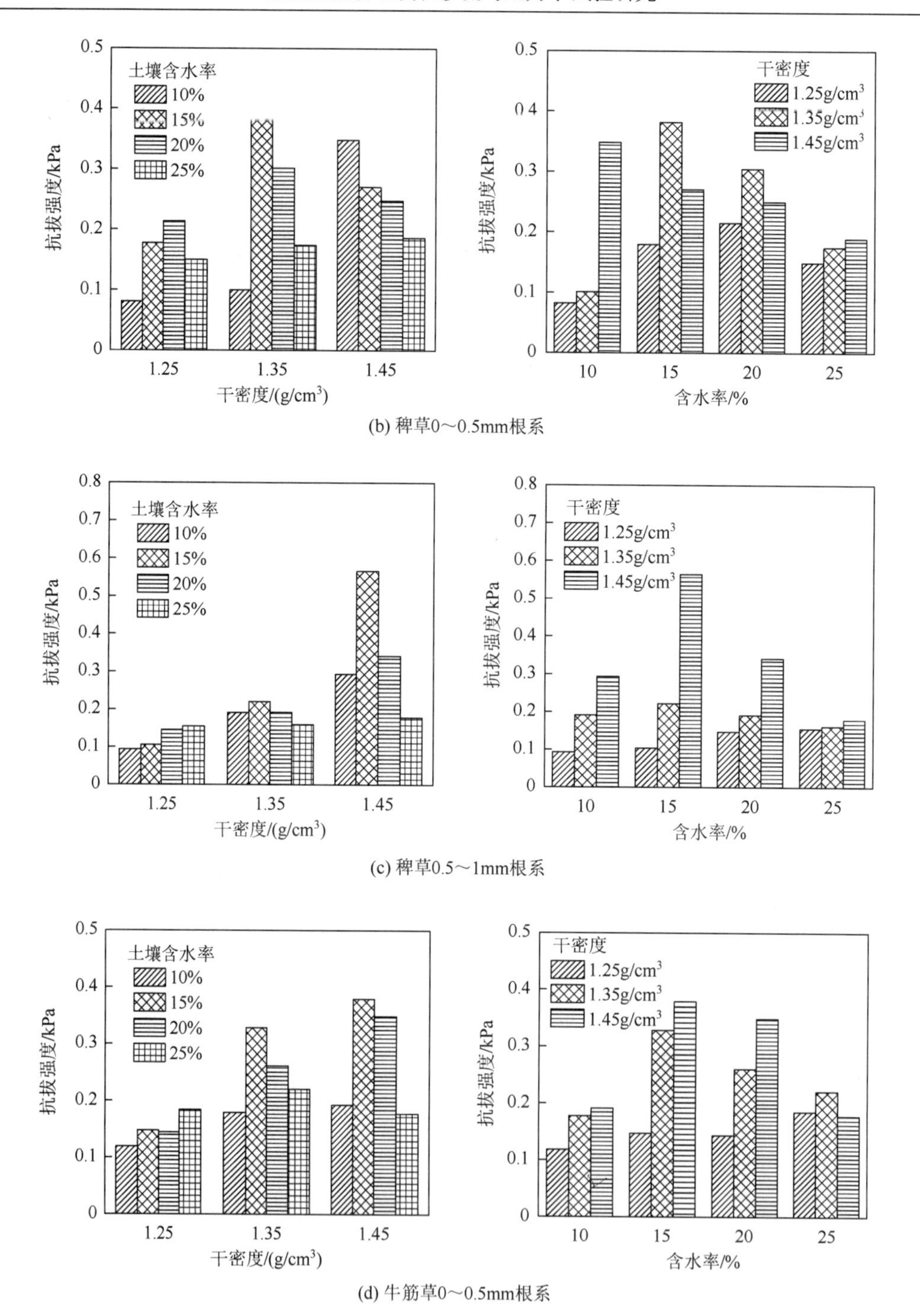

(b) 稗草0～0.5mm根系

(c) 稗草0.5～1mm根系

(d) 牛筋草0～0.5mm根系

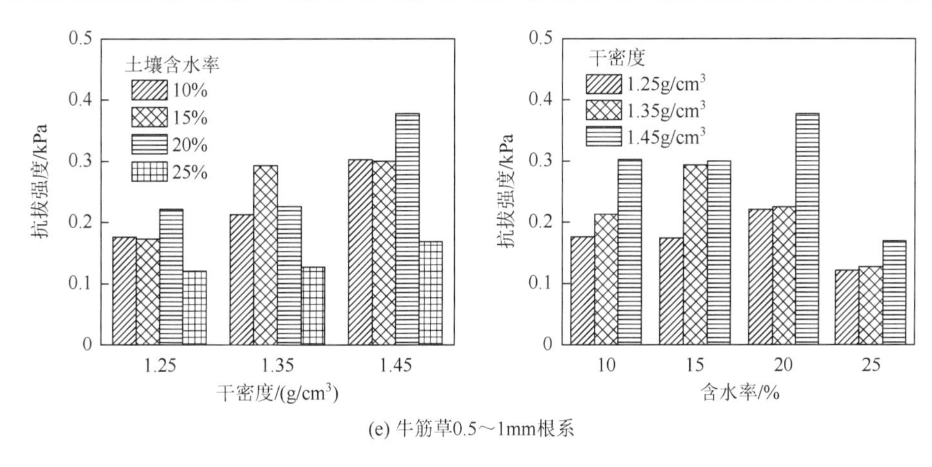

(e) 牛筋草0.5～1mm根系

图 5.16　不同干密度和含水率下根系抗拔强度

根系直径为 0.5～1mm 时，同一干密度下，稗草根系抗拔强度随含水率增大表现出明显规律。在干密度为 1.25g/cm^3 时，稗草根系抗拔强度随含水率的增加而增大，在干密度为 1.35g/cm^3 和 1.45g/cm^3 时，稗草根系抗拔强度随含水率的增加而先增后减，最大值均出现在含水率为 15%处。牛筋草根系抗拔强度仅在干密度为 1.35g/cm^3 时表现为随含水率的增加而先增后减，最大值出现在含水率为 15%处。在干密度为 1.25g/cm^3 和 1.45g/cm^3 时，牛筋草根系抗拔强度最大值和最小值分别出现在含水率 20%和 25%处。仅在含水率 15%、干密度 1.45g/cm^3 时，稗草根系抗拔强度显著大于牛筋草根系抗拔强度（$P<0.05$），其他情况下牛筋草抗拔强度大于稗草。

综上，含水率相同时，3 种草本植物根-土界面抗拔强度整体随干密度的增加而增大，根系直径 0～0.5mm，稗草与牛筋草根-土界面抗拔强度明显小于马唐根-土界面抗拔强度；根系直径 0.5～1mm，根-土界面抗拔强度为牛筋草＞稗草，但差异不显著。此外，同一植物，根系直径 0.5～1mm 的根-土界面整体抗拔强度＞根系直径 0～0.5mm 的根-土界面整体抗拔强度。

5.4.2　抗拉拔特性与根系和土壤性质的相关性

1. 抗拉拔与根系表面粗糙度

随着根系表面粗糙度的增加，根系最大抗拔力出现了两个峰值（图 5.17），即在根系表面粗糙度为 7.52%和 11.90%处，而其他 3 个根系表面粗糙度（5.60%、11.05%和 13.16%）下根系抗拔力大多表现为随着根系表面粗糙度的增大而增大。此外，根系表面粗糙度 7.52%的根系最大抗拔力存在明显大于根系表面粗糙度为 11.90%的根系的情况，这可能是因为 7.52%粗糙度的根系为稗草根系，在含水率为 15%、干密度为 1.25g/cm^3 和 1.35g/cm^3 时，以及含水率为 25%、干密度为 1.25g/cm^3 和 1.45g/cm^3 时稗草根系在拉拔过程中发生断裂，导致瞬时拉力增大。根系抗拔强度随着根系粗糙度的增大整体呈增大趋势，根系粗糙度每增大 1%，根系抗拔强度增加 0.03kPa，增幅为 14.91%，说明根系抗拔强度受根系表面粗糙度的影响较小。

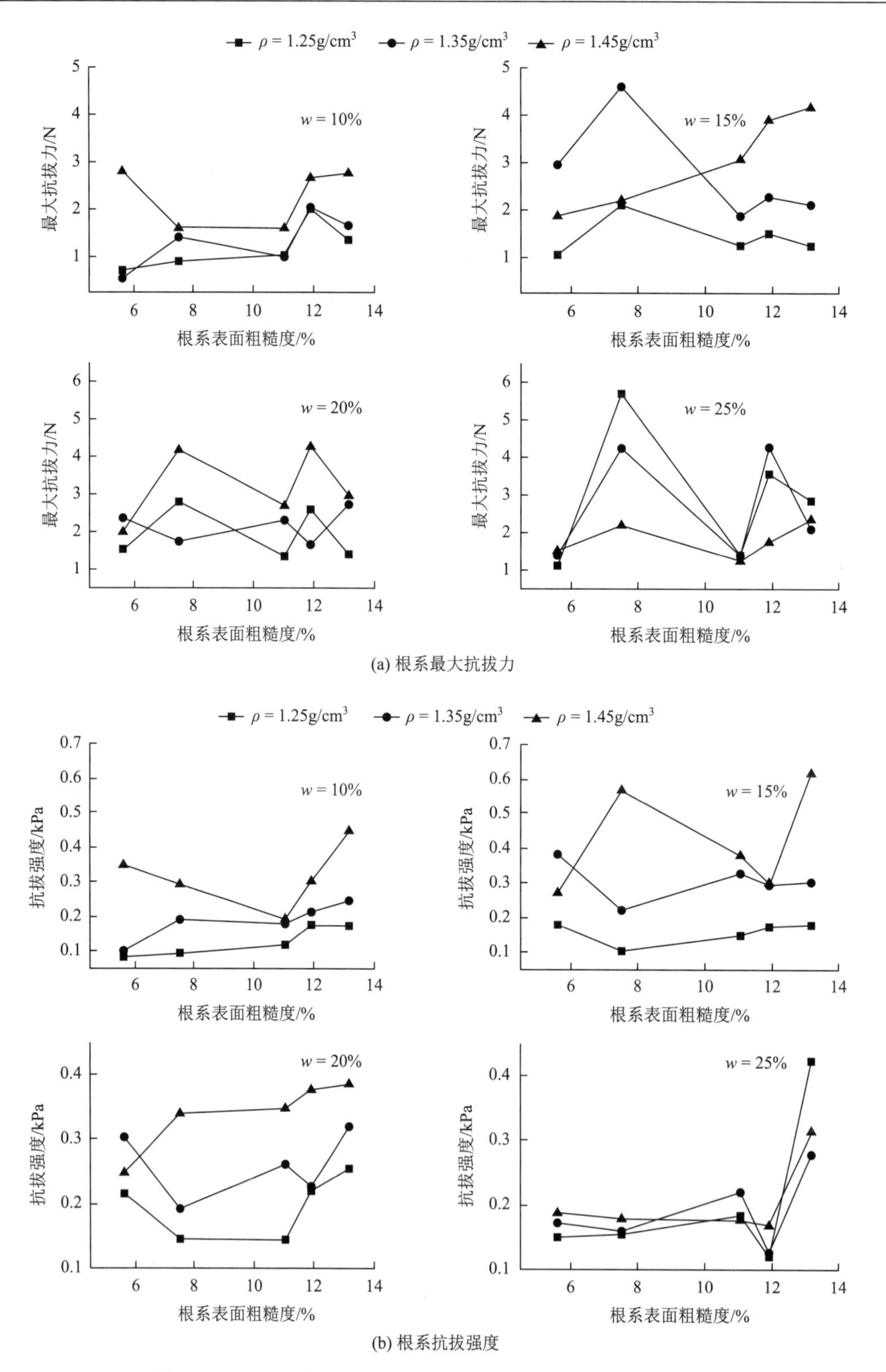

图 5.17　不同根系表面粗糙度下根系最大抗拔力与根系抗拔强度

注：图中 w 为土壤含水率，ρ 为土壤干密度。

2. 抗拉拔与滑动位移的关系

随着滑动位移的增大，根系抗拔力呈先增大后减小最后趋于稳定的变化趋势（图 5.18），这可能是因为在拉拔初期，由于根系发生弹性形变，根系与土壤有相对滑动趋势但并未滑动或滑动位移较小（趋近于零），根系与土壤之间抗拔力数值等于静摩擦力数值，当达到最大静摩擦力时，在外力的继续作用下，根系与土壤之间产生相对位移，根系与土壤之间的摩擦力由静摩擦力变为滑动摩擦力，根系最大抗拔力数值等于最大静摩擦力数值。随着根系被逐渐拔出，根系与土壤之间的接触面积逐渐减小，导致根系与土壤之间滑动摩擦力逐渐减小。在拉拔过程中，根系周围土粒重新排列组合，使根系与土壤的界面趋于平滑，从而使根系与土壤之间滑动摩擦力趋于稳定，根系抗拔力也趋于稳定（杜金辉等，2019）。

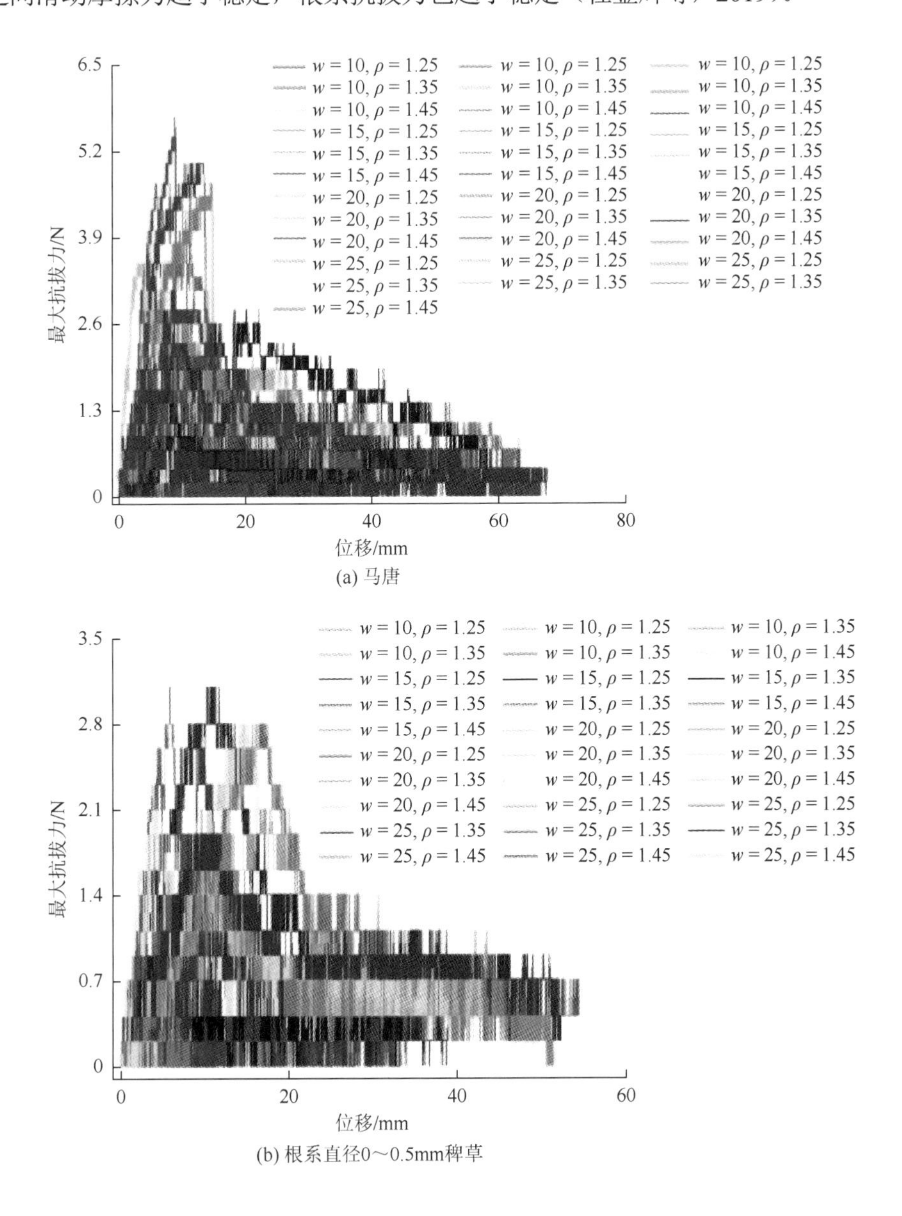

(a) 马唐

(b) 根系直径0～0.5mm稗草

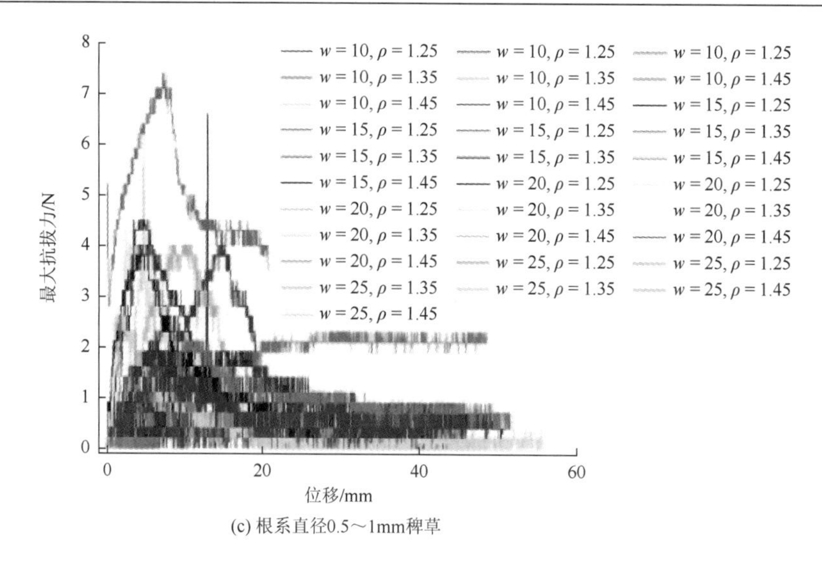

(c) 根系直径0.5～1mm稗草

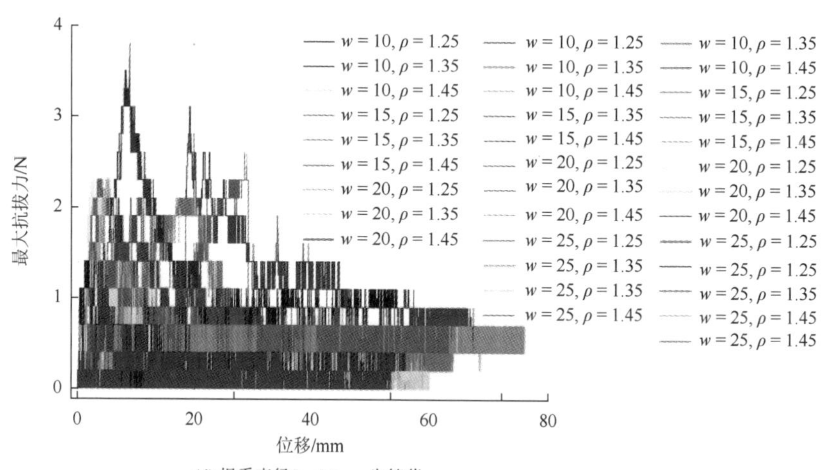

(d) 根系直径0～0.5mm牛筋草

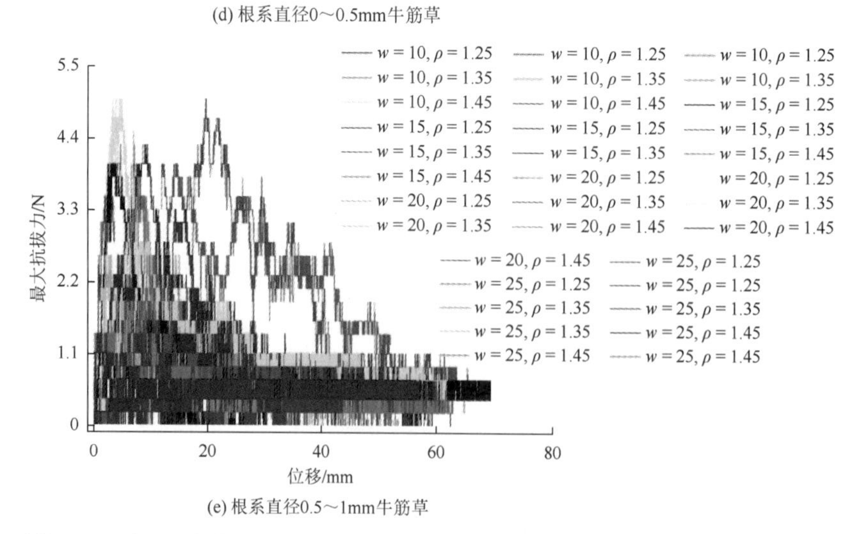

(e) 根系直径0.5～1mm牛筋草

图 5.18　不同干密度和含水率条件下三种草本植物单根最大抗拔力（后附彩图）

注：图中 w 为土壤含水率，%；ρ 为土壤干密度，g/cm^3。

对比 3 种草本植物单根抗拔力与滑动位移的关系，最大抗拔力的滑移位移整体表现为根系直径 0～0.5mm 牛筋草＞根系直径 0.5～1mm 牛筋草＞根系直径 0～0.5mm 稗草＞根系直径 0.5～1mm 稗草＞马唐，表明牛筋草根系抵抗变形的能力较强，固土效果较好。

3. 抗拉拔与含水率和干密度

在各含水率下，3 种草本植物的单根最大抗拔力多出现在干密度为 1.35g/cm^3 或 1.45g/cm^3 时（图 5.19）。具体来看，含水率为 15%和 20%时，随着干密度的增加，同种植物单根最大抗拔力的变化规律基本一致，马唐、根系直径 0.5～1mm 稗草、根系直径 0～0.5mm 牛筋草单根最大抗拔力均随干密度的增大而增大，根系直径 0～0.5mm 稗草单根最大抗拔力表现为干密度 1.35g/cm^3 的单根最大抗拔力＞干密度 1.45g/cm^3 的单根最大抗拔力＞干密度 1.25g/cm^3 的单根最大抗拔力。随着干密度的增加，3 种草本植物单根抗拔强度基本随干密度的增加而增大（图 5.20）。其中含水率为 15%和 20%

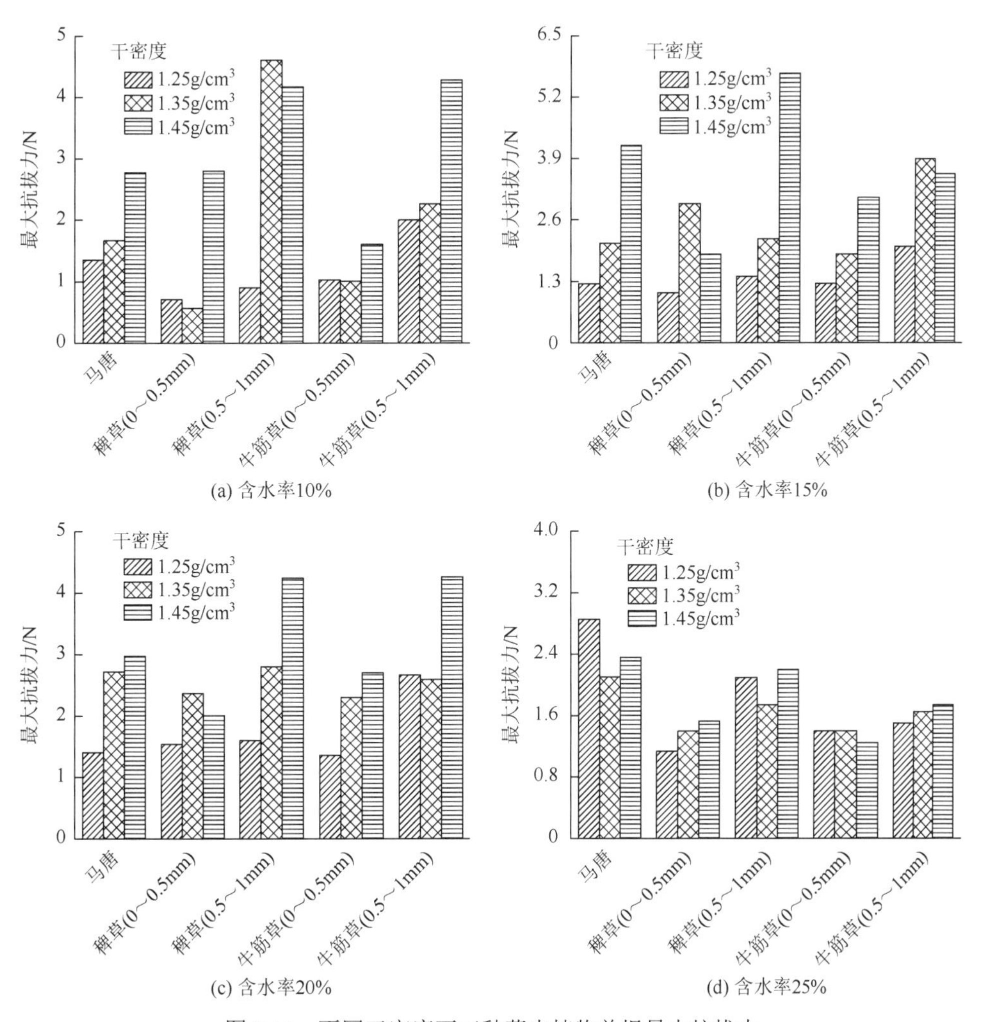

图 5.19　不同干密度下三种草本植物单根最大抗拔力

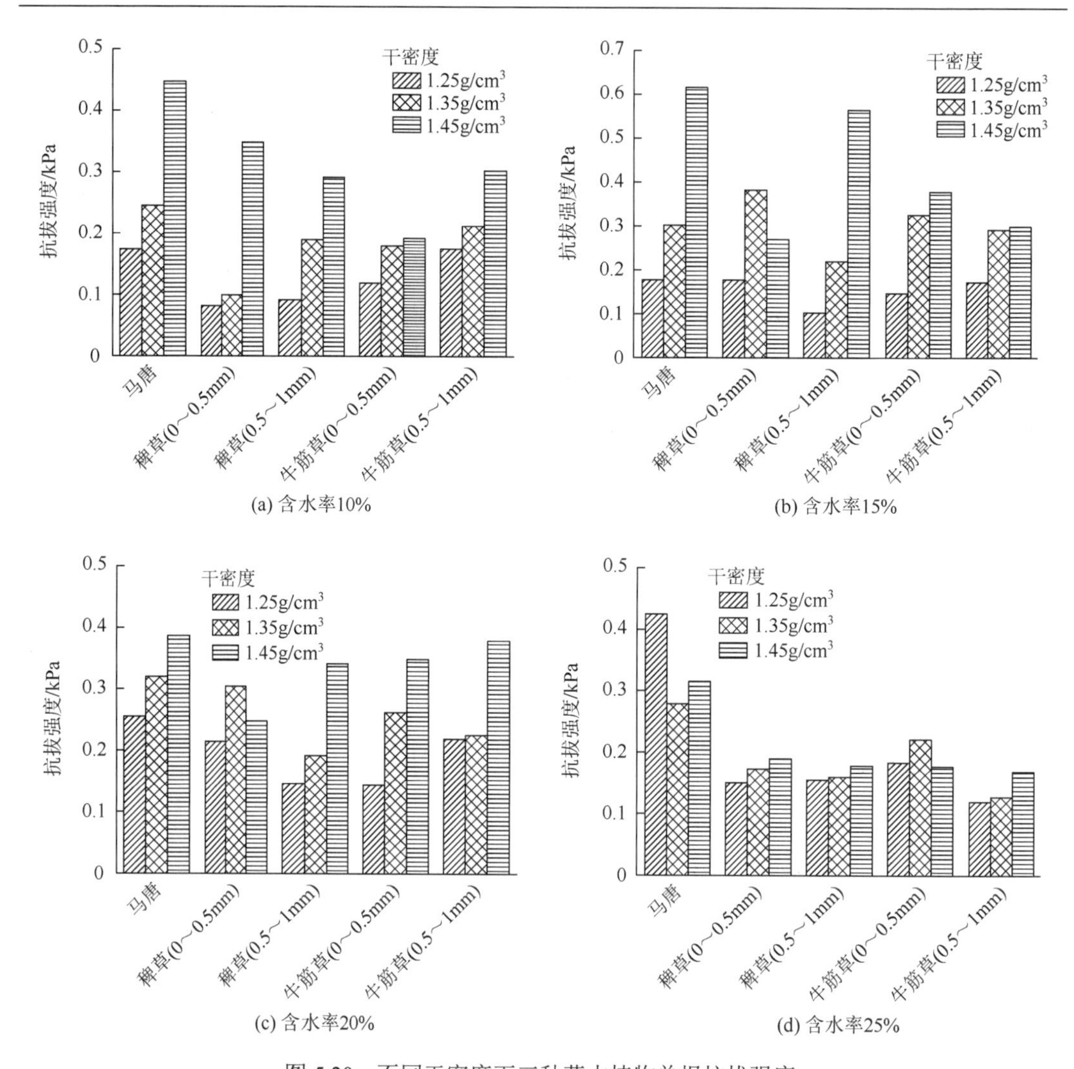

图 5.20　不同干密度下三种草本植物单根抗拔强度

时根系直径 0～0.5mm 稗草单根抗拔强度最大值出现在干密度 1.35g/cm^3 处，含水率为 25%时马唐和根系直径 0～0.5mm 牛筋草单根抗拔强度最大值分别出现在干密度 1.25g/cm^3 和 1.35g/cm^3 处。

各干密度水平下，3 种草本植物单根抗拔强度大致随含水率的增加呈先增大后减小变化趋势（图 5.21）。干密度为 1.35g/cm^3 时，3 种草本植物单根抗拔强度均呈先增大后减小变化趋势，马唐单根抗拔强度最大值出现在含水率 20%处，稗草和牛筋草单根抗拔强度最大值均出现在含水率 15%处。干密度为 1.25g/cm^3 和 1.45g/cm^3 时，3 种草本植物单根抗拔强度随含水率的增加也大多呈先增大后减小变化趋势。干密度相同时，3 种草本植物根-土界面抗拔强度受含水率影响明显，与含水率呈较好的线性或二次函数关系，拟合优度 R^2 为 0.61～0.99，仅干密度为 1.25g/cm^3 时，马唐单根抗拔强度随含水率的增加符合二次曲线特征，通过 0.05 水平显著性检验，可以建立一元二次回归方程。

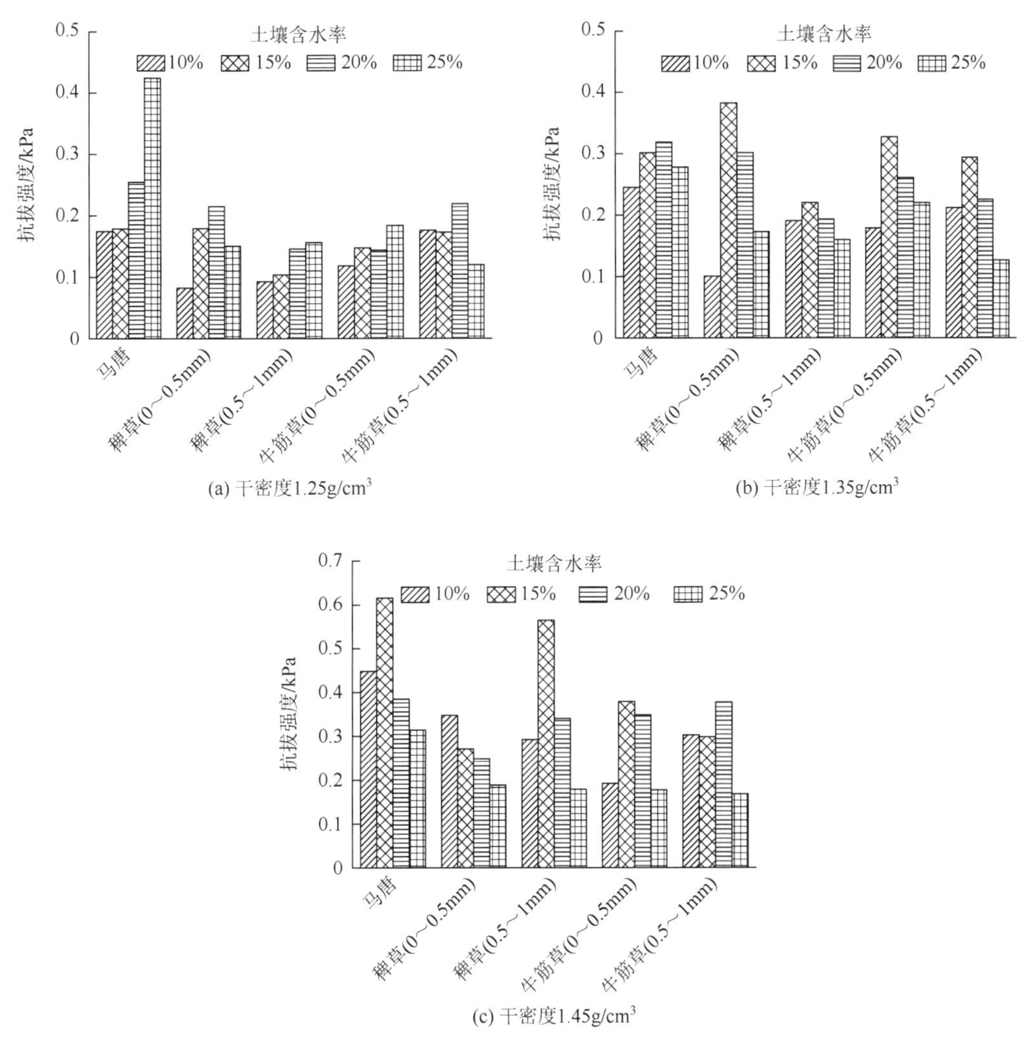

图 5.21　不同含水率下三种草本植物单根抗拔强度

5.5　本 章 小 结

3 种草本植物根系表面粗糙度整体均随根系直径的增加而增大，但个体差异较大。相比而言，马唐根系表面平均粗糙度显著大于牛筋草和稗草。相同草本植物的不同直径根系根-土界面直剪摩阻特性差异较小，但根系直径为 0～0.5mm 的根-土界面抗拉拔摩阻特性整体优于直径 0.5～1mm 的根系。同一干密度下，低含水率的根-土界面内摩擦角大于高含水率。干密度 1.45g/cm^3、含水率 25%的根-土界面摩擦系数比显著高于其他干密度和含水率组合的根-土界面摩擦系数比（$P<0.05$）。

较低含水率和较高干密度有利于埂坎稳定。牛筋草根-土界面直剪摩阻特性优于马唐和稗草，马唐最大抗拔力和抗拔强度均最优，牛筋草和稗草相近，但马唐根系极细易断。结合根-土界面摩阻特性和根系力学特性，在配置埂坎植物时可优先考虑牛筋草。

参考文献

杜金辉，胡俊，李光范，等，2019. 橡胶树根-土界面摩阻效应试验研究[J]. 海南大学学报（自然科学版），37（1）：68-73.

甘凤玲，韦杰，李沙沙，2022. 紫色土埂坎典型草本根系摩阻特性对土壤含水率的响应[J]. 草业学报，31（7）：28-37.

黎娟娟，韦杰，李进林，等，2017. 紫色土坡耕地土质埂坎分层入渗试验研究[J]. 水土保持学报，31（4）：69-74.

廖博，刘建平，周花玉，2021. 含根量对秋枫根-土复合体抗剪强度的影响[J]. 水土保持学报，35（3）：104-110，118.

刘亚斌，胡夏嵩，余冬梅，等，2020. 西宁盆地黄土区草本和灌木组合根系分布特征及其增强土体抗剪强度效应[J]. 工程地质学报，28（3）：471-481.

强娇娇，颜哲豪，谌芸，等，2020. 喀斯特区 3 种草篱根-土复合体抗剪性能及其影响因素[J]. 草业学报，29（12）：27-37.

申紫雁，李光莹，刘昌义，等，2021. 黄河源区 4 种植物根系力学特性及根-土复合体抗剪强度研究[J]. 中国水土保持（7）：49-52.

孙庆敏，葛永刚，陈攀，等，2022. 汶川典型植物根-土复合体抗剪强度影响因素评价[J]. 水土保持学报，36（1）：58-65.

邢书昆，张光辉，朱平宗，2021. 黄土丘陵沟壑区退耕年限对根-土复合体抗剪强度的影响[J]. 水土保持学报，35（4）：41-48，54.

徐宗恒，张宇，陶真鹏，等，2022. 昭通烂泥箐滑坡源区原生状态根-土复合体抗剪特征[J]. 水土保持学报，36（4）：128-134.

许桐，刘昌义，胡夏嵩，等，2021. 西宁盆地黄土区荷载条件下植被护坡力学效应[J]. 农业工程学报，37（2）：142-151.

颜哲豪，谌芸，刘枭宏，等，2022. 喀斯特坡地 2 种地埂篱根-土复合体抗剪和抗冲性能综合评价[J]. 生态学报，42（5）：1811-1820.

袁亚楠，刘静，李诗文，等，2022. 小叶锦鸡儿根土界面摩阻特性及复合体抗剪强度研究[J]. 干旱区资源与环境，36（7）：173-179.

张学宁，王德成，尤泳，等，2022. 草地切根下根土复合体本构关系研究[J]. 农业机械学报，53（7）：337-346.

中华人民共和国水利部，2019. 土工试验方法标准（GB/T 50123—2019）[S]. 北京：中国计划出版社.

Chen X W，Coo J L，So P S，et al.，2022. An experimental setup to prepare root-free mycorrhizal soil specimen for hydraulic conductivity measurement[J]. Journal of Soils and Sediments，22（4）：1278-1285.

Ma J Y，Li Z B，Ma Bo，et al.，2022. Response mechanism of the soil detachment capacity of root-soil composites across different land uses[J]. Soil and Tillage Research，224：105501.

Pallewattha M，Indraratna B，Heitor A，et al.，2019. Shear strength of a vegetated soil incorporating both root reinforcement and suction[J]. Transportation Geotechnics，18：72-82.

Samariks V，Īstenais N，Seipulis A，et al.，2021. Root-soil plate characteristics of silver birch on wet and dry mineral soils in Latvia[J]. Forests，12（1）：20.

Su L J，Hu B L，Xie Q J，et al.，2020. Experimental and theoretical study of mechanical properties of root-soil interface for slope protection[J]. Journal of Mountain Science，17（11）：2784-2795.

Xu H，Wang X Y，Liu C N，et al.，2021. A 3D root system morphological and mechanical model based on L-systems and its application to estimate the shear strength of root-soil composites[J]. Soil and Tillage Research，212：105074.

Zhang X，Knappett J A，Leung K A，et al.，2020. Small-scale modelling of root-soil interaction of trees under lateral loads[J]. Plant and Soil，456（1-2）：289-305.

第 6 章　埂坎土压力分布特征

6.1　试 验 方 案

采用野外观测和土槽模拟试验研究紫色土埂坎土压力分布特征。其中，野外观测试验主要研究不同高度埂坎的土压力分布特征，土槽模拟试验通过快速获取数据研究土壤含水率和土层深度等因素对埂坎土压力分布的影响。

6.1.1　野外观测试验

野外观测试验在中国科学院三峡库区水土保持与环境研究站内展开。区域以浅丘地貌为主，广泛分布着侏罗系中统沙溪庙组（J_2s）砂岩、粉砂岩和泥岩，多呈互层结构。土壤为中性紫色土，富含钾、钙、锰、铁等矿质元素，坡耕地广布，耕地土层厚度一般为 0.3～0.6m。区域气候属亚热带季风性湿润气候，具有冬暖春旱、夏热伏旱、秋多雨等特点，四季分明，年均气温 19.2℃，无霜期为 320d 左右。年均降水量在 1150mm 左右，降水在各季节分布不均，其中 70%以上集中在 4～10 月（郭进等，2012）。

原位观测对象是土壤厚度分别为 60cm、70cm、80cm 和 140cm 的径流小区（靠近集流池一侧视为埂坎）（图 6.1 和表 6.1）。土压力传感器为 LY-350 应变式微型土压力盒（土压力盒直径 28mm，厚度为 10mm，厚径比为 0.357），测量范围 0～100kPa，精度误差≤0.05%，垂直贴近埂坎布设，埋置前进行标定和温度试验，测试时利用数据采集系

图 6.1　野外试验场地

统进行静态测试。埋设土压力盒时，考虑到稳固性、是否便于掩埋和操作等，将土压力盒粘贴在涂有防水材料木板的中心线上，将木板紧贴坎壁内侧垂直安置。安置完毕后将土压力盒电缆线从木板侧边引出（图 6.2）。土压力盒的具体布设个数根据埂坎的高度和土层深度而定，具体见表 6.2。待回填土沉降基本结束后，分别于 12 月和次年 2 月连续观测 6d。

表 6.1　试验径流小区的规格和土壤厚度

序号	坡长/cm	坡度/(°)	宽度/cm	坎高/cm	土壤厚度/cm
1	1000	5	250	140	140
2	1000	10	250	80	80
3	1000	15	250	70	70
4	1000	20	250	60	60

图 6.2　土压力盒野外布设现场

表 6.2　土压力盒布设情况

坎高/cm	土压力盒数量/个	间距/cm	距顶/cm	距底/cm
60	6	10	5	5
70	7	10	5	5
80	7	10	10	10
140	7	20	10	10

埋设土压力传感器的同时，运用分层采样法采集土壤分层样品并测试含水率（%）、容重（g/cm^3）、总孔隙度（%）、颗粒组成［包括黏粒（<0.002mm）含量、粉粒（0.002～0.05mm）含量和砂粒（0.05～2mm）含量等指标］，结果见表 6.3。

表 6.3 试验径流小区土壤的物理力学性质

坎高/cm	深度/cm	物理性质			颗粒组成			抗剪强度	
		含水率/%	容重/(g/cm³)	总孔隙度/%	黏粒含量/%（<0.002mm）	粉粒含量/%（0.002～0.05mm）	砂粒含量/%（0.05～2mm）	黏聚力/kPa	内摩擦角/(°)
60	0～20	21.79	1.57	40.92	6.58	67.00	26.42	17.94	34.26
	20～40	19.40	1.49	43.70	5.54	71.88	22.58	23.75	33.02
	40～60	16.57	1.59	39.86	5.80	75.57	18.63	8.27	33.15
70	0～20	15.10	1.66	37.23	7.15	70.55	18.63	6.84	31.18
	20～40	15.99	1.73	34.70	8.30	66.93	24.77	8.94	33.68
	40～60	17.92	1.66	37.43	5.31	74.31	20.38	6.69	33.30
	60～70	16.65	1.64	38.18	6.08	72.02	21.89	2.73	31.58
80	0～20	17.41	1.57	40.60	6.00	69.72	24.28	25.84	32.51
	20～40	19.12	1.69	36.37	5.20	59.77	25.02	13.34	32.36
	40～60	18.77	1.66	37.38	4.84	69.81	25.35	8.32	32.47
	60～80	15.71	1.68	36.65	6.43	76.62	16.95	10.32	30.97
140	0～20	23.63	1.58	40.36	7.44	85.66	6.90	32.42	32.06
	20～40	20.53	1.53	42.31	6.71	76.39	16.90	16.39	31.27
	40～60	18.70	1.65	37.62	6.36	74.42	19.22	8.15	33.26
	60～80	17.86	1.72	35.04	6.69	69.57	23.74	32.12	33.15
	80～100	17.94	1.68	36.74	6.38	77.15	16.45	32.32	32.14
	100～140	18.47	1.68	36.51	6.03	76.44	17.53	29.07	32.95

6.1.2 土槽模拟试验

模拟试验通过尺寸为 280cm×50cm×80cm（长×宽×高）的钢制土槽来完成（图 6.3）。试验土槽底部和前侧为 4mm，其余部分均由 2mm 厚钢板焊接而成，土槽四周用槽钢加固。底部和前侧均预留出水口，以方便排水。先将土槽放置在一定坡度的浅土坑内，待

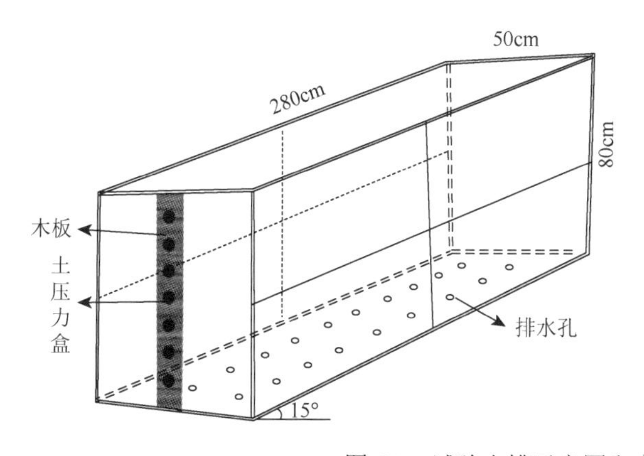

图 6.3 试验土槽示意图和实物照片

土槽内填土沉降完成后再布设土压力传感器。根据地块坡度的普遍情况，将坡度设定为15°。土压力传感器布设方式同野外观测试验中土壤掩埋深度为 80cm 的土压力传感器布设方式一致。观测土压力前记录下土压力盒的初始读数，即坎后各层的水平土压力值。采用人工注水的方式模拟土壤饱和与非饱和两种工况，当所注入的水从预留出水口渗出时，即认为此时的土壤达到饱和状态，然后自然浸润 48h，以保证水分均匀分布。随后每隔 24h 采集一次数据，连续观测 10d。观测期间，下雨天用遮雨棚遮挡试验土槽，以保证土壤水分不受影响。

6.1.3 研究方法

Mann-Kendall 方法（简称 M-K 方法）是一种非参数统计检验方法（杜海波等，2010；齐斐等，2021），其优点是无须使样本遵从一定的分布规律，也不受少数异常值的干扰，计算比较简单。具体计算如下。

对于时间序列 X（含有 n 个样本），构造一秩序列：

$$s_k = \sum_{i=1}^{k} r_i \quad (k = 2,3,\cdots,n) \tag{6.1}$$

其中

$$r_i = \begin{cases} 1 & x_i > x_j \\ 0 & \text{否则} \end{cases} \quad (j = 1,2,\cdots,i)$$

秩序列 s_k 是第 i 个时刻数值大于 j 个时刻数值个数的累计值。

在时间序列随机独立的假定下，定义统计量：

$$UF_k = [s_k - E(s_k)] \Big/ \sqrt{Var(s_k)} \quad (k = 1,2,\cdots,n) \tag{6.2}$$

其中，$UF_1 = 0$，$E(s_k)$、$Var(s_k)$分别表示 s_k 的均值和方差，$x_1,x_2,\cdots,x_n$ 相互独立时，它们具有相同连续分布，且可分别由式（6.3）和式（6.4）推算出：

$$E(s_k) = n(n+1)/4 \quad (2 \leqslant k \leqslant n) \tag{6.3}$$

$$Var(s_k) = n(n+1)(2n+5)/72 \quad (2 \leqslant k \leqslant n) \tag{6.4}$$

UF_k 为标准正态分布，它是按时间序列 X 的顺序（$x_1,x_2,\cdots,x_n$）计算出的统计量序列，给定显著性水平 a，若 $|UF_i| > U_a$，则表明序列存在明显的趋势变化。再按时间序列 X 的逆序（$x_n,x_{n-1},\cdots,x_1$）重复上述过程，并且令 $UB_k = UF_k (k = n,n-1,\cdots,1)$，$UB_1 = 0$。若 UF_k 和 UB_k 的值大于 0，则表明序列呈上升趋势，小于 0 则表明呈下降趋势。如果 UF_k 和 UB_k 两个统计序列曲线出现交点，且交点在临界线（±1.96）之间，那么交点对应的时刻便是突变开始的时间。

6.2 坎后土压力分布特征与突变分析

6.2.1 不同高度坎后土压力分布特征

野外观测结果显示，高度为 60cm、70cm、80cm、140cm 的埂坎土压力分布范围较接近，分别为 9.9～29.9kPa、11.0～38.7kPa、10.5～35.2kPa、13.3～38.8kPa（表 6.4）。不同土层深度的变异系数均值表明，4 种高度埂坎的不同土层深度土压力随时间的变化不大，但同一埂坎不同土层深度间土压力存在明显差异（图 6.4）。

表 6.4　不同高度埂坎土压力情况

坎高/cm	土压力最小值/kPa	土压力最大值/kPa	不同深度变异系数均值	不同深度土压力均值最大值/kPa	土压力均值最大值土层深度/cm
60	9.9	29.9	0.14	26.07±0.73	45
70	11.0	38.7	0.11	34.12±0.85	45
80	10.5	35.2	0.13	29.66±1.04	50
140	13.3	38.8	0.07	37.21±0.31	90

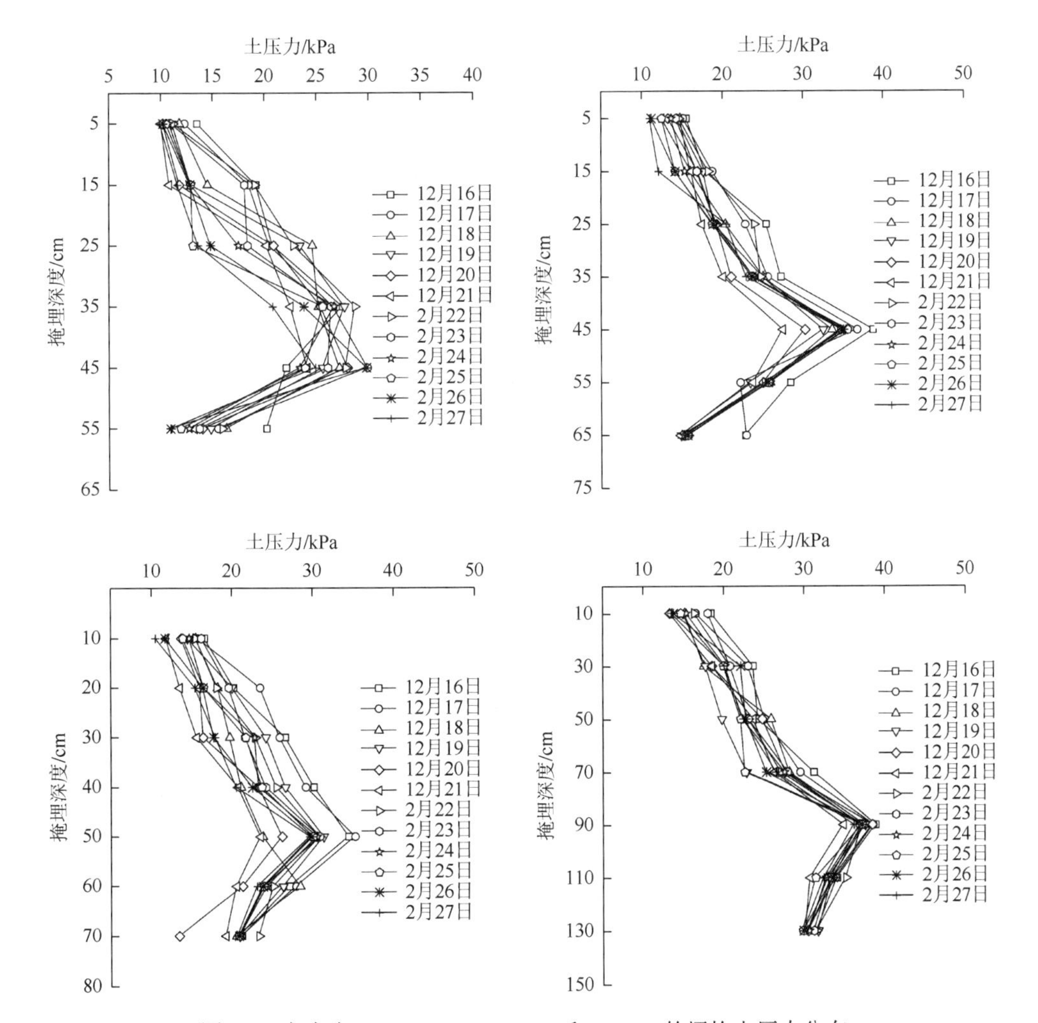

图 6.4　高度为 60cm、70cm、80cm 和 140cm 的埂坎土压力分布

野外观测结果表明，4 种高度埂坎的土压力总体均呈先增后减的非线性分布，与已有的研究结果相似（卢坤林，2011；袁杰等，2012；杨明辉等，2016；邓波等，2022）。土压力最大值并未出现在梯坎底部，60cm 高的埂坎在 45cm 处达到最大值，发生临界变化，而 70cm、80cm 和 140cm 高度埂坎临界点分别在 45cm、50cm 和 90cm 处。因监测用土压力盒尺寸和掩埋深度存在差异，不同高度埂坎临界点相关数值不具有直接可比性，但根据临界点的土层深度和埂坎高度的关系可以看出，临界点出现在坎高的 1/4～1/3 处。出现土压力呈“上小下大”型分布可能是由于随着土层深度增加梯坎壁与土体的摩擦力逐渐增大，直至与水平土体应力呈极限平衡，从而使土压力值出现转折。当土体随坡度向下倾斜时，梯坎支撑力来自土体的侧向土压力，土体的一部分受力屈服，屈服土体将从原有位置移出，而屈服土体和邻近静止土体的相对移动将受两部分土体间剪应力的阻碍作用，由于剪应力阻力有使屈服土体留在原有位置的趋势，从而使屈服区域土压力减小而邻近静止区域土压力增大，这种土压力从屈服区域转移到静止区域时产生的“土拱效应”可能也是坎后土压力呈现先递增后减小趋势的原因（应宏伟等，2007；吕庆等，2010；杨明辉等，2011）。

采用线性模型和二次曲线、三次曲线、幂函数、指数函数等非线性模型对不同坎高的坎后土压力和土层深度进行回归拟合，拟合结果表明，只有二次曲线适用（表 6.5），且和图 6.4 中的散点分布趋势相符。4 种高度埂坎拟合的二次曲线均通过了回归方程显著性检验和回归系数显著性检验，拟合优度均大于 0.600。相比而言，140cm 高度埂坎拟合效果最好。

表 6.5　不同高度埂坎土压力与土层深度拟合结果

坎高/cm	拟合方程	拟合优度 R^2	样本量 n
60	$y = 3.423 + 1.166x – 0.017x^2$	0.631	72
70	$y = 5.745 + 1.045x – 0.013x^2$	0.607	84
80	$y = 4.975 + 0.874x – 0.009x^2$	0.625	84
140	$y = 10.177 + 0.398x – 0.002x^2$	0.825	84

就不同观测时段间的差异而言，只有坎高 60cm 的坎后土压力在两次观测之间差异显著（$P<0.05$），而坎高 70cm、80cm 和 140cm 的差异不显著（$P<0.05$），说明坎后土压力呈稳定状态（图 6.5）。通过对不同坎高的坎后土压力进行多重比较检验发现，只有坎高 70cm 和坎高 80cm 之间差异不显著，其余坎高间坎后土压力差异均较为显著，说明埂坎高度对坎后的土压力分布存在影响。

6.2.2　坎后土压力的突变分析

利用 M-K 方法对不同高度埂坎土压力进行突变检验（图 6.6），检验结果表明，在 95% 置信水平下，4 种坎高的 UF_k 和 UB_k 均有交点，说明坎后土体应力随埂坎高度的垂直分布发生了突变，且 UF_k 超过了信度线，说明在 0.05 显著水平下突变明显。

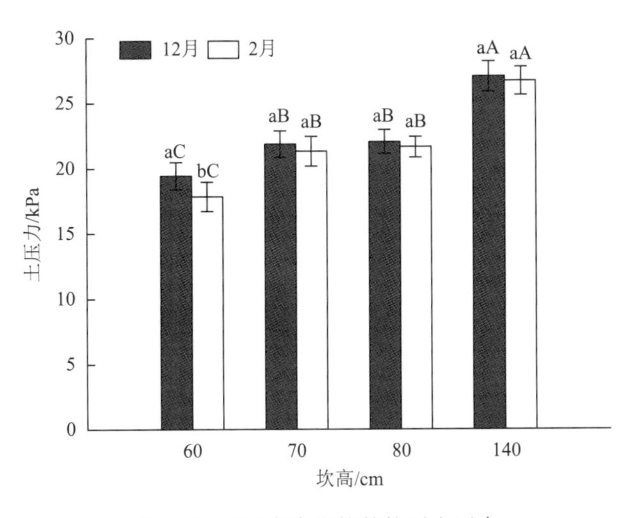

图 6.5　不同高度埂坎的坎后土压力

注：不同小写字母表示相同高度埂坎在不同观测时段间差异显著，不同大写字母表示不同坎高间差异显著（$P<0.05$）。

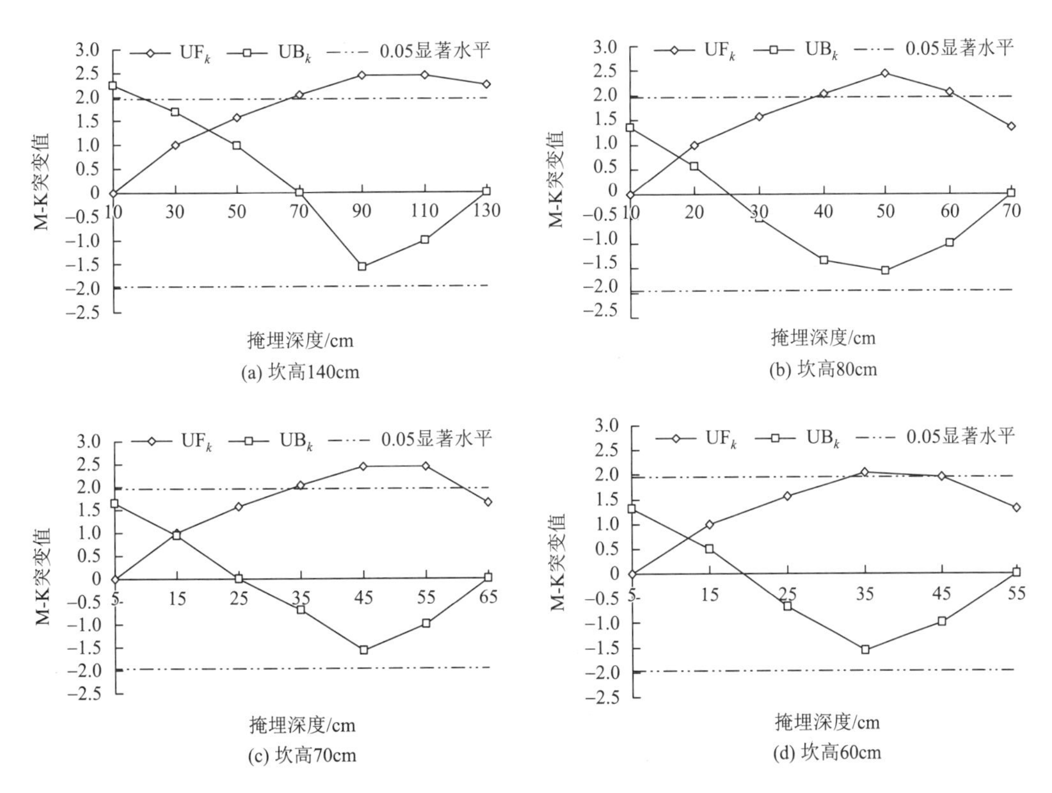

图 6.6　不同坎高下坎后土体应力的 M-K 突变检验

如图 6.6 所示，140cm 坎后土压力突变点在坎高 30～50cm 处，且在土层深度 70cm 以下，坎后水平土体压力开始突变趋势显著。80cm 坎后土压力突变点位于坎高 10～20cm 处，在坎高 40～60cm 处突变趋势显著。70cm 坎后土压力突变点在坎高 10～15cm 处，而且在坎高 35cm 以上开始突变趋势显著。60cm 坎后土压力突变点在坎高 10～15cm 处，且突变趋势显著性不明显。综上，60cm、70cm 和 80cm 坎后土压力突变点均在坎高 10～20cm 处，而 140cm 坎后土压力突变点在坎高 30～50cm 处，该方法分析的结果与前面讨论的土压力均值最大值出现的土层深度一致。

研究表明，挡土墙、桩板墙等的土压力均随土层深度的增加呈先增后减分布特征（表 6.6），这与本研究的土压力测试结果基本一致。本研究中试验土槽下端面内壁与填土接触面存在剪应力，剪应力的方向为垂直向上，这将会平衡一部分土体自重应力，从而使土压力减小（郑烨等，2014）。同时，土压力分布特征还可能与底部土体和试验土槽底板间存在摩擦阻碍作用有关，摩擦阻碍作用导致越接近试验土槽底部，土体向试验土槽下端面内壁的侧向位移越小，从而使土压力逐渐减小。此外，本研究中土压力合力作用点在距试验土槽底部约 0.375H 左右处，这与肖衡林和余天庆（2009）等的研究结果基本一致。

表 6.6 不同类型挡墙土压力分布特征

挡墙类型	高度/m	土壤性质				分布特征	合力作用点	文献来源
		供试材料	ρ_d/(g/cm^3)	c/kPa	φ/(°)			
桥台台背	8	级配碎石加 3%水泥	2.1	—	33.0	随着深度增加，先增人后减小	0.41H 处	陈雪华等（2006）
挡土墙	2，2.5，3，3.5，4	—	—	—	—	随着深度增加，先增大后减小	0.33H 左右处	Paik 和 Salgado（2003）
挡土墙	8	粉质黏土	—	47	31.5	随着深度增加，先增大后减小	0.38H 处	肖衡林和余天庆（2009）
桩板墙	2	冲洪积土	—	—	28.0	呈抛物线型分布	位于墙背中下部	董捷等（2010）
模型箱	0.665	钢棒相似土	6.5	—	28.2	随着深度增加，先增大后减小	0.20H 处	芮瑞等（2019）
古海塘塘背	4	轻质土	—	17	21.2	中间大、两端小	0.42～0.49H 处	郑烨等（2014）

6.3 土壤水分和土层深度对坎后土压力分布的影响

6.3.1 土壤水分对坎后土压力分布的影响

试验条件下，土壤含水率随时间持续降低，各层间的差异也逐渐增大，其中，第 3d 和第 7d 分别达到均值变异系数的最小值（0.02）和最大值（0.09）（图 6.7）。观测时段内，前 7d 的土壤含水率平均衰减率变化幅度相对较大，后 3d 变化幅度较小，即土壤含水率平均衰减率总体上呈现出先增加后趋于稳定趋势。总体来看，各层土压力随时间的增加而减小，这与土壤水分的时序变化趋势基本一致。

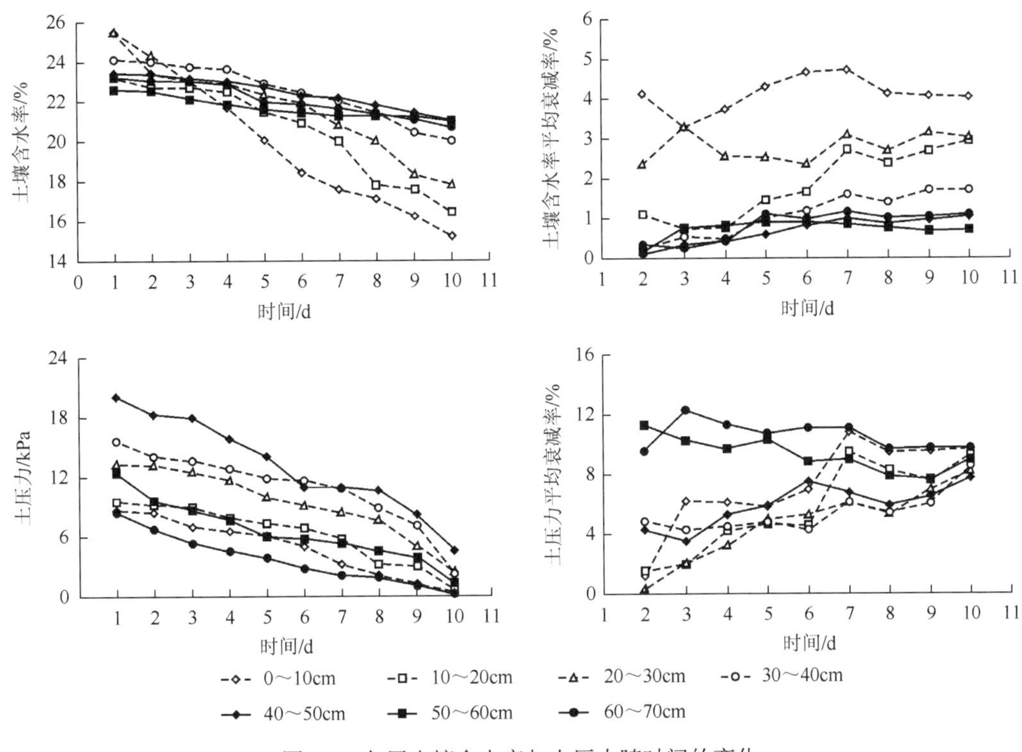

图 6.7　各层土壤含水率与土压力随时间的变化

回归分析表明，土压力与土壤含水率之间存在显著的线性相关关系（表 6.7）。这是由于土壤含水率的大小会影响土体自重、抗剪强度和膨胀性等，与垂直于试验土槽长度方向的下端面内壁产生的内向水平摩擦力不同，土壤含水率对土压力的影响有所差异（罗华进等，2019）。从深度分布来看，0～30cm 土壤含水率变化较明显，其中，0～10cm 层土壤含水率从 25.5%降低到 15.2%，降低幅度高达 40%，而 50～60cm 层则仅从 22.6%降低到 21.0%。这可能是因为近地面土层受气温等外界因素影响较大，而 30～70cm 层土壤含水率变化主要受土壤自身性质的影响。需要指出的是，坎后土体压力分布模式不随土壤水分变化发生明显改变，而随土层深度的增加呈现先递增后递减的分布规律，即表现为“双曲线”分布模式。

表 6.7　各层土压力与土壤含水率的回归分析结果

土层深度/cm	拟合方程	R^2 值	P 值
0～10	$y=-10.932+0.802x$	0.863	0.000
10～20	$y=-18.603+1.201x$	0.984	0.000
20～30	$y=-21.277+1.411x$	0.931	0.000
30～40	$y=-45.720+2.519x$	0.897	0.000
40～50	$y=-116.416+5.775x$	0.964	0.000
50～60	$y=-109.657+5.357x$	0.909	0.000
60～70	$y=-49.251+2.402x$	0.582	0.006

6.3.2　土层深度对坎后土压力分布的影响

野外观测试验和土槽模拟试验均表明，土压力在观测期间随着土层深度的增加呈先增后减非线性分布（图 6.4 和图 6.8）。从土槽模拟试验结果来看，0～50cm 层土压力随着土层深度的增加而增大，40～50cm 层达到最大，平均值为 13.14kPa，50～70cm 层随着土层深度的增加而减小，在 60～70cm 层减至最小，仅为 40～50cm 层的 56%。

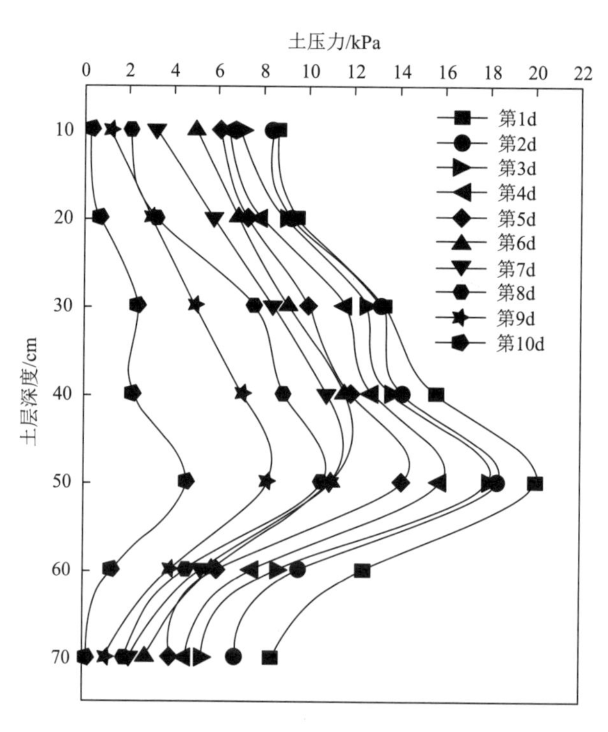

图 6.8　不同土层深度土压力的分布特征

具体来看，土压力在观测时段内随时间的变化分布曲线倾斜程度逐渐减小，这可能与土壤含水率大小有关。当土壤含水率较大时，土壤内摩擦角较小，作用于试验土槽长度方向下端面内壁的外摩擦角较大，而外摩擦角与曲线倾斜程度成正比，相反，随着土壤含水率衰减，土壤内摩擦角逐渐增大，作用于试验土槽下端面内壁的外摩擦角逐渐减小，从而使曲线倾斜程度减小（芮瑞等，2019；罗华进等，2019）。此外，土压力合力作用点随着时间变化基本保持不变，稳定在距试验土槽底部 0.375H 左右处，即土压力随土层深度增加呈现先增后减的分布特征，这与以往的研究结果相似（表 6.6）。

6.3.3　土壤含水率和土层深度与土压力响应分析

多因素方差分析结果表明，土壤含水率 w 和土层深度 h 两影响因素的概率 P 值均小于 0.01，表明土壤含水率和土层深度对土压力的影响较为显著（表 6.8）。交互效应因素 $w \times h$ 的概率 P 值小于 0.01，表明土壤含水率与土层深度的交互效应对土压力的影响较为显著。二次项 h^2 和 w^2 两影响因素的概率 P 值分别为 0.000 和 0.157，表明二次项 h^2 对土压力的影响较为显著，而二次项 w^2 对土压力的影响不显著。因此，二次项 w^2 不能被纳入土压力响应模型。最终得到土压力 P 的响应模型为

$$P = -24.815 - 0.992h + 2.715w + 0.066hw - 6.418h^2 \quad (R^2 = 0.84, n = 70)$$

由表 6.8 可看出，土压力 P 对土壤含水率 w 和土层深度 h 的响应较为显著（$P<0.01$）。调整判定系数 $R^2 = 0.84$，表明该回归响应模型可以解释 84%的响应值变化。土壤含水率和土层深度与土压力的响应面如图 6.9 所示，土层深度一定时，土压力随土壤含水率衰减而减小，土壤含水率一定时，土压力随土层深度增加先增大后减小，这与前述的规律一致。

表 6.8　土壤含水率和土层深度与土压力的方差分析结果

变差来源	平方和	自由度	均方差	F 值	P 值
模型	1268.38	5	253.68	75.25	0.000
h	175.11	1	175.11	51.94	0.000
w	513.17	1	513.17	152.23	0.000
$w \times h$	188.34	1	188.34	55.87	0.000
h^2	308.73	1	308.73	91.58	0.000
w^2	6.89	1	6.89	2.04	0.157
残差	215.75	64	3.37		
总变异	1484.13	69			

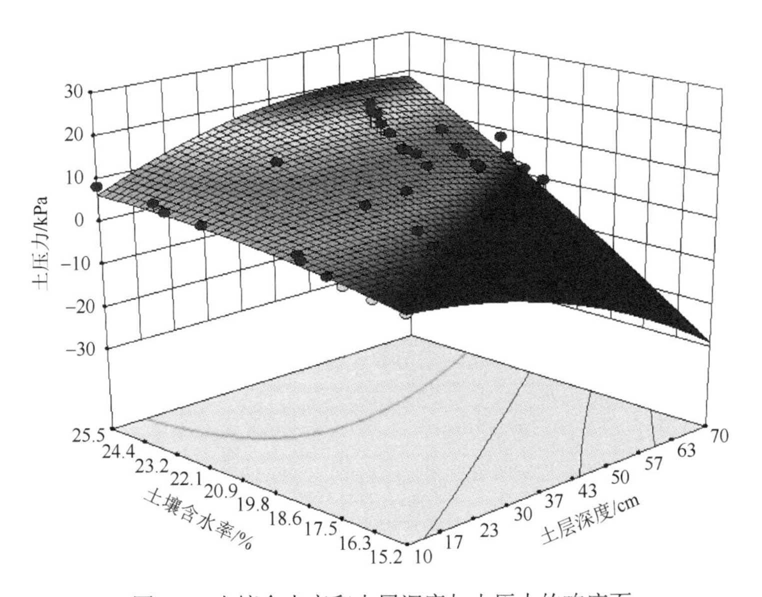

图 6.9　土壤含水率和土层深度与土压力的响应面

6.4 本 章 小 结

坎后土压力随土层深度的增加呈非线性分布，具体表现为：在埂坎上部随土层深度的增加而增加，当土层深度为坎高的 1/4～1/3 时，土压力达到最大，之后土压力出现转折，随土层深度的增加而减小，土压力分布呈“上小下大”的双曲线状。从试验监测的范围来看，坎后土压力的垂直分布特征可以用二次曲线方程来具体描述。

试验条件下，土壤含水率饱和后呈近线性衰减趋势，并对土压力产生了显著影响（$P<0.01$），但不同土层间存在一定差异。总体来看，埂坎土压力呈非线性分布，土压力在 0～50cm 范围内随着土层深度的增加而增大，在 50～70cm 范围内随着土层深度的增加而减小，土压力合力作用点在距试验土槽底部 0.375H 左右处。土层深度和土壤含水率的交互效应对土压力的影响显著（$P<0.01$）。

参 考 文 献

陈雪华，律文田，王永和，2006. 桥台台背土压力的试验研究[J]. 岩土力学，27（8）：1407-1410，1415.
邓波，杨明辉，王东星，等，2022. 刚性挡墙后非饱和土破坏模式及主动土压力计算[J]. 岩土力学，43（9）：2371-2382.
董捷，张永兴，黄治云，2010. 柔性板桩板墙加固斜坡填方地基的土压力分配问题研究[J]. 岩土力学，31（8）：2489-2495，2506.
杜海波，吴正方，李明，2010. 长春市近 57 年气候变化及突变分析[J]. 农业与技术，30（1）：52-58.
郭进，文安邦，严东春，等，2012. 三峡库区紫色土坡地土壤颗粒流失特征[J]. 水土保持学报，26（3）：18-21.
卢坤林，朱大勇，杨扬，2011. 任意位移模式刚性挡土墙土压力研究[J]. 岩土力学，32（S1）：370-375.
罗华进，韦杰，孙宇辉，2019. 紫色土坡耕地埂坎水分衰减下土压力非线性分布[J]. 水土保持通报，39（6）：149-154.
吕庆，孙红月，尚岳全，2010. 抗滑桩桩后土拱效应的作用机理及发育规律[J]. 水利学报，41（4）：471-476.
齐斐，张春强，刘霞，等，2021. 基于 M-K 检验和地统计分析的沂蒙山区降雨侵蚀力时空变化趋势研究[J]. 水土保持通报，41（5）：146-153.
芮瑞，叶雨秋，陈成，等，2019. 考虑墙壁摩擦影响的挡土墙主动土压力非线性分布研究[J]. 岩土力学，40（5）：1797-1804.
肖衡林，余天庆，2009. 山区挡土墙土压力的现场试验研究[J]. 岩土力学，30（12）：3771-3775.
杨明辉，汪罗成，赵明华，2011. 考虑土拱效应的双排抗滑桩桩侧土压力计算[J]. 公路交通科技，28（10）：12-17，19.
杨明辉，戴夏斌，赵明华，等，2016. 墙后有限宽度无黏性土主动土压力试验研究[J]. 岩土工程学报，38（1）：131-137.
应宏伟，蒋波，谢康和，2007. 考虑土拱效应的挡土墙主动土压力分布[J]. 岩土工程学报，29（5）：717-722.
袁杰，谷任国，房营光，等，2012. 核电站常规岛地下挡土墙土压力模型试验研究[J]. 岩石力学与工程学报，31（S1）：3370-3376.
郑烨，陈振华，张开伟，等，2014. 不同填料下钱塘江古海塘塘背土压力现场试验研究[J]. 岩土力学，35（6）：1623-1628.
Paik K H，Salgado R，2003. Estimation of active earth pressure against rigid retaining walls considering arching effects[J]. Geotechnique，53（7）：643-653.

第7章 埂坎土壤抗剪特征

7.1 试 验 方 案

采用重塑土试验研究埂坎土壤抗剪特征。研究抗剪强度与含水率的关系时，根据野外调查结果，将干密度设定为1.5g/cm^3，含水率设6个梯度（6%、11%、16%、21%、26%和31%）；研究抗剪强度与干密度的关系时，含水率设定为16%，干密度设6个水平（1.3g/cm^3、1.4g/cm^3、1.5g/cm^3、1.6g/cm^3、1.7g/cm^{3}和1.8g/cm^3）。研究麦壳、稻秆、竹丝的加筋效应对埂坎土壤抗剪强度的影响时，土壤干密度设为1.6g/cm^3，含水率设为16%。加筋量以质量加筋率（%）为标准（魏丽等，2012），稻秆和竹丝的加筋水平设计为间隔0.1%，稻秆加筋水平设计为0.1%～0.6%，竹丝加筋水平设计为0.1%～0.8%，当加筋土强度与素土持平且有衰减趋势时停止试验。麦壳加筋水平设计为间隔0.2%，从0.2%～2.0%，共计10个水平。根据试样规格，单根稻秆和竹丝的长度设为2cm，分4层加筋。稻秆经过切割处理呈1/4圆管状（柴寿喜等，2013）。重塑土抗剪强度采用三轴试验测定。

根-土复合体试样采自重庆市忠县石宝镇内的大豆篱埂坎、杂草埂坎和素土埂坎。大豆篱埂坎大豆株高75～90cm，埂坎高90cm，宽45cm，外边坡58°；杂草埂坎多生长狗尾草[*Setaria viridis* (L.) Beauv.]、狗牙根[*Cynodon dactylon* (L.) Pers.]等，杂草植株高35cm左右，埂坎高85cm，宽度50cm，外边坡62°；素土埂坎为对照组，埂坎高80cm，宽30cm，外边坡53°。采集大豆根-土复合体时，选择健壮植株的位置作为采样点，去除地上茎叶部分后，以茎茬为中心点，将直剪环刀（高2cm，截面积30cm^2）圆心与中心点重合。由于根系主要分布在30cm土层深度内，竖直向下采样时分3层（0～10cm，10～20cm，20～30cm），每层取4个原状土样，用保鲜膜密封后置于环刀盒内。根-土复合体抗剪强度采用直剪试验测定。

7.2 埂坎土壤抗剪特征

7.2.1 土壤抗剪强度与含水率

试验条件下，埂坎土壤黏聚力为9.36～85.52kPa，随含水率的升高呈先增后减趋势，临界值出现在含水率为11%～16%时，不同含水率条件下的土壤黏聚力具有显著性差异（$P<0.05$）[图7.1（a）]。当含水率从6%增至11%时，黏聚力从57.09kPa增至85.52kPa，增速较缓慢；含水率从11%增至31%时，黏聚力则从85.52kPa降至9.36kPa，各含水率水平间的黏聚力变化幅度依次为8.2%、34.8%、48.4%、64.8%。

埂坎土壤的内摩擦角为1.36°～33.19°，并随含水率的变化呈非线性衰减趋势[图7.1（b）]。

含水率为 6%和 31%时，内摩擦角分别达到最大值和最小值。含水率小于 26%时，内摩擦角随含水率增加呈快速递减趋势，各含水率水平下的递减幅度依次为 34.9%、36.9%、52.3%、77.0%（$P<0.05$）；含水率大于 26%时，内摩擦角的变化趋于平缓，递减幅度为 23.5%（$P<0.05$），此时内摩擦角接近最小值。这与以往的研究结果相似（申春妮等，2009；倪九派等，2012；黄海均等，2020）。

埂坎土壤抗剪强度与含水率的关系拟合如下：

$$\tau_f = \sigma \times \tan(67.64 \times e^{-w/20.95} - 16.10) - 0.21w^2 + 5.50w + 38.51 \tag{7.1}$$

式中，τ_f 为土壤的抗剪强度，kPa；w 为土壤含水率，%；σ 为法向应力，kPa。

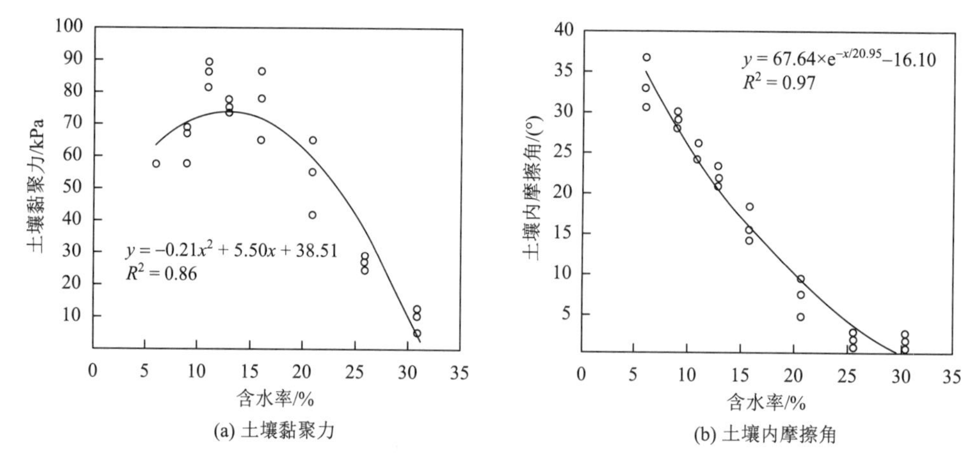

图 7.1　埂坎土壤黏聚力和内摩擦角随含水率的变化

围压相同时，极限主应力差随含水率的增大而减小，围压越大，递减幅度越大（图 7.2）。当围压为 100kPa 时，含水率由 6%增至 31%的过程中，极限主应力差由 420.86kPa 降至 23.37kPa；围压为 400kPa 时，极限主应力差则从 1149.96kPa 降至 33.60kPa。含水率相同时，极限主应力差随围压的增加而增加。当含水率为 6%、围压从 100kPa 升至 400kPa 时，

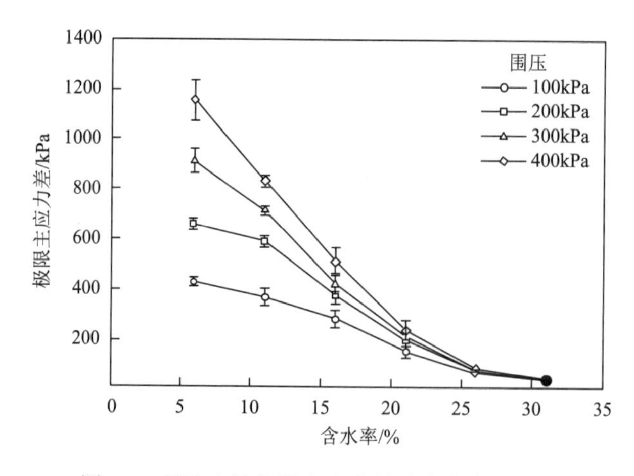

图 7.2　埂坎土壤极限主应力差随含水率的变化

极限主应力差从 420.86kPa 升至 1149.96kPa（$P<0.05$），递增幅度为 173.2%；当含水率为 31%、围压从 100kPa 升至 400kPa 时，极限主应力差从 23.37kPa 升至 33.60kPa（$P<0.05$），递增幅度为 43.7%。含水率为 6%和 11%、26%和 31%的土壤极限主应力差无显著性差异（$P<0.05$）。

围压为 100kPa 且含水率较低（6%）时，应力-应变曲线呈软化型，试样具有脆性破坏特征（图 7.3）。随着含水率的增加，应力-应变曲线从软化型变为硬化型，破坏类型由脆性破坏变为塑性破坏。围压为 200kPa、300kPa 和 400kPa 时，不同含水率的埂坎土壤应力-应变曲线均呈硬化型。本试验在含水率为 6%时出现了最大极限主应力差并发现试样沿对角线有明显破裂面，应力-应变曲线为软化型；而其他含水率的试样无明显破坏，应力-应变曲线特征表现为硬化型，表明在低含水率时，容易发生明显的脆性破坏（唐自强等，2014）。当含水率超过 26%时，抗剪强度指标明显接近极低值。

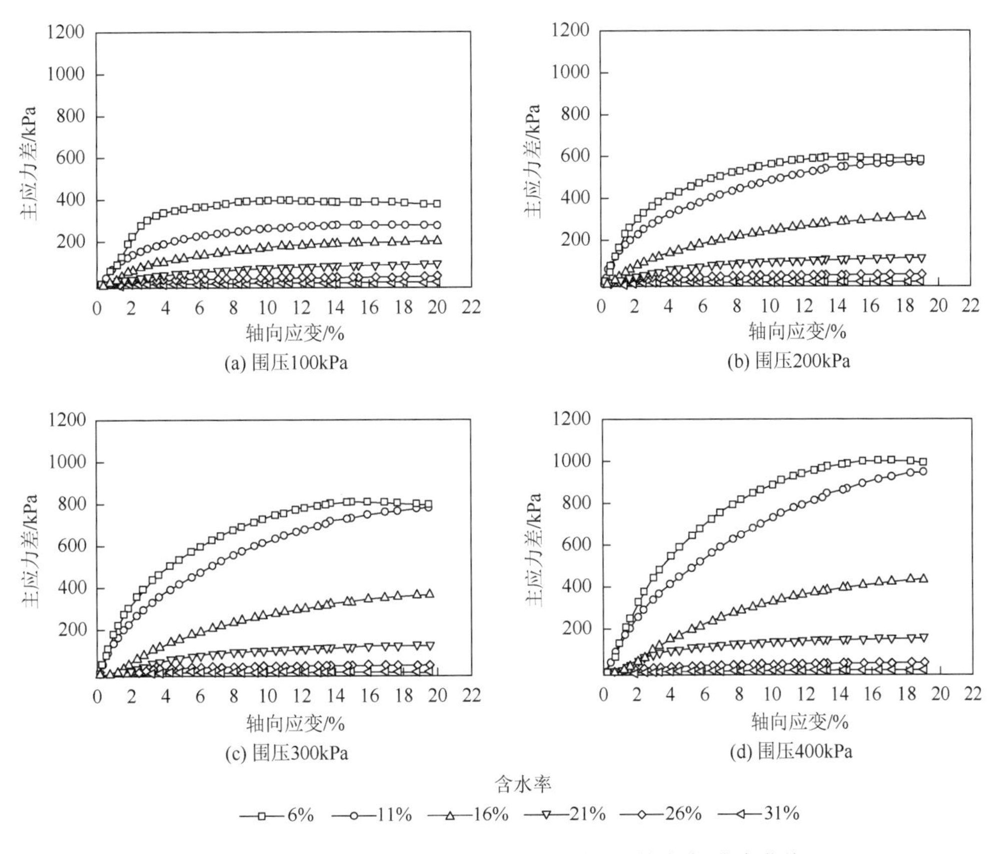

图 7.3　不同含水率埂坎土壤在 4 种围压下的应力-应变曲线

7.2.2　土壤抗剪强度与干密度

黏聚力和内摩擦角均随土壤干密度的增加而呈线性增加趋势，无临界值，变化范围分别为 42.26～104.5kPa 和 8.97°～21.70°，且不同干密度之间差异明显（图 7.4）。具体来看，当土壤干密度从 1.3g/cm^3 增至 1.8g/cm^3 时，黏聚力从 42.26kPa 增至 104.50kPa，各干密度水平间的变化幅度依次为 39.8%、3.8%、21.2%、10.4%和 27.3%；而土壤内摩擦角从 8.97°增至 21.70°，各干密度水平间的变化幅度依次为 53.8%、5.3%、33.5%、4.7%和 6.8%。相比而言，黏聚力的增速较为缓慢。

埂坎土壤抗剪强度与干密度的关系拟合如下：

$$\tau_f = \sigma \times \tan(-22.96 + 25.40\rho_d) - 103.52 + 112.34\rho_d \tag{7.2}$$

式中，τ_f 为土壤的抗剪强度，kPa；ρ_d 为土壤干密度，g/cm^3；σ 为法向应力，kPa。

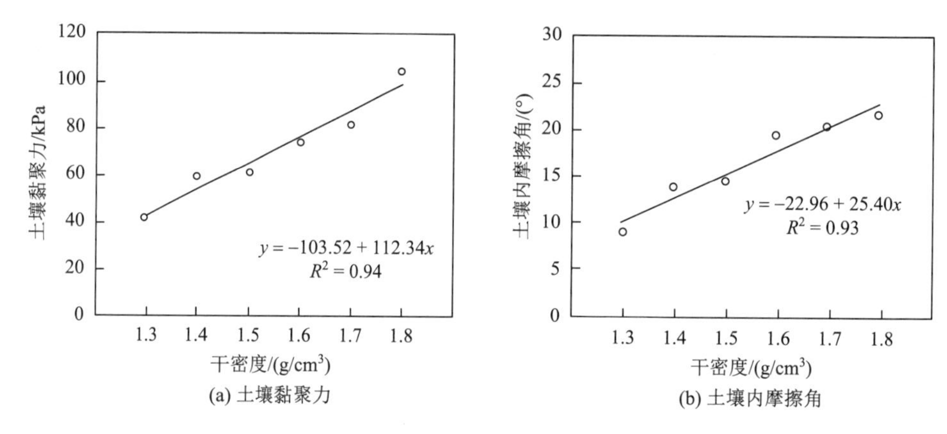

图 7.4　埂坎土壤黏聚力和内摩擦角随干密度的变化

相同围压下，埂坎土壤极限主应力差随干密度的增加而增加（图 7.5）。围压为 100kPa 时，干密度由 1.3g/cm^3 增至 1.8g/cm^3 的过程中，极限主应力差从 133.2kPa 增至 447.2kPa；围压为 400kPa 时，极限主应力差则由 246.4kPa 增至 783.7kPa。4 种围压下，极限主应力差的增幅分别为 235.7%、213.6%、210.9%和 218.0%。干密度相同时，埂坎土壤极限主应力差随围压的增加而增加，围压从 100kPa 升至 400kPa 时，干密度为 1.3g/cm^3、1.4g/cm^3、1.5g/cm^3、1.6g/cm^3、1.7g/cm^3 和 1.8g/cm^3 的重塑土试样的递增幅度分别为 84.9%、87.9%、88.0%、100.3%、99.6%和 75.2%。

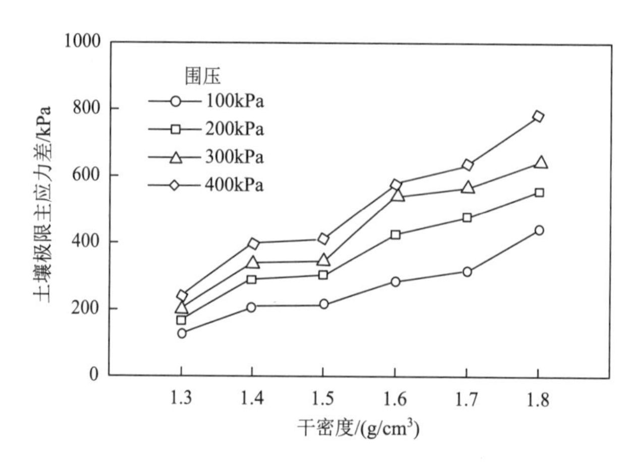

图 7.5　埂坎土壤极限主应力差随干密度的变化

不同干密度土壤在不同围压下的典型应力-应变曲线表明，除含水率 6%外，其他含水率条件下应力-应变特征均相同，在此仅讨论含水率为 6%时土壤的应力-应变特征（图 7.6）。干密度为 1.3g/cm^3、1.4g/cm^3 和 1.5g/cm^3 的应力-应变曲线无峰值，表现出硬化型特征。干密度 1.6g/cm^3、1.7g/cm^3 和 1.8g/cm^3 的应力-应变曲线则表现为软化型，仅干密度 1.8g/cm^3 的应力-应变曲线出现明显峰值。

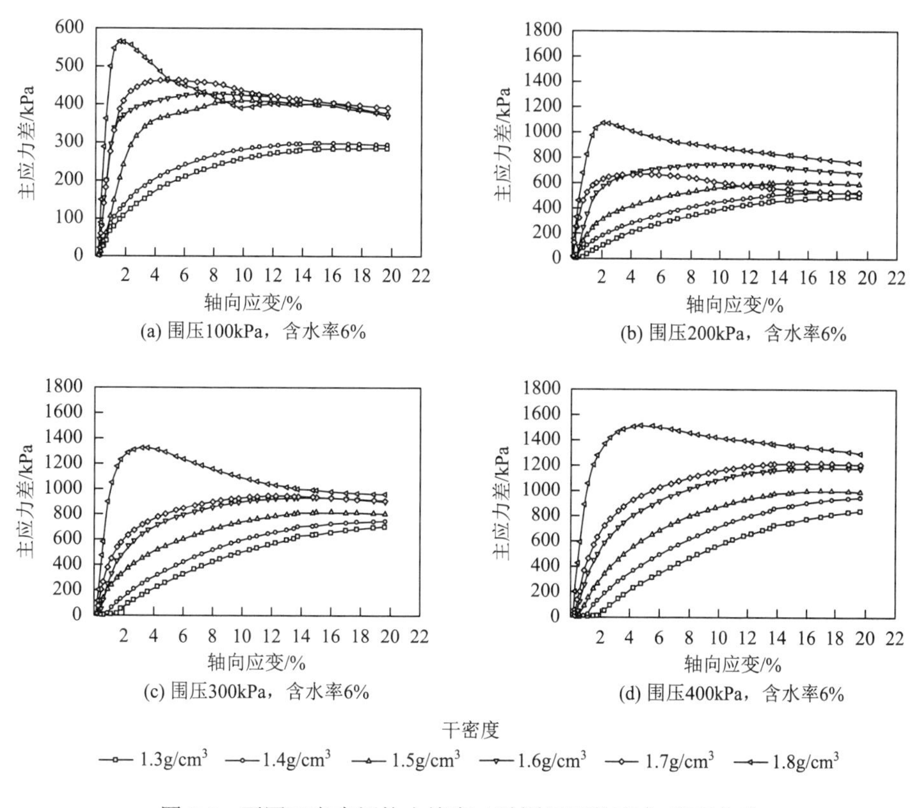

图 7.6　不同干密度埂坎土壤在 4 种围压下的应力-应变曲线

7.2.3　含水率和干密度交互作用与土壤抗剪强度

黏聚力随含水率的变化幅度大于随干密度的变化幅度，且两者之间的交互效应对黏聚力的影响不显著（图 7.7）。埂坎土壤干密度为 1.3g/cm^3 时，其黏聚力随含水率的变化不大。干密度为 1.8g/cm^3 时，黏聚力变化幅度最大，表明干密度较大时，含水率对黏聚力的影响更明显（Huang et al.，2021）。当含水率达到 31%左右时，土壤黏聚力随干密度递增不再明显增大，表明在高含水率时，干密度对土壤黏聚力的影响较小。综上，含水率对土壤黏聚力的影响程度大于干密度（表 7.1），而含水率和干密度的交互作用影响程度很小。黏聚力与含水率和干密度的关系可以描述为

$$c = -39.883 + 3.864w + 54.951\rho_d - 0.169w^2 \quad (R^2 = 0.832) \tag{7.3}$$

式中，c 为土壤黏聚力，kPa；w 为土壤含水率，%；ρ_d 为土壤干密度，g/cm^3。

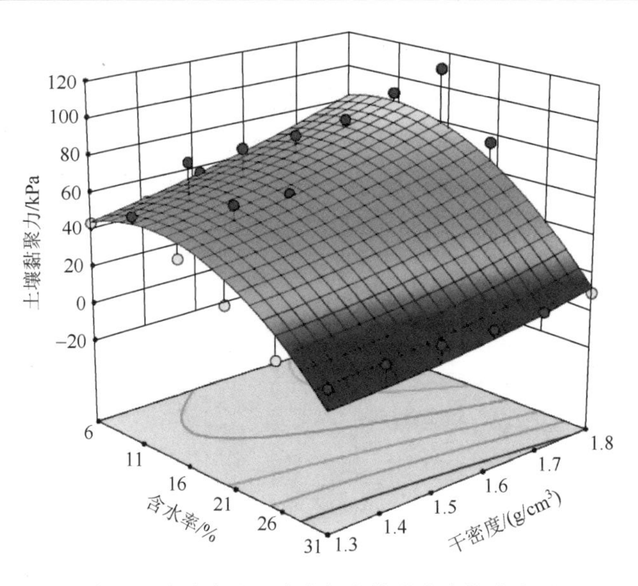

图 7.7　含水率和干密度与土壤黏聚力的响应面

表 7.1　土壤黏聚力方差分析结果

变差	离差平方和	自由度	均方差	F	P
模型	22530.12	5	4506.02	35.95	0.000
w	15080.07	1	15080.07	120.31	0.000
ρ_{d}	3170.59	1	3170.59	25.30	0.000
$w\times\rho_{\mathrm{d}}$	218.80	1	218.80	1.75	0.196
w^2	4008.12	1	4008.12	31.98	0.000
ρ_{d}^2	52.54	1	52.54	0.42	0.522
残差	3760.21	30	125.34		
总变异	26290.32	35			

土壤内摩擦角随含水率的变化幅度大于随干密度的变化幅度，且两者的交互效应对内摩擦角的影响很弱（图 7.8）。相同含水率下，内摩擦角随干密度增大而缓慢递增。在含水率较低时，内摩擦角随干密度的变化幅度大，高含水率时几乎没有增加，表明含水率较低时，干密度对内摩擦角有一定影响。相同干密度下，内摩擦角差异较大，随含水率递增而迅速衰减，表明内摩擦角受含水率的影响较大，但基本不受干密度影响。在试验含水率范围内，特别是当含水率超过 26%以后，内摩擦角衰减缓慢，整体趋于最低值，表明在含水率较高时，干密度对内摩擦角的影响较小（Wei et al.，2018）。综上，含水率对内摩擦角的影响程度大于干密度（表 7.2）。土壤内摩擦角与含水率和干密度的关系可用如下方程描述：

$$\varphi = -1.187 - 1.056w + 30.790\rho_{\mathrm{d}} - 0.965w\rho_{\mathrm{d}} + 0.033w^2 \quad (R^2 = 0.968) \tag{7.4}$$

式中，φ 为土壤内摩擦角，(°)；w 为土壤含水率，%；ρ_{d} 为土壤干密度，g/cm^3。

表 7.2　土壤内摩擦角方差分析结果

变差	离差平方和	自由度	均方差	F	P
模型	4972.57	5	994.51	211.03	0.000
w	4568.65	1	4568.65	969.45	0.000
ρ_d	175.61	1	175.61	37.26	0.000
$w\times\rho_d$	71.33	1	71.33	15.14	0.000
w^2	155.38	1	155.38	32.97	0.000
ρ_d^2	1.59	1	1.59	0.34	0.565
残差	141.38	30	4.71		
总变异	5113.95	35			

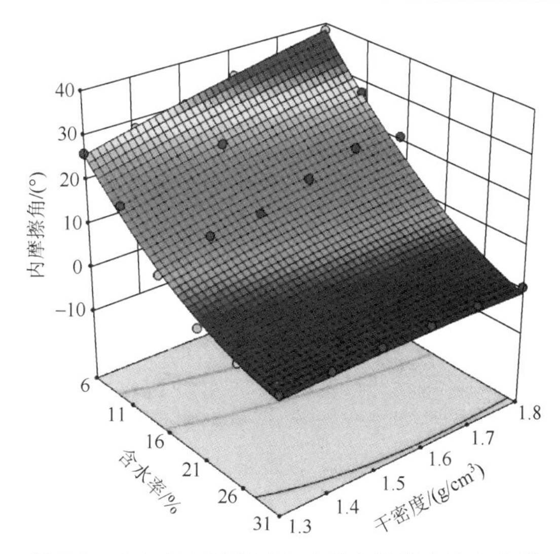

图 7.8　含水率和干密度与土壤内摩擦角的响应面

不同干密度下，埂坎土壤的极限主应力差均随含水率的增大而减小。不同含水率下，埂坎土壤极限主应力差随干密度的增加而增加，但增幅不大（图 7.9）。在干密度 1.8g/cm^3

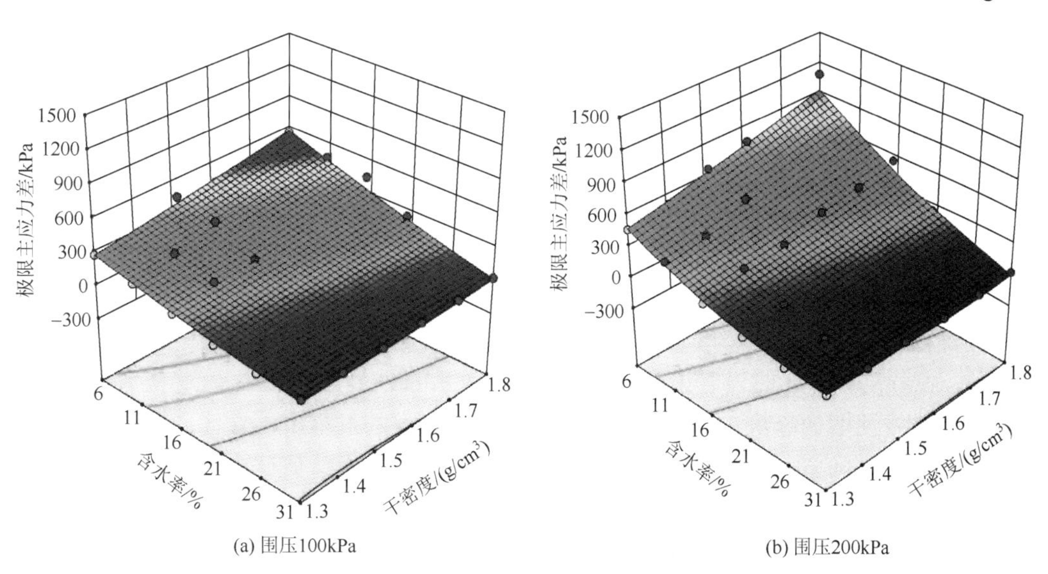

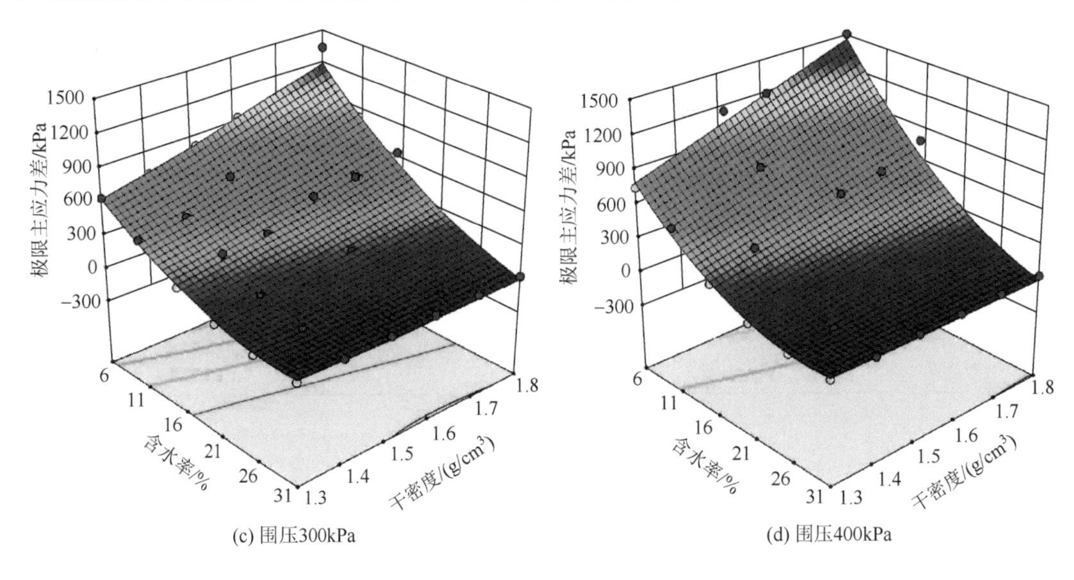

(c) 围压300kPa　　(d) 围压400kPa

图 7.9　不同围压下极限主应力差响应面

下，含水率为 6%、围压由 100kPa 增至 400kPa 时，极限主应力差从 564.5kPa 增至 1528.0kPa，增幅 170.7%；含水率为 31%、围压由 100kPa 升至 400kPa 时，极限主应力差从 21.7kPa 升至 27.0kPa，增幅 24.4%，表明埂坎土壤极限主应力差变化受含水率的影响较大。从响应面可以看出，土壤极限主应力差随含水率的变化幅度大于随干密度的变化幅度，且两者的交互作用对土壤极限主应力差的影响不显著。

7.3　埂坎根-土复合体抗剪特征

7.3.1　剪应力与轴向荷载和剪切位移

2 种埂坎根-土复合体和素土试样剪切过程中，当剪切位移为 0～6mm 时，剪应力随剪切位移的增加逐渐增加，剪切位移从 6mm 继续增加到 10mm 的过程中，剪应力基本保持稳定（图 7.10）。根据《土工试验方法标准》（GB/T 50123—2019），可认为剪切位移为 6mm 时试样已发生破坏。剪应力变化幅度随剪切位移的增加逐渐减小，但 3 种试样的不同土层深度剪应力变化幅度在不同轴向荷载条件下均存在差异。所有剪应力-剪切位移曲线均未出现明显剪应力极值点，都表现出硬化型特征（韦杰等，2018）。这可能是因为紫色土细颗粒（黏粒和粉粒）含量较高，并且颗粒间胶结良好，加上植物根系的穿插和缠绕作用，试样剪切破坏时没有出现贯通的破裂面（Forster et al.，2022）。剪应力随轴向荷载增大呈非线性增加趋势，这可能是因为轴向荷载增大的过程中，直剪试样被压密的程度不同，达到相同剪切位移时所需的剪切作用力也不同，而直剪试样内部结构的各向异性和不均匀性导致剪应力非线性增加。

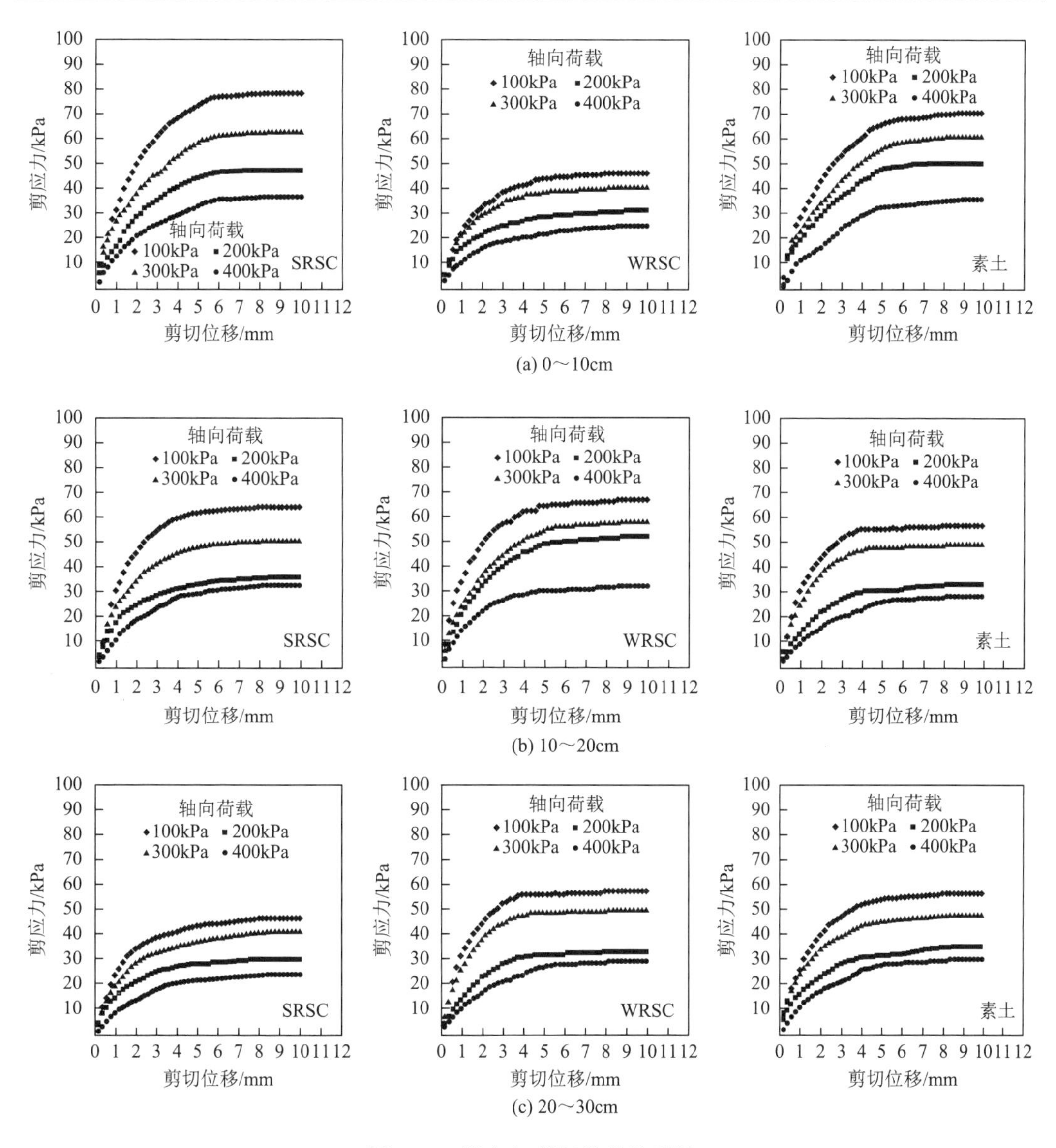

图 7.10　剪应力-剪切位移关系图

7.3.2　极限抗剪强度特征

根-土复合体的剪应力峰值和极限抗剪强度指标见表 7.3。0～10cm 层内摩擦角表现为杂草根-土复合体（WRSC，8.14°）＞大豆根-土复合体（SRSC，7.85°）＞素土（6.48°），黏聚力表现为 WRSC（25.10kPa）＞素土（24.46kPa）＞SRSC（20.25kPa），表明杂草根系提高表层土壤抗剪强度的效果优于大豆根系，这主要是因为杂草根系发达，数量较多，加筋作用比较明显，而大豆除主根外，毛根、须根相对较少。素土黏聚力大于大豆根-土复合体，这可能与大豆的耕种对埂坎表层产生较大扰动有很大关系。10～20cm 层大豆根-土复合体和杂草根-土复合体内摩擦角相当，素土最小，而黏聚力表现为 WRSC（23.79kPa）＞

SRSC（19.01kPa）＞素土（17.13kPa），可以看出大豆和杂草根系对 10～20cm 层土壤的固结效果不及对 0～10cm 层，这可能是因为 10～20cm 层根系含量小于 0～10cm 层。20～30cm 层 3 种试样内摩擦角表现为素土（5.30°）＞WRSC（4.75°）＞SRSC（4.25°），黏聚力表现为 WRSC（22.22kPa）＞素土（17.26kPa）＞SRSC（16.51kPa），与 0～10cm 层和 10～20cm 层所表现出的规律存在差异，这主要是由于 20～30cm 层杂草根-土复合体还含有少量根系，而大豆根-土复合体几乎不含根系，同时，水分含量差异对其也有一定影响（Rossi et al.，2022）。

轴向荷载相同时，3 种试样剪应力峰值均随土层深度的增加逐渐减小。当轴向荷载为 100kPa 时，大豆根-土复合体、杂草根-土复合体和素土试样从 0～10cm 层到 20～30cm 层，剪应力峰值分别减小 11.27kPa、7.98kPa 和 5.52kPa，减幅分别为 31.85%、21.84%和 16.20%。轴向荷载为 200kPa 时，大豆根-土复合体和素土试样剪应力峰值从 0～10cm 层到 20～30cm 层减幅比 100kPa 轴向荷载分别高 2.19%和 18.41%，杂草根-土复合体则低 0.92%。轴向荷载为 300kPa 时，大豆根-土复合体、杂草根-土复合体和素土试样剪应力峰值从 0～10cm 层到 20～30cm 层减幅分别为 34.32%、40.67%和 22.38%。轴向荷载为 400kPa 时，大豆根-土复合体、杂草根-土复合体和素土试样从 0～10cm 层到 20～30cm 层剪应力峰值减小量分别为 30.78kPa、21.61kPa 和 13.77kPa，减幅分别为 40.25%、27.90%和 20.03%。

表 7.3　根-土复合体和素土极限抗剪强度指标与剪应力峰值

试样	土层深度/cm	极限抗剪强度指标		剪应力峰值/kPa			
		内摩擦角/(°)	黏聚力/kPa	轴向荷载 100kPa	轴向荷载 200kPa	轴向荷载 300kPa	轴向荷载 400kPa
大豆根-土复合体（SRSC）	0～10	7.85	20.25	35.39	46.18	60.87	76.47
	10～20	6.23	19.01	33.12	36.46	50.98	64.69
	20～30	4.25	16.51	24.12	30.46	39.98	45.69
杂草根-土复合体（WRSC）	0～10	8.14	25.10	36.54	54.58	74.89	77.46
	10～20	6.20	23.79	31.09	50.77	56.49	65.37
	20～30	4.75	22.22	28.56	43.16	44.43	55.85
素土	0～10	6.48	24.46	34.08	49.50	59.12	68.74
	10～20	5.73	17.13	29.19	33.00	49.50	57.12
	20～30	5.30	17.26	28.56	32.37	45.89	54.97

7.3.3　残余抗剪强度特征

总体上，残余抗剪强度随土层深度和轴向荷载的变化而变化（图 7.11）。大豆根-土复合体和杂草根-土复合体试样残余抗剪强度在不同轴向荷载条件下均随土层深度的增加而减小。在轴向荷载为 100kPa 和 200kPa 时，从 0～10cm 层到 10～20cm 层素土试样残余抗剪强度减小，10～20cm 层与 20～30cm 层间差异不大。轴向荷载为 300kPa 和 400kPa 时，素土试样残余抗剪强度随土层深度的增加而减小，但其减幅不及相同轴向荷载下的大豆根-土复合体和杂草根-土复合体。同层次的同种试样残余抗剪强度均随轴向荷载的增大而增大，但增量和增幅各不相同（表 7.4）。

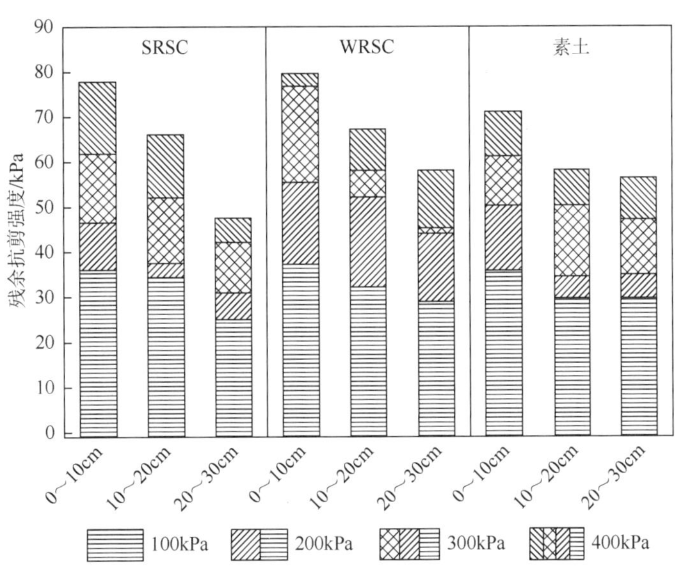

图 7.11　根-土复合体和素土残余抗剪强度

表 7.4　不同轴向荷载下根-土复合体和素土残余抗剪强度变化特征

土层深度/cm	轴向荷载/kPa	大豆根-土复合体（SRSC）		杂草根-土复合体（WRSC）		素土	
		增量/kPa	增幅/%	增量/kPa	增幅/%	增量/kPa	增幅/%
0～10	100	—	—	—	—	—	—
	200	10.32	28.09	18.02	47.65	14.26	39.06
	300	15.24	32.38	20.95	37.52	10.62	20.92
	400	15.49	24.86	2.91	3.79	9.66	15.74
10～20	100	—	—	—	—	—	—
	200	3.18	9.06	19.68	59.67	4.81	15.80
	300	14.40	37.75	5.75	10.92	15.50	43.96
	400	13.62	25.90	8.76	14.99	7.62	15.01
20～30	100	—	—	—	—	—	—
	200	5.94	23.04	14.62	49.03	5.02	16.49
	300	10.91	34.39	1.27	2.86	12.12	34.17
	400	5.33	12.50	12.68	27.74	8.99	18.89

7.4　埂坎土壤加筋增强抗剪特征

7.4.1　加筋对埂坎土壤黏聚力和内摩擦角的影响

加筋土壤黏聚力随加筋量增加呈先增后减趋势，稻秆、竹丝和麦壳的最优加筋量分别为 0.3%、0.5%和 0.8%（图 7.12）。本试验中稻秆、竹丝和麦壳加筋土的黏聚力分别为 94.31kPa、113.71kPa 和 127.43kPa，与素土相比的增幅分别为 54.3%、86.1%和 108.5%（图 7.13）。不同加筋材料处理下的埂坎土壤黏聚力表现为$c_{麦壳} > c_{竹丝} > c_{稻秆} > c_{素土}$，表明 3 种加筋材料的加筋处理都达到了较好的抗剪效果。稻秆加筋土内摩擦角随加筋量的增加呈线性衰减趋势，变化范围为 9.63°～14.14°，最大减幅 31.9%；竹丝加筋土内摩擦角变化范围为 10.42°～14.14°，最大减幅 26.3%，不及稻秆显著；而麦壳加筋土内摩擦角随麦壳含量的增加则呈先增后减趋势。

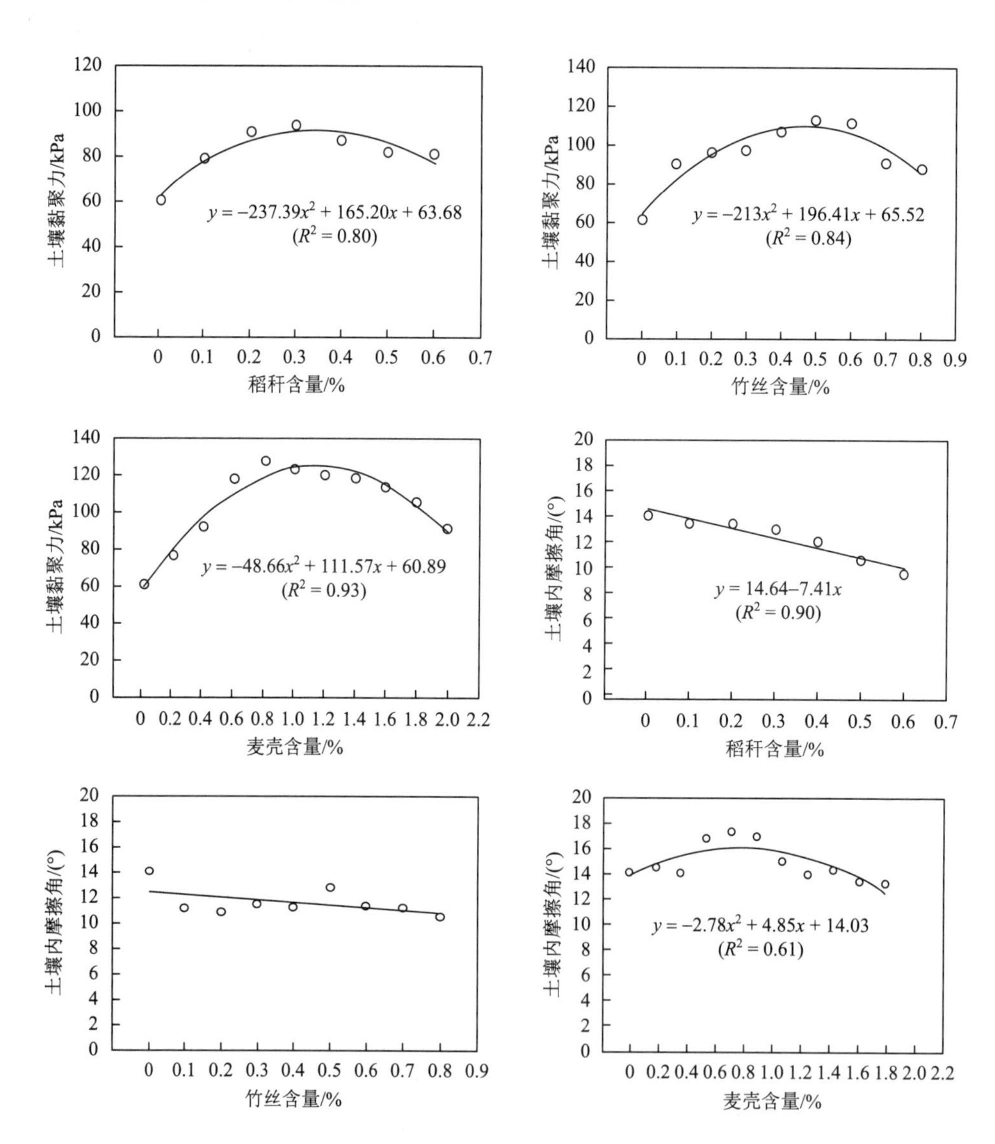

图 7.12　加筋对土壤黏聚力和内摩擦角的影响

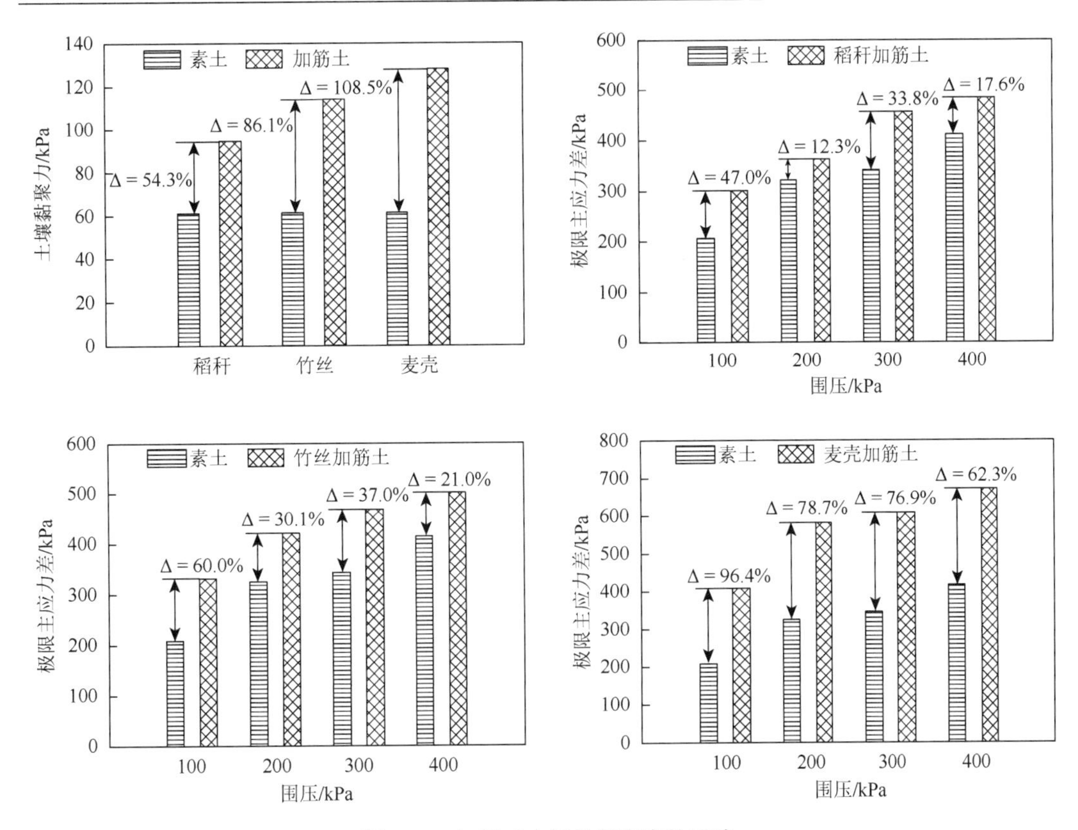

图 7.13　加筋对土壤抗剪强度的影响

7.4.2　加筋对埂坎土壤极限主应力差的影响

总体上，加筋土壤的极限主应力差随围压增加而增加，增幅却逐渐降低（图 7.13）。稻秆、竹丝、麦壳加筋土的极限主应力差分别由围压 100kPa 时的 204.1～300.0kPa、204.1～326.6kPa 和 204.1～410.1kPa 增至围压 400kPa 时的 348.6～482.0kPa、395.8～496.1kPa 和 409.9～665.2kPa，而极限主应力差的增幅分别从围压 100kPa 时的 8.1%～47.0%、27.9%～60.0%和 46.8%～96.4%降至围压 400kPa 时的–15.0%～17.6%、–3.4%～21.0%和 16.7%～62.3%（图 7.13）。加筋土壤在相同围压下的极限主应力差均随加筋量的增加表现出先增后减的趋势（图 7.14），并在最优加筋量时存在一个峰值。不同围压条件下，极限主应力差随加筋量的变化规律均可采用二次曲线描述（表 7.5）。

表 7.5　加筋土极限主应力差拟合方程

围压/kPa	稻秆		竹丝		麦壳	
	加筋土拟合方程	R^2	加筋土拟合方程	R^2	加筋土拟合方程	R^2
100	$y=-866.67x^2+514.86x+211.64$	0.81	$y=-436.61x^2+413.21x+209.29$	0.85	$y=-150.43x^2+335.41x+225.77$	0.91
200	$y=-388.69x^2+175.18x+323.88$	0.62	$y=-566.57x^2+450.71x+303.92$	0.62	$y=-170.72x^2+350.00x+310.05$	0.57
300	$y=-1217.74x^2+646.89x+340.35$	0.77	$y=-513.58x^2+451.32x+317.84$	0.47	$y=-203.76x^2+433.62x+326.67$	0.84
400	$y=-871.79x^2+418.53x+403.13$	0.72	$y=-379.65x^2+316.26x+392.61$	0.49	$y=-196.00x^2+409.89x+413.05$	0.74

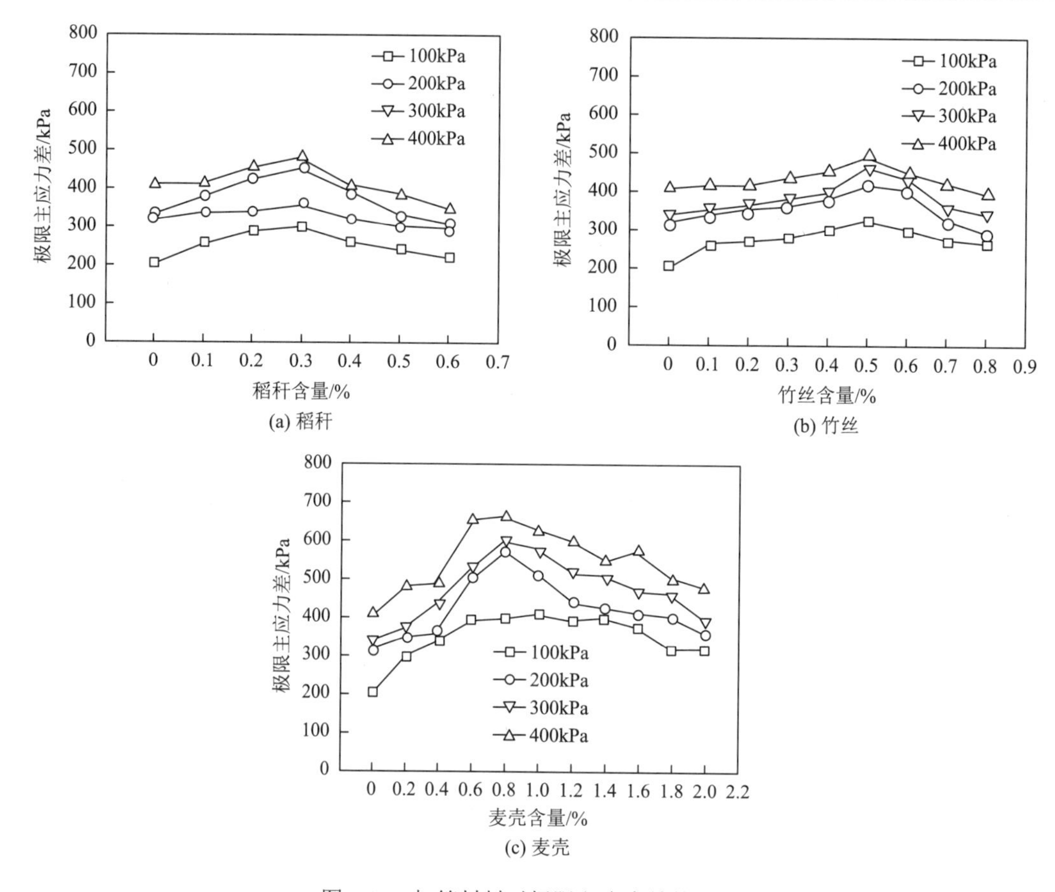

图 7.14　加筋材料对极限主应力差的影响

最优加筋量时的极限主应力差与素土相比，围压为 100kPa、200kPa、300kPa 和 400kPa 时稻秆加筋土的最大抗剪强度增幅分别为 47.0%、12.3%、33.8%和 17.6%，竹丝加筋土的最大抗剪强度增幅均高于稻秆加筋土，分别为 60.0%、30.1%、37.0%和 21.0%，麦壳加筋土的最大抗剪强度增幅最大，分别为 96.4%、78.7%、76.9%和 62.3%（图 7.13）。低围压下的增幅均高于高围压下的增幅，且随着围压的增加，增幅逐渐降低。

7.4.3　不同加筋材料效果比较

3 种加筋土主应力差与轴向应变关系曲线的变化趋势基本相同（图 7.15 和图 7.16）。当轴向应变小于 4%时，加筋土和素土的主应力差与轴向应变关系曲线均近似于直线，且直线的斜率随围压的增加而增大。3 种加筋土的主应力差与轴向应变关系曲线的斜率均大于素土。随着轴向应变的增大，主应力差逐渐增大。加筋土和素土的主应力差都随围压的增加而增大，加筋量一定时，不同围压下素土、加筋土的主应力差与轴向应变关系曲线均无峰值，随着轴向应变的增加，主应力差不断增大，为应变硬化型。低围压下，主应力差增长缓慢，呈弱硬化型，高围压下，硬化型特征相对明显，且围压越高，硬化型特征就越明显。当轴向应变小于 4%时，素土和加筋土的主应力差很接近，4 种围压下，素土和加筋土的主应力差为 0.4～283.4kPa；随着轴向应变的增大，应力-应变关系曲线的间距逐渐加大，4 种围压下，素土和加筋土的主应力差提高至 246.0～680.1kPa。这表明加筋作用在达到一定轴向应变时才能发挥出来。3 种加筋土中，麦壳加筋土的硬化特征最为明显，表明麦壳加筋效果最好。

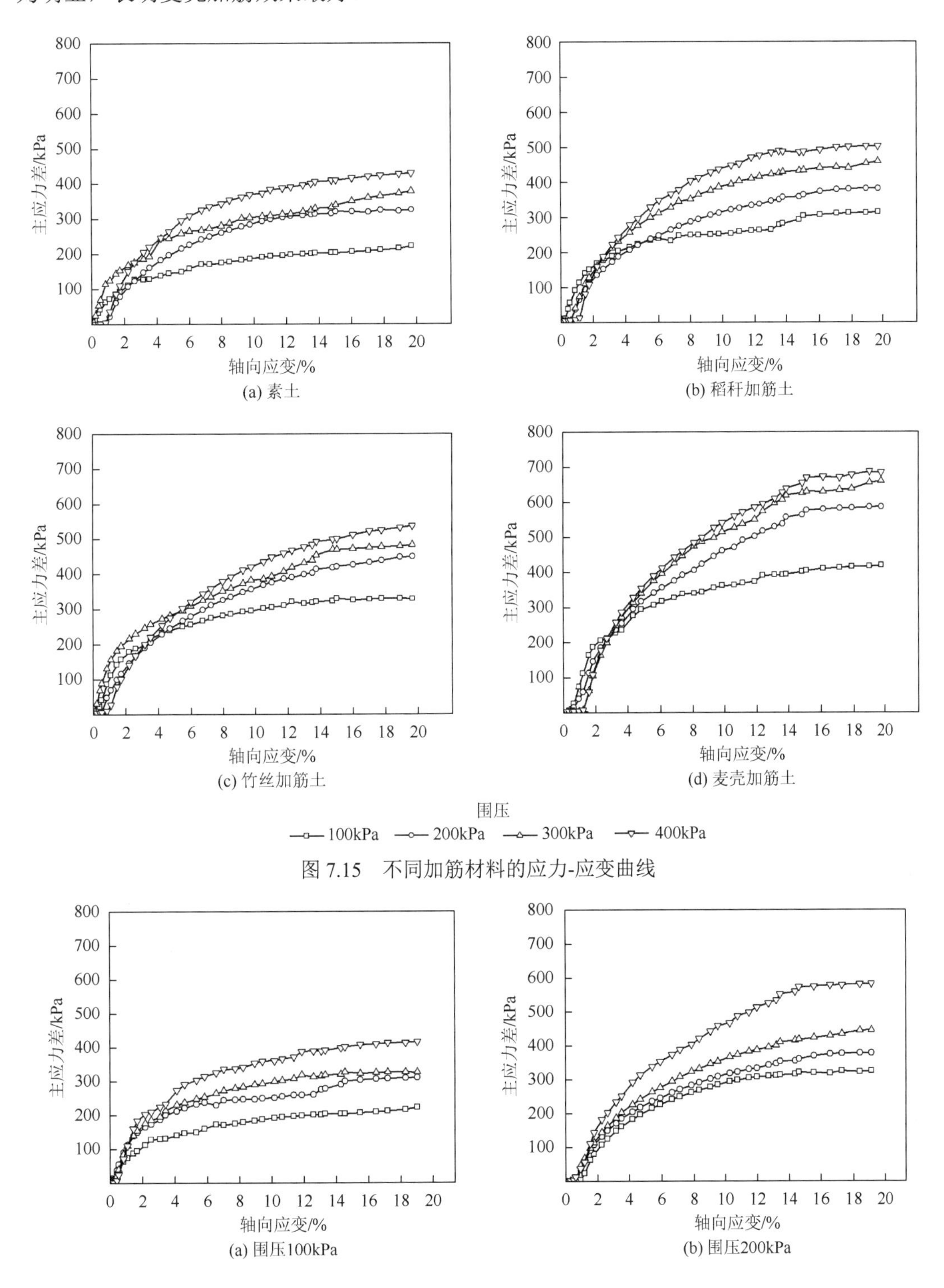

图 7.15　不同加筋材料的应力-应变曲线

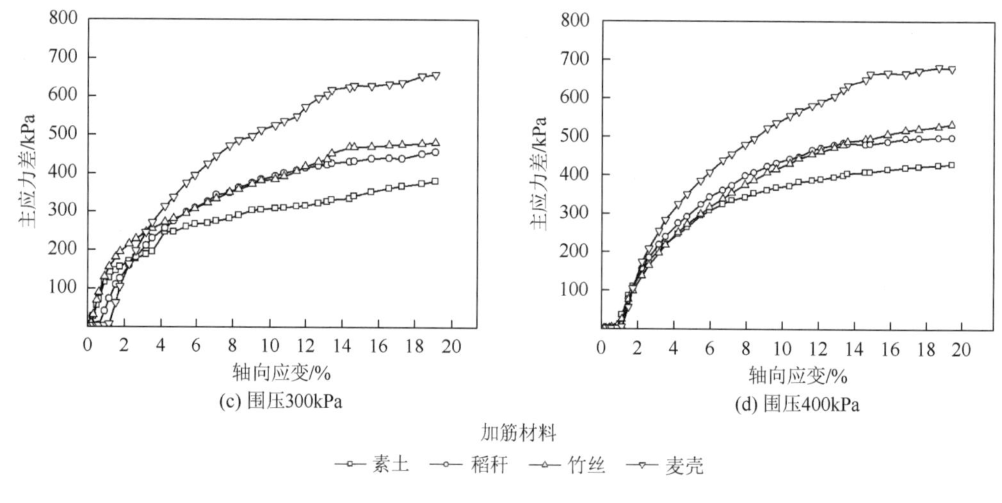

(c) 围压300kPa　(d) 围压400kPa

图 7.16　不同围压下加筋材料应力-应变曲线

围压为 100kPa、300kPa、400kPa 时，竹丝加筋土、稻秆加筋土的主应力差与轴向应变关系曲线较接近，表明竹丝、稻秆 2 种加筋材料对埂坎土壤抗剪强度的提升效果相差不大。

试验范围内，3 种加筋土最大抗剪强度在 4 种围压下均体现出 $(\sigma_1-\sigma_3)_{麦壳}>(\sigma_1-\sigma_3)_{竹丝}>(\sigma_1-\sigma_3)_{稻秆}>(\sigma_1-\sigma_3)_{素土}$，表明不同加筋材料均提升了土壤抗剪强度，但各类加筋材料提升水平各不相同，其中麦壳加筋效果最好，其次是竹丝，最后是稻秆，这主要是由于材料本身的特性具有差异。本试验中，由于麦壳为片状结构，能够更好地与土壤接触，接触面积更大，因此麦壳提升土壤抗剪强度的能力强。竹丝细化处理后，相较于稻秆，表层较为粗糙，能够较好地与土壤接触，而稻秆表面较为光滑，因此稻秆提升土壤抗剪强度的能力相对较弱。

不同加筋材料（以下简称筋材）和加筋方式的试样在试验后的破坏形态各不相同（图 7.17），由于其他加筋土试样破坏形态基本相似，在此仅选取 3 种材料加筋土壤抗剪强度最高时的试样，即稻秆加筋量为 0.3%、竹丝加筋量为 0.5%、麦壳加筋量为 0.8%。图 7.17（a）为素土试样试验前形态，图 7.17（b）为素土试样试验后形态，可以看出试样变形后为中间大、两头小，整体呈鼓形。这是由于试样的上下两端受到设备轴向两端的约束作用，而试样中部受到的约束作用最弱，因此中部发生的横向鼓胀最为明显（陈昌富等，2007）。图 7.17（d）～图 7.17（f）为加筋土试样的破坏形态，试样受到剪切破

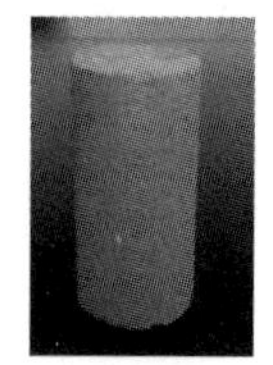
(a) 素土试验前

(b) 素土试验后

(c) 稻秆分层加筋

(d) 稻秆混合加筋

(e) 竹丝混合加筋

(f) 麦壳混合加筋

图 7.17　不同加筋材料和加筋方式试样破坏形态

坏后，整体均匀压缩，腰部和两端的变形量基本相当，整体较素土横向变形量明显减小。这在一定程度上表明筋材对土壤具有约束作用，混合均匀的筋材形成的三维网状结构能够使得外力荷载分布到整个试样上，从而提升了筋材的拉筋效果，使得筋土复合体成为一个受力整体，整体受到外力作用，整体变形。

本试验还研究了加筋方式对土壤抗剪强度的影响，以稻秆加筋为例，将试样分为3层，在试样的1/3和2/3处，分别放置稻秆，分层加筋，但试验中发现在加筋处形成了明显的破坏面，试样直接断裂为3段［图7.17（c）］。在水平加筋土试样表面施加荷载时，土体和筋材都发生变形，加筋材料与土体之间产生较大的摩阻力，限制了加筋土的变形，这相当于在土样侧面施加了约束力，在筋土交界面上产生了一个平行于界面的切向力（$\Delta\sigma_3$），提高了土体的抗剪强度（余沛等，2010）。分层加筋试样产生了破裂面，是因稻秆的弹性模量高于土体的弹性模量，筋材和土体之间产生相互错动或有相互错动趋势，土体与稻秆筋材间产生了摩擦力。但因稻秆表面较光滑，其与土体间的摩擦力较小，当土样表面施加的主应力（σ_1）不断增大时，超出了土体侧面约束力的范围，导致试样破坏，表明稻秆分层加筋不能很好地提升土壤抗剪强度。

7.5 本章小结

紫色土坡耕地埂坎土壤黏聚力受含水率影响显著（$P<0.05$），且随着含水率增加呈现出先增大后减小的趋势，峰值（85.52kPa）出现在含水率11%左右处；埂坎土壤内摩擦角随含水率增加而减小，呈一阶指数非线性衰减趋势。相同试验围压下，埂坎土壤极限主应力差随含水率增大而迅速减小；相同含水率下，极限主应力差随围压增大而增大，低含水率时增加得更明显，高含水率时增加缓慢。不同含水率对紫色土埂坎土壤的应力-应变曲线有不同程度的影响，随含水率递增依次呈现应变软化型、硬化型和弱硬化型。

埂坎根-土复合体直剪试验表明，剪切位移相同时，剪应力随轴向荷载增加呈非线性增大趋势。轴向荷载相同时，试样剪应力峰值随土层深度增加而减小。与素土相比，大豆和杂草根系能明显提高0～10cm和10～20cm层紫色土埂坎土壤的极限抗剪强度，相对而言，杂草根系较发达且扰动小，固结土壤效果更好。

不同加筋材料均能提升土壤抗剪强度，但各类加筋材料提升水平各不相同，其中麦壳加筋效果最好，其次是竹丝，最后是稻秆，最优加筋量分别为0.8%、0.5%和0.3%。加筋材料对加筋土黏聚力的影响大于对内摩擦角的影响，均表现出土壤黏聚力随着加筋量的增加而先增大后减小，土壤内摩擦角随加筋量增加无明显变化。

参考文献

柴寿喜，王沛，王晓燕，2013. 麦秸秆布筋区域与截面形状下的加筋土抗剪强度[J]. 岩土力学，34（1）：123-127.
陈昌富，刘怀星，李亚平，2007. 草根加筋土的室内三轴试验研究[J]. 岩土力学，28（10）：2041-2045.
黄海均，毛海涛，严新军，等，2020. 三峡库区高边坡紫色土抗剪强度的水敏性特征[J]. 防灾减灾工程学报，40（6）：974-983.
倪九派，袁天泽，高明，等，2012. 土壤干密度和含水率对2种紫色土抗剪强度的影响[J]. 水土保持学报，26（3）：72-77.

申春妮，方祥位，王和文，等，2009. 吸力、含水率和干密度对重塑非饱和土抗剪强度影响研究[J]. 岩土力学，30（5）：1347-1351.
唐自强，党进谦，樊恒辉，等，2014. 分散性土的抗剪强度特性试验研究[J]. 岩土力学，35（2）：435-440.
韦杰，李进林，史炳林，2018. 紫色土耕地埂坎 2 种典型根-土复合体抗剪强度特征[J]. 应用基础与工程科学学报，26（3）：483-492.
魏丽，柴寿喜，蔡宏洲，等，2012. 麦秸秆加筋滨海盐渍土的抗剪强度与偏应力应变[J]. 土木工程学报，45（1）：109-114.
余沛，柴寿喜，王晓燕，等，2010. 麦秸秆加筋滨海盐渍土的加筋效应及工程应用问题[J]. 天津城市建设学院学报，16（3）：161-166.
Forster M，Ugarte C，Lamandé M，et al.，2022. Root traits of crop species contributing to soil shear strength[J]. Geoderma，409：115642.
Huang M Y，Sun S J，Feng K J，et al.，2021. Effects of *Neyraudia reynaudiana* roots on the soil shear strength of collapsing wall in Benggang，southeast China[J]. Catena，210：105883.
Rossi R，Picuno P，Fagnano M，et al.，2022. Soil reinforcement potential of cultivated cardoon（*Cynara cardunculus* L.）：first data of root tensile strength and density[J]. Catena，211：106016.
Wei J，Shi B L，Li J L，et al.，2018. Shear strength of purple soil bunds under different soil water contents and dry densities：a case study in the Three Gorges Reservoir Area，China[J]. Catena，166：124-133.

第8章 埂坎应力应变分布与稳定性

8.1 试验方案

8.1.1 土壤力学性质测试

运用环刀烘干法测定土壤的天然密度、容重和含水率，用比重瓶法测定土壤总孔隙度，用马尔文MS2000激光粒度仪测定土壤颗粒组成。采用应变控制式直剪仪测试土壤抗剪强度，剪切速率和剪切总位移分别为0.8mm/min和10mm，量力环率定系数为1.904kPa/(0.01mm)，其他操作按《土工试验方法标准》（GB/T 50123—2019）进行。土壤的弹性模量和泊松比由三轴试验中的应力-应变曲线推算而得，其中，弹性模量为线性变形阶段应力与应变的比值，泊松比为横向应变与纵向应变的比值（田佳等，2015）。根据测试分析和相关计算，自然工况下的土壤黏聚力和内摩擦角分别为18.09kPa和3.32°，吸水饱和后的黏聚力和内摩擦角分别为11.39kPa和2.78°；弹性模量$E = 3\times10^3$kPa，泊松比$v = 0.3$；天然重度和饱和重度分别为17.5kN/m^{3}和20.4kN/m^3。

8.1.2 模型建立与数值模拟

紫色土区埂坎外边坡坡度大多为56°～67°，高度为0.8～1.5m（Schönbrodt-Stitt et al., 2013；李进林和韦杰，2017）。因此，本试验共设计了16种不同规格紫色土埂坎（表8.1）。紫色土埂坎与坎后土体组成纵向（即沿田面长度方向）尺寸较大的实体，可以当作平面应变问题进行分析。本研究将土壤视为服从摩尔-库仑屈服准则的理想弹性材料，在综合考虑了田块实际尺寸和有限元计算量后发现，当埂坎顶部和基部到所对应的边界的距离不低于2.5m，上下边界的距离为埂坎高度的2倍左右时，计算精度能满足要求（刘文平等，2004）。埂坎模型两端边界水平位移约束，下边界水平和竖直位移约束，采用三角形单元和四边形单元进行模型网格划分，除土体自重外，未施加其他荷载（陈志仙和王志人，2022）。运用SLOPE/W模块分析紫色土坡耕地埂坎稳定性时，需要预设潜在破坏面的入口和出口位置（加拿大GEO-SLOPE国际有限公司，2011）。根据野外调查结果，将埂坎潜在破坏面入口预设在顶部边缘附近适当位置，出口设置在基部处。16种埂坎模型均通过了检验，可以进行求解计算。

表 8.1　紫色土坡耕地埂坎规格参数

编号	埂坎规格参数		编号	埂坎规格参数	
	高度/m	外边坡坡度/(°)		高度/m	外边坡坡度/(°)
B1	0.8	50	B9	1.2	50
B2	0.8	60	B10	1.2	60
B3	0.8	70	B11	1.2	70
B4	0.8	80	B12	1.2	80
B5	1.0	50	B13	1.4	50
B6	1.0	60	B14	1.4	60
B7	1.0	70	B15	1.4	70
B8	1.0	80	B16	1.4	80

8.2　埂坎应力应变分布

8.2.1　埂坎应力分布

1. 总应力

模拟结果表明，最大总应力和 *X*-总应力从埂坎顶部到基部逐渐增大，最大值分别为 25.0kPa 和 11.9kPa。从分布来看，除埂坎基部附近区域总应力等值线有明显弯折外，其余部位呈近似水平状，可能是因为总应力受到土体自重应力的影响，总体呈垂向分布（图 8.1）。埂坎高度相同时，随着外边坡坡度增加，埂坎顶部最大总应力变化趋势不明显，

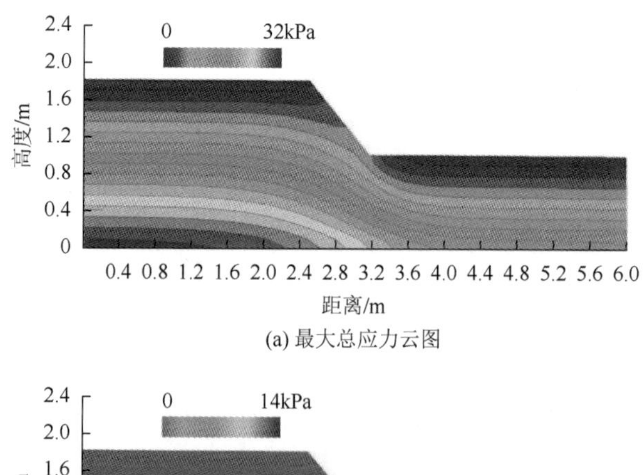

(a) 最大总应力云图

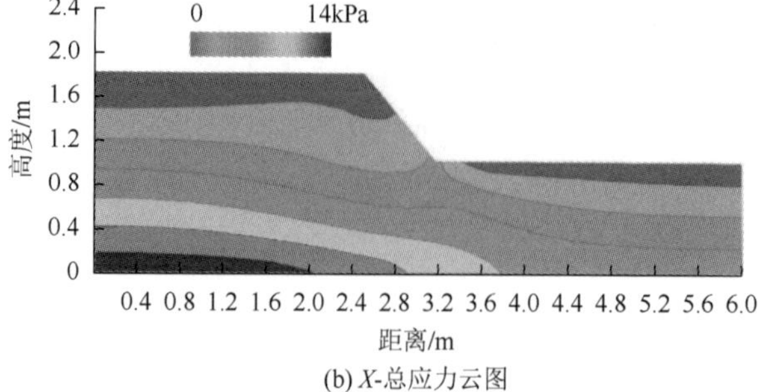

(b) *X*-总应力云图

图 8.1　紫色土坡耕地埂坎总应力分布云图（后附彩图）

腰部和基部均呈增大趋势，且基部比腰部增加得更明显（表 8.2）。埂坎顶部和腰部 *X*-总应力均随外边坡坡度增大而减小，而基部则随埂坎外边坡坡度增大而增大。这可能是因为埂坎外边坡坡度较缓，埂坎土体自重产生的压力作用点区域在埂坎基部后方。埂坎外边坡坡度相同时，随着高度的增加，埂坎顶部、腰部和基部最大总应力均呈增大趋势，但增加的幅度有所差异，埂坎基部变化较大。*X*-总应力变化特征相似，即当外边坡坡度一定时，埂坎顶部、腰部和基部 *X*-总应力随埂坎高度增加呈增大趋势，但变化幅度有所不同，相比而言，埂坎腰部和基部的变化幅度大于顶部。

表 8.2　紫色土坡耕地埂坎总应力分布　（单位：kPa）

编号	最大总应力			X-总应力		
	顶部	腰部	基部	顶部	腰部	基部
B1	<4.3	4.3～6.2	6.2～7.8	<1.7	1.7～2.4	2.4～4.3
B2	<4.4	4.4～7.4	7.4～10.3	<1.3	1.3～2.4	2.4～5.2
B3	<4.1	4.1～7.8	7.8～12.5	<0.7	0.7～1.2	1.2～5.7
B4	<3.5	3.5～8.1	8.1～14.3	<0.3	0.3～0.7	0.7～6.0
B5	<5.1	5.1～7.1	7.1～9.2	<2.2	2.2～2.9	2.9～5.6
B6	<5.3	5.3～8.5	8.5～11.3	<1.5	1.5～2.2	2.2～6.1
B7	<5.5	5.5～10.1	10.1～15.4	<0.8	0.8～1.4	1.4～7.3
B8	<4.9	4.9～10.6	10.6～18.4	<0.3	0.3～0.7	0.7～7.9
B9	<6.0	6.0～8.4	8.4～11.2	<2.4	2.4～3.2	3.2～7.0
B10	<7.0	7.0～9.8	9.8～13.2	<1.9	1.9～2.8	2.8～7.7
B11	<6.6	6.6～12.0	12.0～18.6	<0.9	0.9～1.6	1.6～9.0
B12	<6.4	6.4～11.6	11.6～21.8	<0.5	0.5～1.1	1.1～9.6
B13	<6.8	6.8～9.2	9.2～12.4	<2.7	2.7～3.5	3.5～8.1
B14	<7.2	7.2～11.3	11.3～15.8	<1.8	1.8～2.7	2.7～9.7
B15	<6.7	6.7～13.7	13.7～19.8	<0.9	1.0～1.6	1.6～10.8
B16	<7.2	7.2～14.5	14.5～25.0	<0.3	0.3～0.7	0.7～11.9

无论是埂坎高度增加，还是外边坡坡度增加，埂坎总应力分布等值线形态和走向均未发生剧烈变化，表明埂坎规格对总应力分布的影响主要表现在总应力大小的变化上，没有特别明显的总应力重分布和总应力集中效应。

2. 剪应力

剪应力理论认为，在复杂应力状态下，当最大剪应力达到简单拉伸或压缩屈服的极限时，就会导致材料发生破坏，即材料发生屈服是由最大剪应力引起的。紫色土埂坎内部最大剪应力大小及其分布特征对判断埂坎稳定性有着重要作用。本研究从不同规格紫色土坡耕地埂坎剪应力分布云图（图 8.2）等值线上拾取顶部、腰部和基部最大剪应力值和 *XY*-剪应力值（表 8.3）。

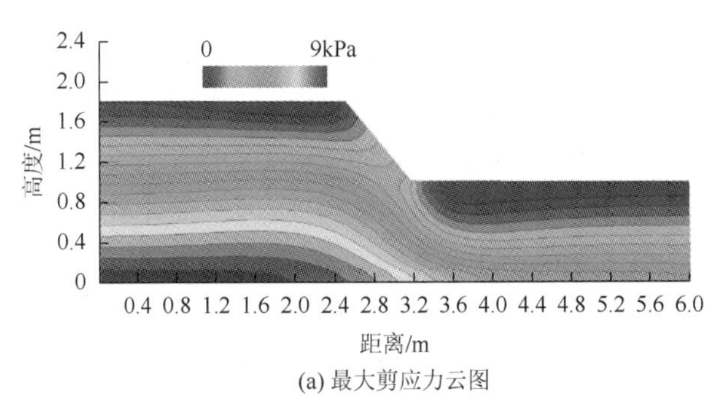

(a) 最大剪应力云图

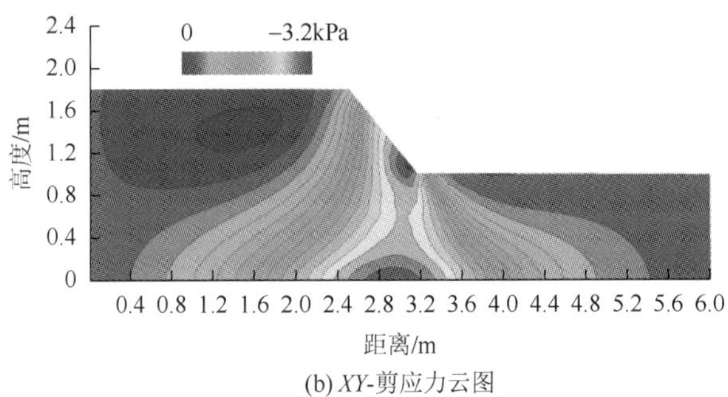

(b) *XY*-剪应力云图

图 8.2　紫色土坡耕地埂坎剪应力分布云图（后附彩图）

表 8.3　紫色土坡耕地埂坎剪应力分布　　　（单位：kPa）

编号	最大剪应力			*XY*-剪应力		
	顶部	腰部	基部	顶部	腰部	基部
B1	<1.8	1.8～2.8	2.8～3.2	<−1.9	−2.7～−1.9	−3.1～−2.7
B2	<2.0	2.0～3.3	3.3～4.4	<−1.6	−2.7～−1.6	−4.0～−2.7
B3	<2.1	2.1～3.8	3.8～5.4	<−1.1	−2.3～−1.1	−4.4～−2.3
B4	<1.8	1.8～3.7	3.7～6.2	<−0.7	−1.8～−0.7	−4.5～−1.8
B5	<2.2	2.2～3.4	3.4～3.9	<−2.0	−3.0～−2.0	−3.9～−3.0
B6	<2.3	2.3～3.8	3.8～4.9	<−1.8	−3.0～−1.8	−4.6～−3.0
B7	<2.4	2.4～4.5	4.5～6.6	<−1.3	−2.8～−1.3	−5.4～−2.8
B8	<2.4	2.4～4.9	4.9～8.0	<−0.7	−1.7～−0.7	−5.7～−1.7
B9	<2.6	2.6～3.7	3.7～4.9	<−2.3	−3.4～−2.3	−4.9～−3.4
B10	<3.0	3.0～4.5	4.5～5.7	<−2.4	−3.7～−2.4	−5.6～−3.7
B11	<2.9	2.9～5.3	5.3～8.1	<−1.7	−3.2～−1.7	−6.8～−3.2
B12	<3.0	3.0～5.6	5.6～9.6	<−1.1	−2.5～−1.1	−7.0～−2.5
B13	<2.7	2.7～4.0	4.0～5.5	<−2.5	−3.8～−2.5	−5.5～−3.8
B14	<2.9	2.9～5.2	5.2～7.5	<−2.3	−4.0～−2.3	−6.8～−4.0
B15	<3.2	3.2～5.7	5.7～9.4	<−1.9	−3.8～−1.9	−7.9～−3.8
B16	<2.9	2.9～6.5	6.5～11.7	<−1.0	−2.3～−1.0	−8.5～−2.3

注：表中“−”表示方向。

埂坎顶部最大剪应力小于腰部和基部，分别为 0～3.2kPa、1.8～6.5kPa 和 2.8～11.7kPa。

XY-剪应力分布也具有相似的特征，埂坎顶部、腰部和基部分别为 0～2.5kPa、0.7～4.0kPa 和 1.8～8.5kPa。埂坎高度一定时，随着外边坡坡度增加，埂坎顶部最大剪应力没有明显的变化趋势，腰部和基部则明显增大，相比而言，基部变化更明显。埂坎顶部和腰部 XY-剪应力随外边坡坡度增加而减小，基部 XY-剪应力则随埂坎外边坡坡度的增加而增大。埂坎外边坡坡度一定时，随着高度增加，埂坎顶部、腰部和基部的最大剪应力和 XY-剪应力均增大，基部相对更明显。XY-剪应力等值线在埂坎基部前方和临空面较密集（图 8.3），其中，埂坎基部前方更明显。XY-剪应力最大值也多集中在埂坎基部坎面附近，表明 XY-剪应力具有一定的集中效应，主要集中在埂坎的基部及其附近土体。总体来看，紫色土坡耕地土质埂坎最大剪应力呈近似水平层状分布，规格的变化没有引起埂坎最大剪应力发生明显变化。

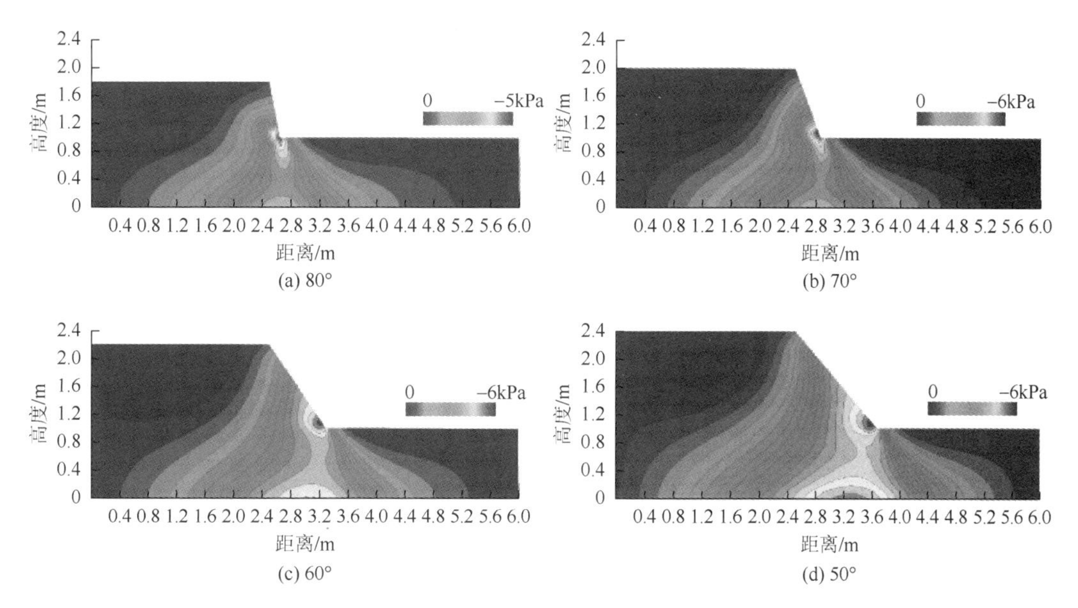

(a) 80°　(b) 70°　(c) 60°　(d) 50°

图 8.3　紫色土坡耕地埂坎 XY-剪应力集中效应（后附彩图）

8.2.2　埂坎应变分布

应变分布可以描述紫色土坡耕地埂坎变形特征。分析应力变形时没有考虑外部荷载的影响，因此，埂坎变形主要是由土体自重应力所导致的压缩形变。从紫色土坡耕地埂坎应变分布云图（图 8.4）等值线上拾取的 X-应变值和 XY-剪应变值见表 8.4。

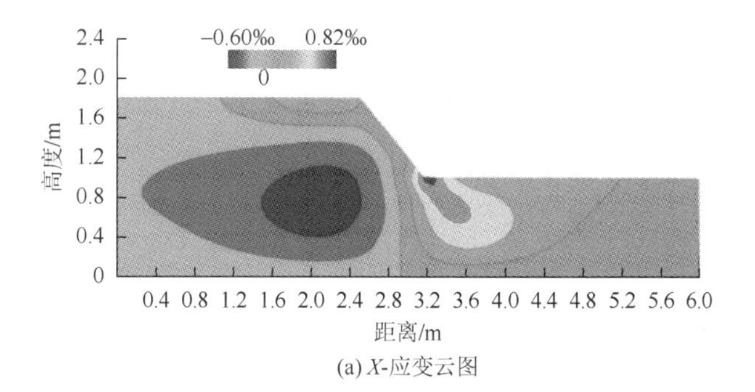

(a) X-应变云图

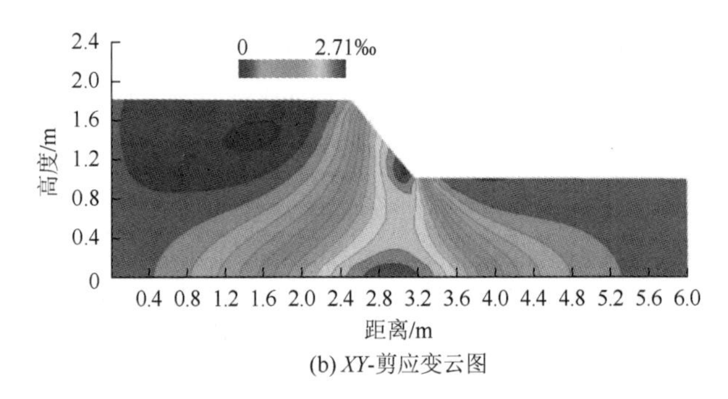

(b) XY-剪应变云图

图 8.4　紫色土坡耕地埂坎应变分布云图（后附彩图）

表 8.4　紫色土坡耕地埂坎应变分布（‰）

编号	X-应变			XY-剪应变		
	顶部	腰部	基部	顶部	腰部	基部
B1	＜0.12	0.12～0.18	0.18～0.82	＜0.43	1.89～2.71	＞2.71
B2	＜0.15	0.15～0.24	0.24～0.77	＜0.41	1.79～3.99	＞3.99
B3	＜0.03	0.03～0.54	0.54～0.61	＜0.33	1.59～3.57	＞3.57
B4	＜0.04	0.04～1.03	0.87～1.05	＜0.17	0.84～3.81	＞3.81
B5	＜0.15	0.15～0.20	0.20～1.13	＜0.46	2.34～2.80	＞2.80
B6	＜0.35	0.12～0.15	0.15～1.04	＜0.50	2.23～3.46	＞3.46
B7	＜0.39	0.39～0.73	0.73～0.92	＜0.35	1.82～4.42	＞4.42
B8	＜0.63	0.63～1.20	0.64～1.23	＜0.18	1.25～4.99	＞4.99
B9	＜0.41	0.14～0.23	0.23～1.38	＜0.59	2.69～3.51	＞3.51
B10	＜0.36	0.07～0.13	0.07～1.44	＜0.54	2.86～4.23	＞4.23
B11	＜0.07	0.48～0.84	0.84～1.20	＜0.35	2.05～5.45	＞5.45
B12	＜0.74	0.74～1.36	0.88～1.36	＜0.22	1.48～6.06	＞6.06
B13	＜0.59	0.18～0.25	0.25～1.66	＜0.53	3.11～4.79	＞4.79
B14	＜0.48	0.25～0.34	0.34～1.74	＜0.44	3.00～5.62	＞5.62
B15	＜0.31	0.54～1.04	1.04～1.68	＜0.38	2.42～6.86	＞6.86
B16	＜0.72	0.72～1.46	1.05～1.46	＜0.20	1.48～7.38	＞7.38

紫色土坡耕地埂坎应变分布云图等值线呈封闭的非标准环状，最小环的中心为应变最值区。总体上，紫色土埂坎基部附近的变形量最大，当埂坎高度为 1.4m、外边坡坡度为 60°时，基部 X-应变达 1.74‰。埂坎顶部变形量最小，当埂坎高度为 1.4m、外边坡坡度为 80°时，顶部 X-应变最大为 0.72‰。埂坎腰部变形量介于顶部和基部之间，X-应变为 0.12‰～1.46‰。总体上，当埂坎的高度一定时，随着外边坡坡度增加，埂坎顶部 X-应变呈减小趋势，当外边坡坡度为 70°时，X-应变最小。埂坎腰部和基部 X-应变则随外边坡坡度的增加而增大。当埂坎的外边坡坡度一定时，随着埂坎高度的增加，埂坎顶部、腰部和基部 X-应变均呈增大趋势。紫色土埂坎 XY-剪应变分布也具有相似的特征。

8.2.3　埂坎位移分布

1. *X*-位移

埂坎顶部 *X*-位移最小，为 0～1.18mm，其次是腰部，为 0.10～2.05mm，基部 *X*-位移最大，为 0.50～2.47mm（表 8.5）。埂坎高度一定时，随着外边坡坡度增加，埂坎顶部、腰部和基部位移均呈明显增加趋势；外边坡坡度一定时，随着高度增加，埂坎顶部、腰部和基部位移也表现出明显的增加趋势。当坎高为 1.4m、外边坡坡度为 80°时，顶部、腰部和基部的位移最大值分别为 1.18mm、2.05mm 和 2.47mm，相比坎高 0.8m、外边坡坡度 50°时的 0.10mm、0.50mm 和 0.76mm，分别增加了 1.08mm、1.55mm 和 1.71mm，说明“高陡”型紫色土埂坎的位移大于“低缓”型埂坎。

表 8.5　紫色土坡耕地埂坎位移分布　（单位：mm）

编号	*X*-位移			*XY*-位移		
	顶部	腰部	基部	顶部	腰部	基部
B1	<0.10	0.10～0.50	0.50～0.76	4.95～6.05	3.50～4.95	<3.50
B2	<0.26	0.26～0.66	0.66～0.88	5.25～6.20	3.75～5.25	<3.75
B3	<0.37	0.37～0.71	0.71～0.91	5.28～6.36	3.76～5.28	<3.76
B4	<0.51	0.51～0.83	0.79～0.98	5.49～6.15	4.08～5.49	<4.08
B5	<0.21	0.21～0.79	0.79～1.02	5.85～7.45	3.45～5.85	<3.45
B6	<0.28	0.28～0.84	0.84～1.09	5.94～7.41	3.96～5.94	<3.96
B7	<0.51	0.51～1.00	1.00～1.03	6.28～7.66	4.16～6.28	<4.16
B8	<0.82	0.82～1.20	1.20～1.41	6.88～7.58	4.68～6.88	<4.68
B9	<0.35	0.35～1.14	1.14～1.49	6.55～9.25	3.75～6.55	<3.75
B10	<0.54	0.54～1.33	1.33～1.57	6.45～8.95	4.15～6.45	<4.15
B11	<0.69	0.69～1.54	1.54～1.80	7.60～9.20	5.05～7.60	<5.05
B12	<0.95	0.95～1.55	1.55～1.91	8.00～9.40	5.31～8.00	<5.31
B13	<0.45	0.45～1.48	1.48～1.84	7.85～10.35	3.85～7.85	<3.85
B14	<0.75	0.75～1.80	1.80～2.10	8.10～10.75	4.55～8.10	<4.55
B15	<1.07	1.07～1.88	1.88～2.28	8.55～10.85	5.15～8.55	<5.15
B16	<1.18	1.18～2.05	2.05～2.47	9.60～11.25	5.85～9.60	<5.85

埂坎 *X*-位移最大值多集中在埂坎的基部及其下伏掩埋土体（图 8.5）。埂坎高度一定时，随着外边坡坡度增加，*X*-位移最大值区域逐渐从埂坎基部以下的掩埋区移动到埂坎基部以上的临空面。这种变化趋势在埂坎高度为 1.4m 时相对更明显（图 8.6），说明埂坎高度越高，基部失稳坍塌的可能性越大。埂坎外边坡坡度一定时，随着埂坎高度增加，*X*-位移没有发生特别明显的重分布，位移最大值区域相对较固定（图 8.7）。

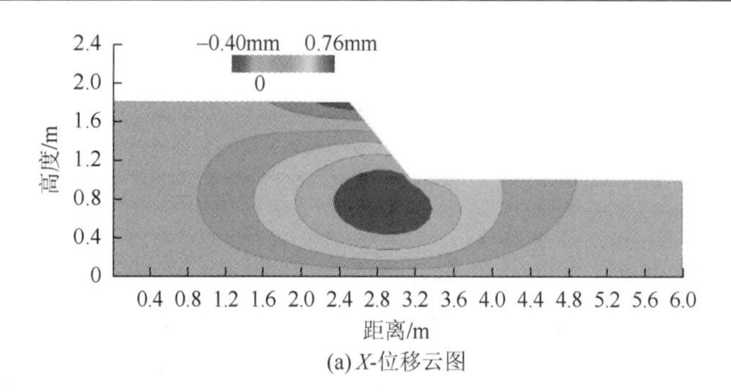

(a) X-位移云图

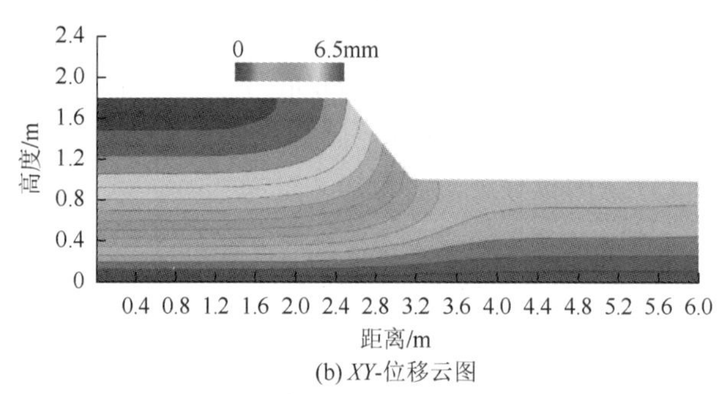

(b) XY-位移云图

图 8.5　紫色土坡耕地埂坎位移分布云图（后附彩图）

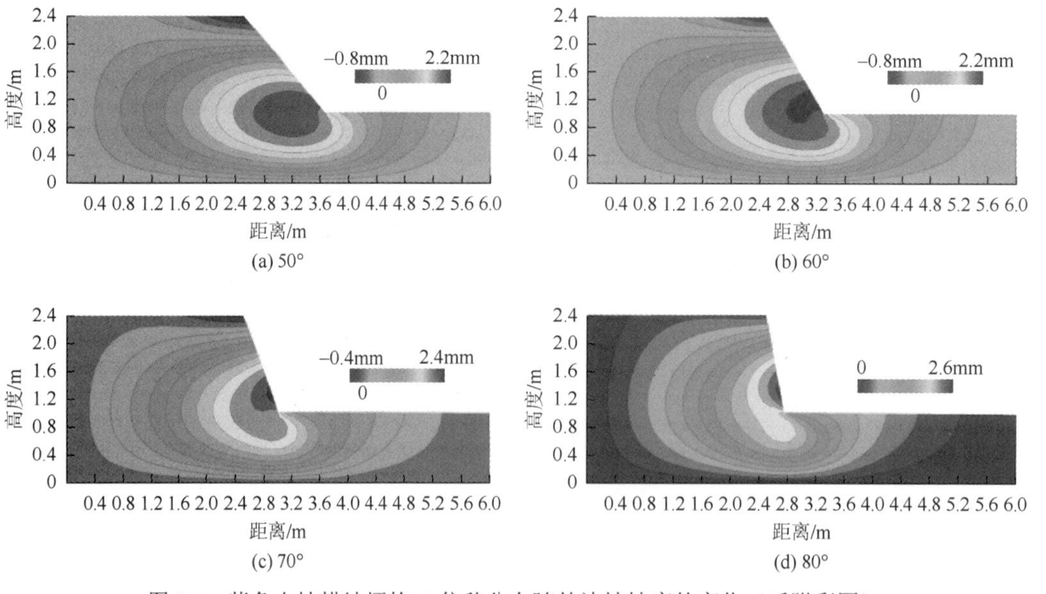

图 8.6　紫色土坡耕地埂坎 X-位移分布随外边坡坡度的变化（后附彩图）

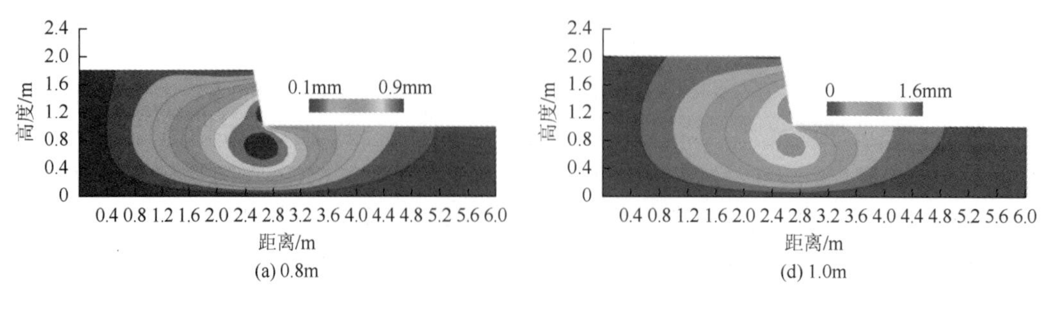

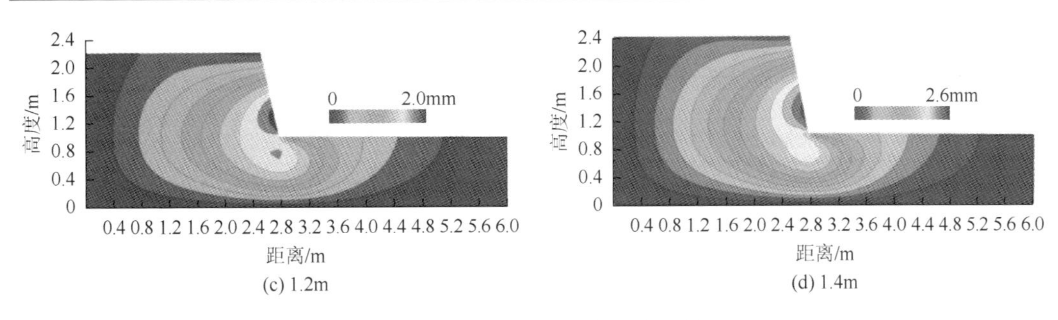

图 8.7　紫色土坡耕地埂坎 *X*-位移分布随埂坎高度的变化（后附彩图）

2. *XY*-位移

紫色土埂坎 *XY*-位移分布特征与 *X*-位移相反，即埂坎顶部 *XY*-位移最大，其次是腰部，基部 *XY*-位移最小（图 8.5）。埂坎高度一定时，随着埂坎外边坡坡度增加，*XY*-位移呈增加趋势，埂坎的高度为 1.4m 时，增加趋势相对更明显。埂坎外边坡坡度一定时，*XY*-位移随埂坎高度的变化也具有相似的特征，埂坎外边坡坡度为 80°时，趋势更明显。

8.3　埂坎稳定性与影响因素

8.3.1　埂坎规格与稳定性

1. 埂坎稳定性系数

见表 8.6，16 种规格埂坎中，稳定性系数最低的是 B16，最高的是 B2，平均值分别为 3.526 和 7.938，极差达 4.412。稳定性系数平均值大于 7 的埂坎有 B1、B2 和 B3（分别为 7.884、7.938 和 7.786），占埂坎总数的 18.75%。稳定性系数平均值小于 7 但大于 6 的埂坎有 B4、B5、B6 和 B10（分别为 6.385、6.647、6.977 和 6.172），占埂坎总数的 25%。稳定性系数平均值小于 6 但大于 5 的埂坎有 B7、B8、B9、B13 和 B14（分别为 5.428、5.057、5.939、5.876 和 5.141），占埂坎总数的 31.25%。稳定性系数平均值小于 5 的埂坎有 B11、B12、B15 和 B16（分别为 4.891、4.146、4.424 和 3.526），占埂坎总数的 25%。这表明埂坎的规格是影响埂坎稳定性的重要因素（李光录等，2015）。各方法的计算结果有所差异，总体表现为 Janbu 法＞M-P 法＞Bishop 法＞Ordinary 法，相比而言，运用 M-P 法与 Bishop 法所得的结果最接近（丁文斌等，2017）。

表 8.6　不同规格埂坎稳定性系数

编号	稳定性系数				
	Ordinary 法	Bishop 法	Janbu 法	M-P 法	平均值
B1	7.857	7.861	7.956	7.861	7.884
B2	7.929	7.935	7.953	7.935	7.938
B3	7.775	7.775	7.819	7.775	7.786

续表

编号	稳定性系数				
	Ordinary 法	Bishop 法	Janbu 法	M-P 法	平均值
B4	6.372	6.371	6.427	6.371	6.385
B5	6.625	6.628	6.705	6.628	6.647
B6	6.972	6.972	6.995	6.972	6.977
B7	5.390	5.387	5.544	5.389	5.428
B8	5.046	5.045	5.092	5.046	5.057
B9	5.921	5.925	5.984	5.925	5.939
B10	6.168	6.167	6.184	6.167	6.172
B11	4.885	4.884	4.911	4.884	4.891
B12	4.104	4.100	4.278	4.102	4.146
B13	5.874	5.875	5.879	5.875	5.876
B14	5.138	5.138	5.150	5.138	5.141
B15	4.420	4.419	4.439	4.419	4.424
B16	3.519	3.520	3.547	3.519	3.526

2. 埂坎高度、外边坡坡度和稳定性系数

埂坎外边坡坡度一定时，随着高度增加，稳定性系数呈非线性降低趋势（图 8.8），但降低幅度逐渐减小。高度从 0.8m 增加到 1.0m 时，埂坎稳定性系数降低得最明显，外边坡为 50°、60°、70°和 80°的埂坎稳定性系数分别降低 1.237、0.961、2.358 和 1.328，降幅分别为 15.69%、12.11%、30.29%和 20.80%，平均降幅为 19.72%。埂坎高度从 1.0m 增加到 1.2m 时，这 4 种埂坎稳定性系数分别降低 0.708、0.805、0.537 和 0.911，降幅分别为 10.65%、11.54%、9.89%和 18.01%，平均降幅为 12.52%。坎高从 1.2m 增加到 1.4m 时，埂坎稳定性系数分别降低 0.063、0.986、0.467 和 0.620，降幅分别为 1.06%、16.70%、9.55%和 14.95%，平均降幅为 10.57%。

埂坎高度一定时，随着外边坡坡度变陡，稳定性系数总体呈降低趋势，但阶段性特征有所差异（图 8.9）。高度为 0.8m 的埂坎，外边坡从 50°增加到 70°的过程中，稳定性系数变化不明显，而从 70°增加到 80°时，稳定性系数降低了 18.00%。高度为 1.0m 和 1.2m 的埂坎，外边坡从 50°增加到 60°时，稳定性系数分别增加 4.96%和 3.92%，从 60°增加到 70°时，稳定性系数分别降低 18.00%和 20.76%，坡度继续增加到 80°时，稳定性系数分别降低 6.83%和 15.23%。高度为 1.4m 的埂坎，外边坡坡度从 50°增加到 80°的过程中，稳定性系数近似呈线性降低趋势，降幅为 39.99%。

3. 埂坎稳定性系数响应面

运用 Design Expert 软件对埂坎稳定性系数进行多因素方差分析（表 8.7），以确定主效应和交互效应（王宇等，2011）。以坎高 h 和外边坡坡度 s 为自变量、稳定性系数 F 为响应值进行回归分析，确定稳定性对规格的响应模型。

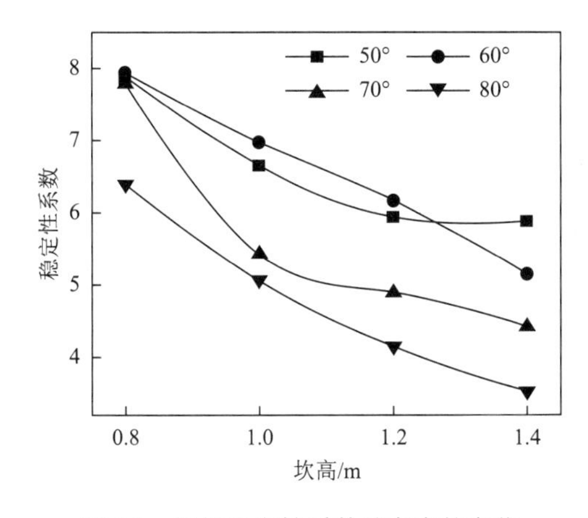

图 8.8　埂坎稳定性系数随高度的变化

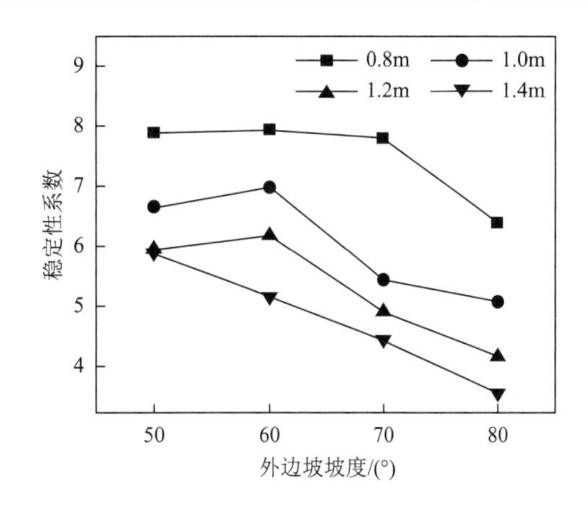

图 8.9　埂坎稳定性系数随外边坡坡度的变化

方差分析结果表明，高度 h 和外边坡坡度 s 两影响因素的概率 P 值均小于 0.001（表 8.7），表明高度和外边坡坡度对埂坎稳定性的影响极为显著。二次项 h^2 和 s^2 两影响因素的概率 P 值分别为 0.016 和 0.028，均大于 0.01，但小于 0.05，表明二者对埂坎稳定性的影响相对较显著。交互效应因素 $h \times s$ 的概率 P 值为 0.157，大于 0.1，表明高度与外边坡坡度的交互效应对埂坎稳定性的影响不显著。因此，交互效应因素 $h \times s$ 不能被纳入稳定性系数响应模型。最终得到埂坎稳定性系数 F 的响应模型为

$$F = 13.252 - 17.48h + 0.208s + 5.906h^2 - 2.008 \times 10^{-3}s^2 \quad (\overline{R}^2 = 0.93) \tag{8.1}$$

式中，h 为埂坎高度，m；s 为埂坎外边坡坡度，(°)。

表 8.7　埂坎稳定性系数方差分析结果

变差来源	平方和	自由度	均方差	F 值	P 值
模型	26.09	5	5.22	49.00	0.000
h	16.11	1	16.11	151.28	0.000
s	8.14	1	8.14	76.45	0.000
$h \times s$	0.25	1	0.25	2.35	0.157
h^2	0.89	1	0.89	8.39	0.016
s^2	0.70	1	0.70	6.55	0.028
残差	1.06	10	0.11		
总变异	27.16	15			

由表 8.7 可看出，高度 h 和外边坡坡度 s 对埂坎稳定性系数 F 的影响极为显著（$P<0.01$）。调整判定系数为 0.93，表明该回归响应模型可以解释 93%的响应值变化。变异系数 CV 为 5.88，表明数值分析结果可信度较高。图 8.10 是由埂坎高度和外边坡坡度两个响应因子构成的稳定性响应曲面。如图 8.10 所示，埂坎高度一定时，稳定性系数随外边坡坡度增加而减小，外边坡坡度一定时，稳定性系数也随高度增加而减小，这与前述的规律一致。

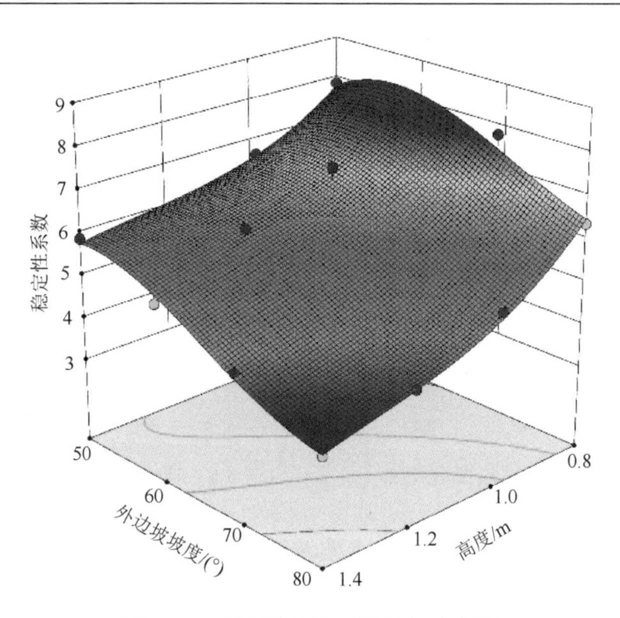

图 8.10　埂坎稳定性对规格的响应面

8.3.2　埂坎潜在滑动面分析

不同规格埂坎潜在滑动面土体条块受力情况不同，以 M-P 法计算结果为例（图 8.11），B9 基底法向力和运动剪切力最大，分别为 0.579kN 和 0.419kN。B3 基底法向力和运动剪切力最小，分别为 0.055kN 和 0.114kN。各埂坎潜在滑动面土体条块基底抗剪力最大值和最小值分别为 0.860kN 和 2.483kN，均大于运动剪切力，说明 16 种规格埂坎均处于稳定状态。埂坎潜在滑动面土体条块右侧最大（B9）和最小（B3）法向力分别为 0.712kN 和 0.125kN，最大（B12）和最小（B2）剪切力分别为 0.062kN 和 0.001kN。整体来看，埂坎规格对潜在滑动面土体条块受力的影响没有明显规律。这可能是因为埂坎规格不同时，潜在滑动面土体条块尺寸和形态差异具有一定的随机性，尽管土壤力学参数相同，受力状态也不会存在明显的变化规律。

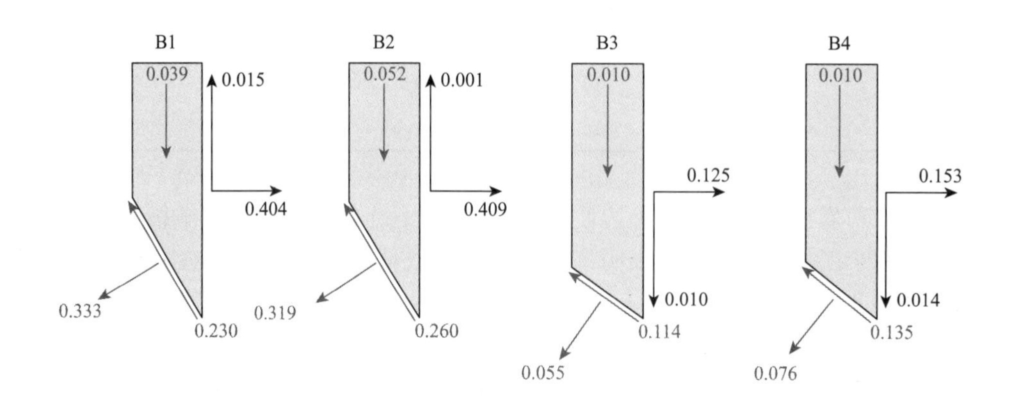

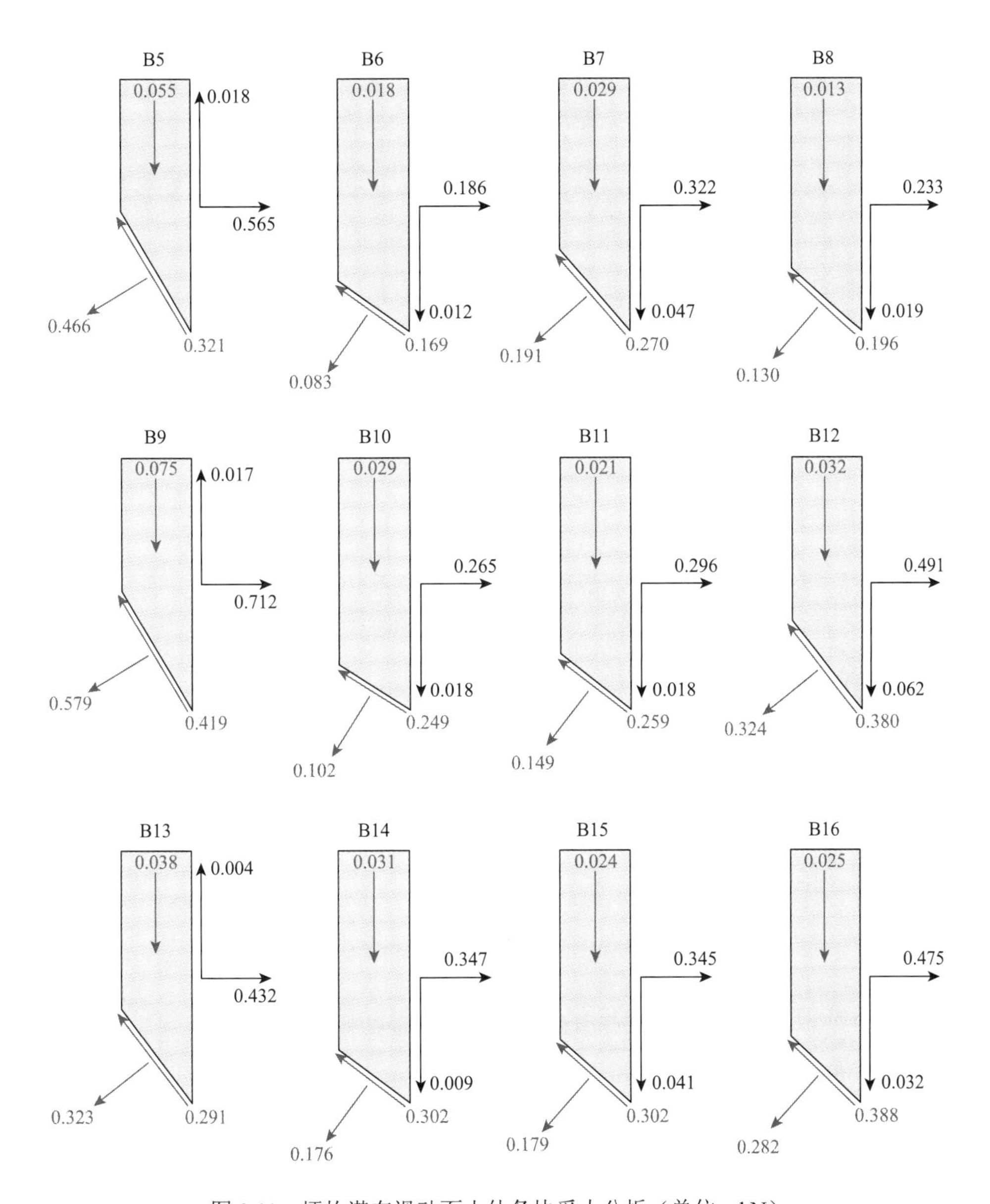

图 8.11　埂坎潜在滑动面土体条块受力分析（单位：kN）

随着埂坎潜在滑动面上土体条块基底运动剪切力和右侧剪切力的增加，稳定性系数呈降低趋势（图 8.12）。这主要是因为埂坎土壤抗剪强度一定时，剪切力越大，埂坎稳定性就越低。而稳定性系数随基底法向力和右侧法向力变化的趋势不明显，这可能是因为法向力是通过间接作用对埂坎稳定性产生影响，埂坎稳定性还依赖于潜在滑裂面位置、深度等因素（李进林等，2018）。

总体来看，埂坎的潜在滑动面主要有圆弧形和直线形两种（表 8.8）。当土壤吸水饱和后，除了高度为 1.2m、外边坡坡度为 70°的埂坎滑动面由直线形转变为圆弧形外

（图 8.13），其余规格埂坎的滑动面形态均没有发生改变。“高陡”型埂坎的潜在滑动面多为直线形，“低缓”型埂坎的潜在滑动面多为圆弧形。直线形滑动面上覆土体具有相对明显的外倾特点，这也进一步说明“高陡”型土质埂坎的稳定性低于“低缓”型埂坎。

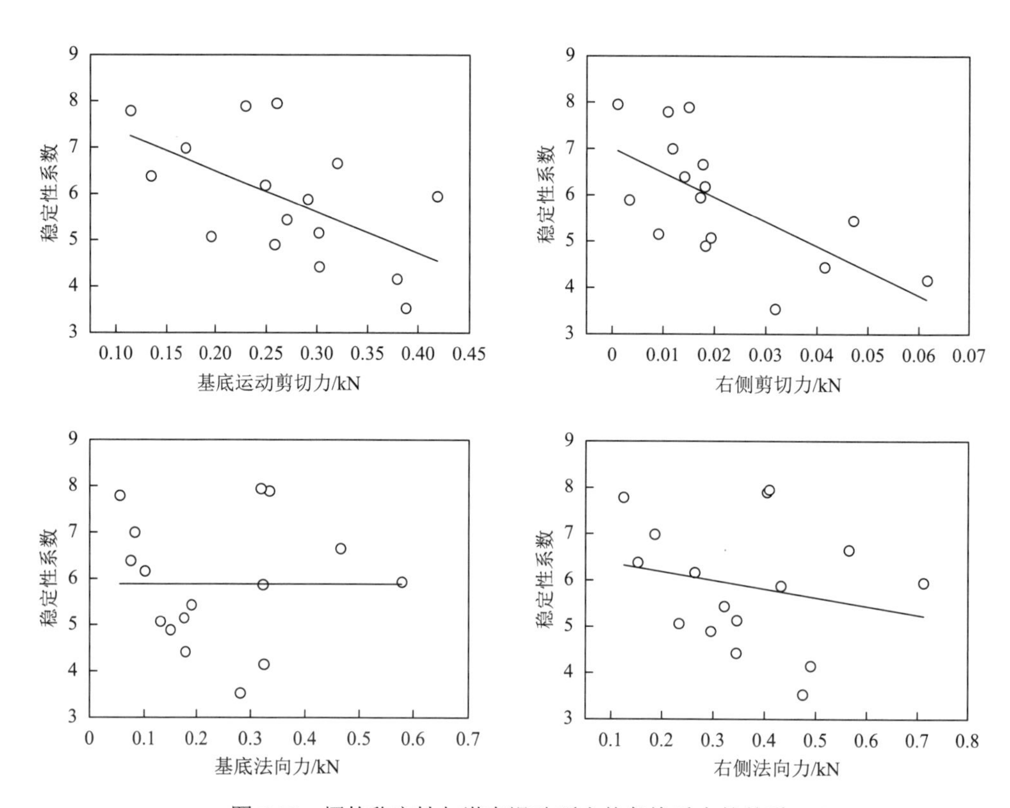

图 8.12　埂坎稳定性与潜在滑动面土体条块受力的关系

表 8.8　自然工况下紫色土坡耕地埂坎潜在滑动面形态统计

规格参数	高度 0.8m	高度 1.0m	高度 1.2m	高度 1.4m
外边坡 50°	圆弧形滑动面	圆弧形滑动面	圆弧形滑动面	圆弧形滑动面
外边坡 60°	圆弧形滑动面	直线形滑动面	直线形滑动面	直线形滑动面
外边坡 70°	直线形滑动面	圆弧形滑动面	直线形滑动面	直线形滑动面
外边坡 80°	直线形滑动面	直线形滑动面	圆弧形滑动面	直线形滑动面

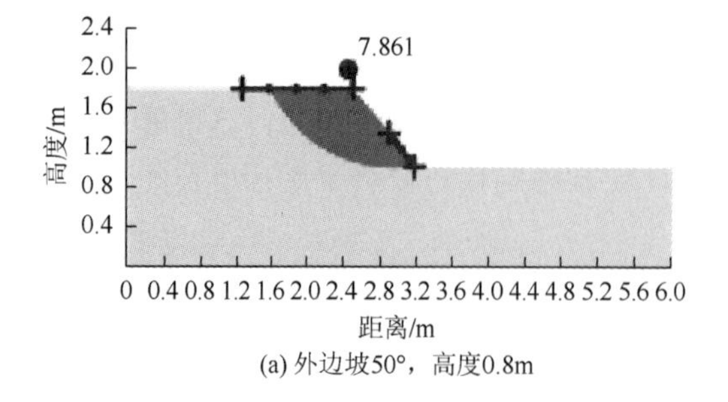

(a) 外边坡50°，高度0.8m

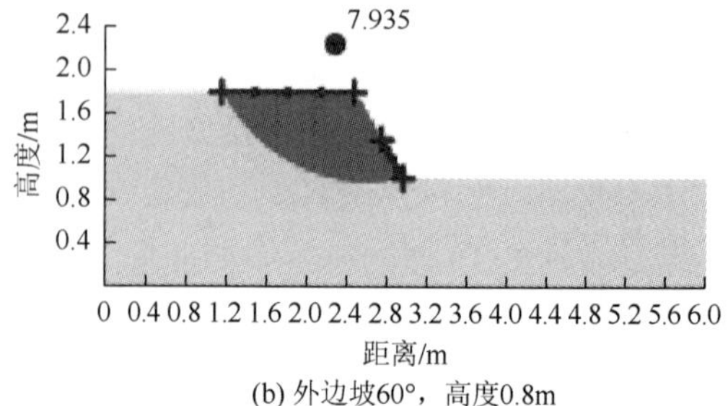

(b) 外边坡60°，高度0.8m

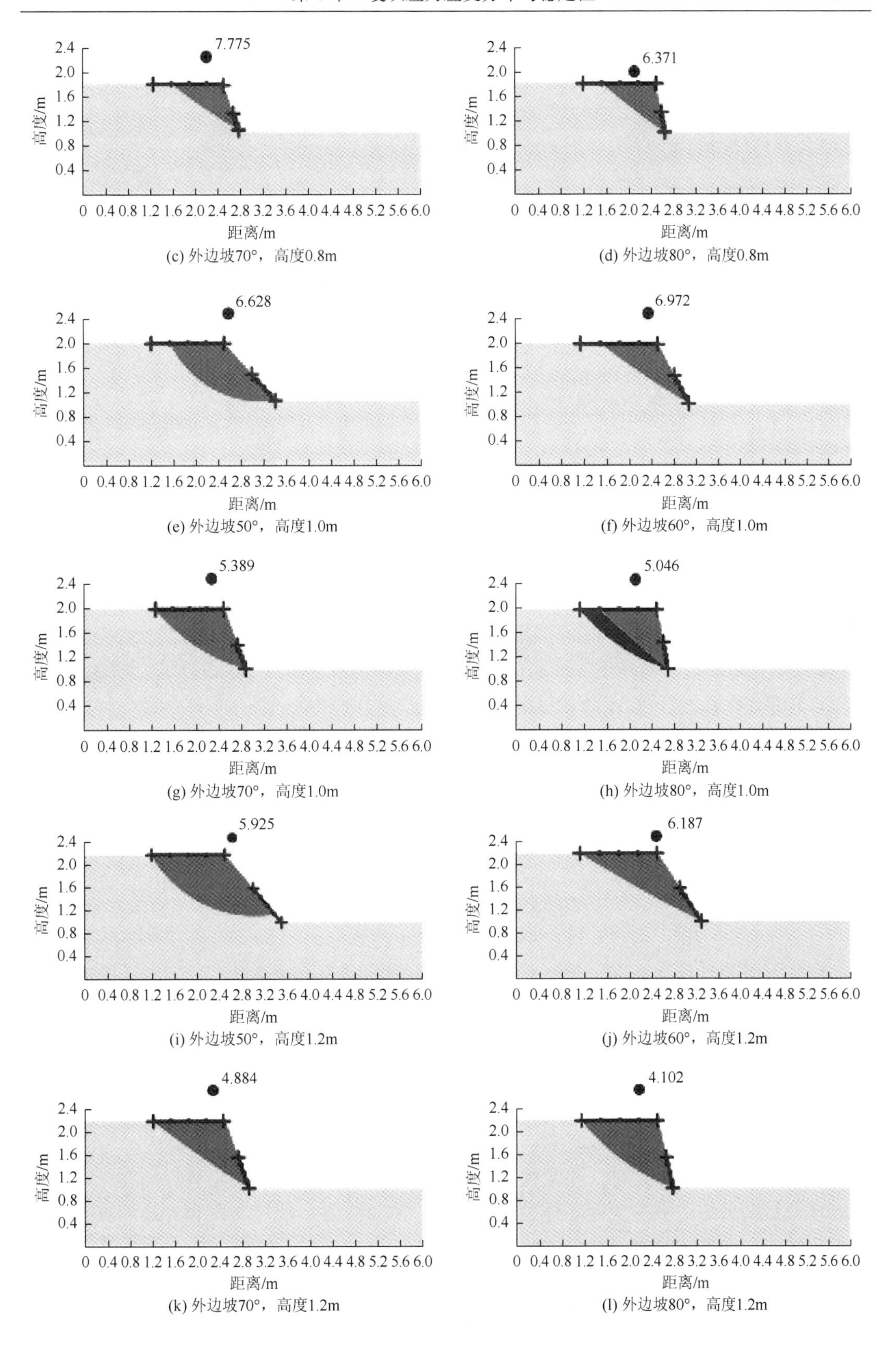

(c) 外边坡70°，高度0.8m

(d) 外边坡80°，高度0.8m

(e) 外边坡50°，高度1.0m

(f) 外边坡60°，高度1.0m

(g) 外边坡70°，高度1.0m

(h) 外边坡80°，高度1.0m

(i) 外边坡50°，高度1.2m

(j) 外边坡60°，高度1.2m

(k) 外边坡70°，高度1.2m

(l) 外边坡80°，高度1.2m

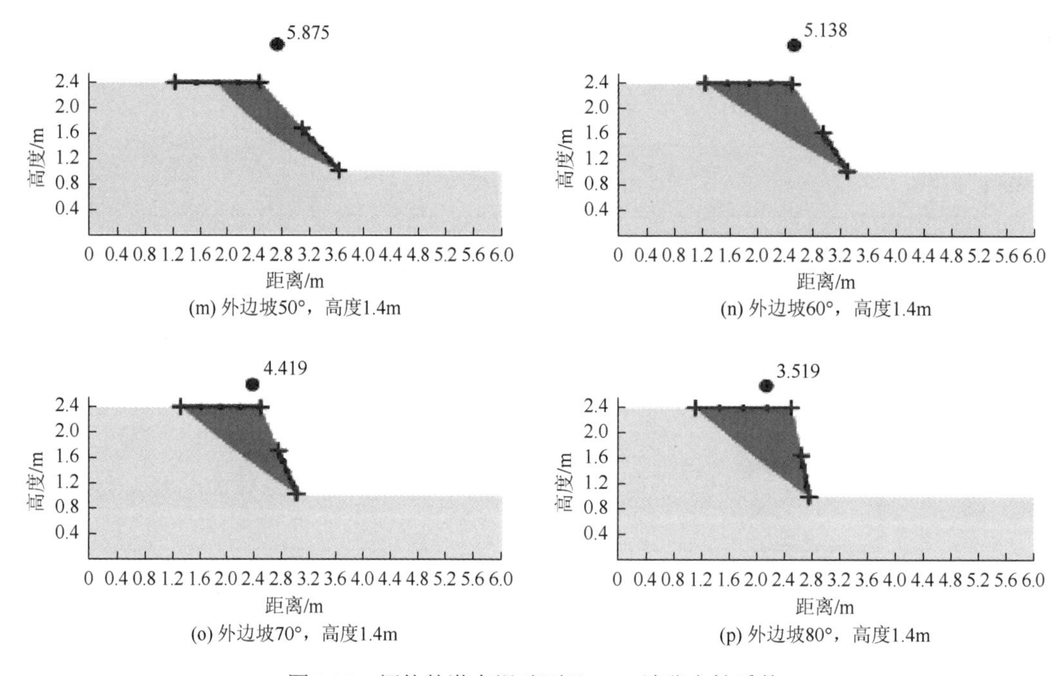

(m) 外边坡50°，高度1.4m

(n) 外边坡60°，高度1.4m

(o) 外边坡70°，高度1.4m

(p) 外边坡80°，高度1.4m

图 8.13　埂坎的潜在滑动面及 M-P 法稳定性系数

事实上，紫色土埂坎破坏面形态比较复杂，并非呈标准的直线形或者圆弧形。主要原因可能是已经破坏的埂坎并非只经历了一次垮塌，其形态是多次垮塌后的形态（Mekonnen，2021；Wolka et al.，2021）。从大致破坏过程来看，先是埂坎顶部与后缘松弛土体拉裂滑移，然后堆积在埂坎基部，若埂坎基部堆积体不清理，则将阻止埂坎基部的破坏，最终只在埂坎上半部分形成近似直线形的破坏面。然而，三峡库区农民有开挖边背沟的传统，埂坎顶部垮塌后覆填在背沟内的土体将被及时清理，使基部失去支护而继续垮塌，最终形成上部近似呈直线形、下部近似呈圆弧形的破坏面（韦杰和贺秀斌，2011）。

8.4　本 章 小 结

紫色土坡耕地埂坎基部至顶部，最大总应力逐渐减小，埂坎高度一定时，随着外边坡坡度增加，腰部和基部最大总应力呈增大趋势，顶部变化趋势不明显。埂坎顶部和腰部 X-总应力均随埂坎外边坡坡度的增加而减小，基部则增大；X-位移最大值逐渐从埂坎基部下方掩埋区移动到埂坎基部上方临空面。埂坎外边坡坡度一定时，随着埂坎高度增加，最大总应力和 X-总应力均呈增大趋势；X-位移没有发生特别明显的重分布，位移最大值区域相对较固定。

埂坎外边坡坡度一定时，稳定性系数随高度增加呈非线性衰减趋势；高度一定时，稳定性系数随外边坡坡度变陡总体呈降低趋势。总体来看，埂坎高度和外边坡坡度对埂坎稳定性的影响极为显著（$P<0.01$），但二者的交互效应对稳定性的影响不显著。试验埂坎潜在滑动面最不稳定的土体条块基底抗剪力大于运动剪切力。埂坎稳定性系数随着运动剪切力和右侧剪切力的增加呈降低趋势，而基底法向力和右侧法向力的变化对埂坎

稳定性系数没有明显影响。结合紫色土埂坎的稳定性特征、三峡库区紫色土坡耕地的条件和农民耕作的便利性，埂坎高为1.0～1.2m、外边坡约60°较为适宜。

参考文献

陈志仙，王志人，2022. 基于GeoStudio的路堑高边坡锚杆支护优化设计与实践[J]. 水利与建筑工程学报，20（4）：220-226.

丁文斌，李叶鑫，史东梅，等，2017. 重庆市典型工程堆积体边坡物理力学变化及稳定性特征[J]. 水土保持学报，31（1）：109-115.

加拿大 GEO-SLOPE 国际有限公司，2011. 岩土应力变形分析软件 SIGMA/W 用户指南[M]. 北京：冶金工业出版社.

李光录，高霞，刘馨，2015. PP织物袋梯田筑坎破坏形式与稳定性分析[J]. 中国农业大学学报，20（2）：201-206.

李进林，韦杰，2017. 三峡库区坡耕地埂坎类型、结构与利用状况[J]. 水土保持通报，37（1）：229-233，240.

李进林，韦杰，贺秀斌，2018. 紫色土坡耕地不同规格土坎稳定性分析[J]. 中国水土保持科学，16（5）：1-9.

刘文平，赵燕明，郑颖人，2004. 岩质边坡开挖应力与变形的有限元模拟[J]. 后勤工程学院学报（2）：45-48.

田佳，曹兵，及金楠，等，2015. 花棒根-土复合体直剪试验的有限元数值模拟与验证[J]. 农业工程学报，31（16）：152-158.

王宇，魏献忠，邵莲芬，2011. 路堑边坡锚固防护参数的响应面优化设计[J]. 长江科学院院报，28（7）：19-23，36.

韦杰，贺秀斌，2011. 三峡库区坡耕地水土保持措施研究进展[J]. 世界科技研究与发展，33（1）：41-45.

Mekonnen M，2021. Impacts of soil and water conservation practices after half of a generation age，northwest highlands of Ethiopia[J]. Soil and Tillage Research，205：104755.

Schönbrodt-Stitt S，Behrens T，Schmidt K，et al.，2013. Degradation of cultivated bench terraces in the Three Gorges Area：field mapping and data mining[J]. Ecological Indicators，34：478-493.

Wolka K，Biazin B，Martinsen V，et al.，2021. Soil and water conservation management on hill slopes in southwest Ethiopia. II. Modeling effects of soil bunds on surface runoff and maize yield using AquaCrop[J]. Journal of Environmental Management，296：113187.

彩　图

(a) 土坎　(b) 石坎（条石）　(c) 石坎（块石）

(d) 水泥砖坎　(e) 土石复合坎（上石下土）　(f) 土石复合坎（上土下石）

(g) 有坎无埂　(h) 无埂无坎　(i) 不规范埂坎

图 2.2　紫色土区坡耕地典型埂坎

(a) 图像校正　(b) 图像明亮化　(c) 图像灰度化

图 3.4　染色图像处理过程

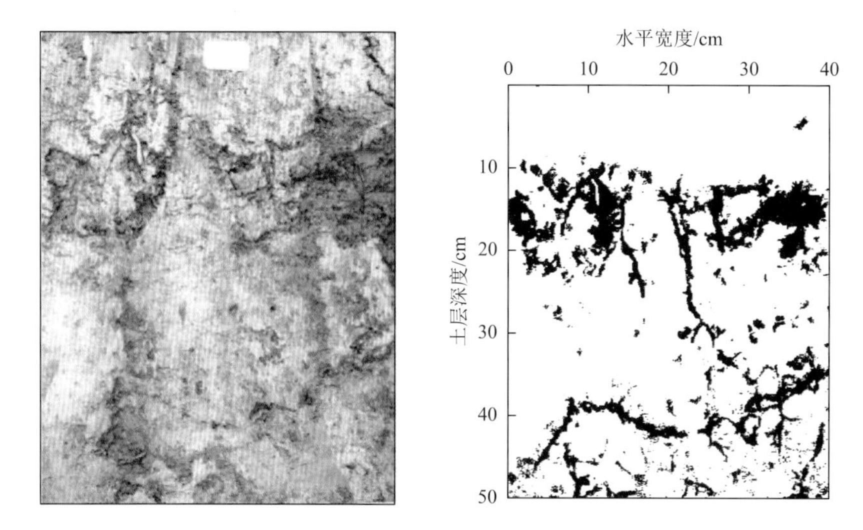

图 3.9　坎坡剖面染色形态

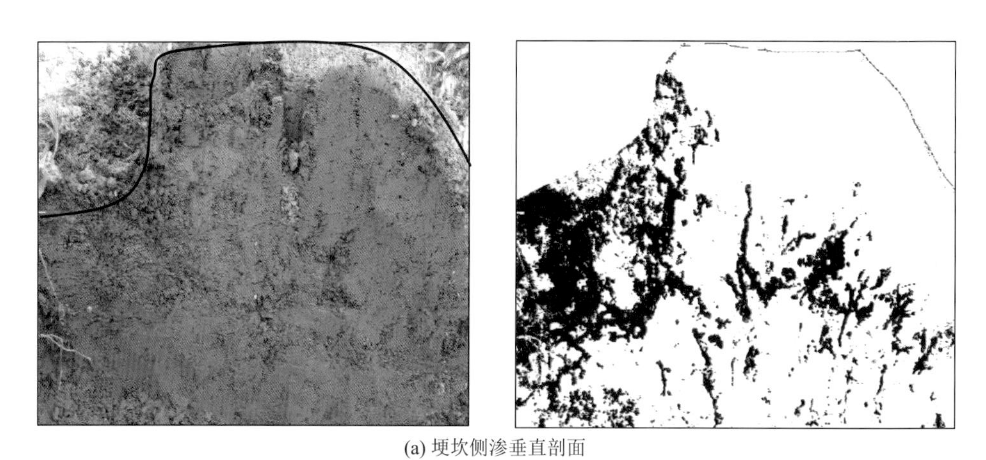

(a) 埂坎侧渗垂直剖面

图 3.14　埂坎侧渗垂直剖面及形态学参数

图 3.16　埂坎-基岩界面水分运移通道

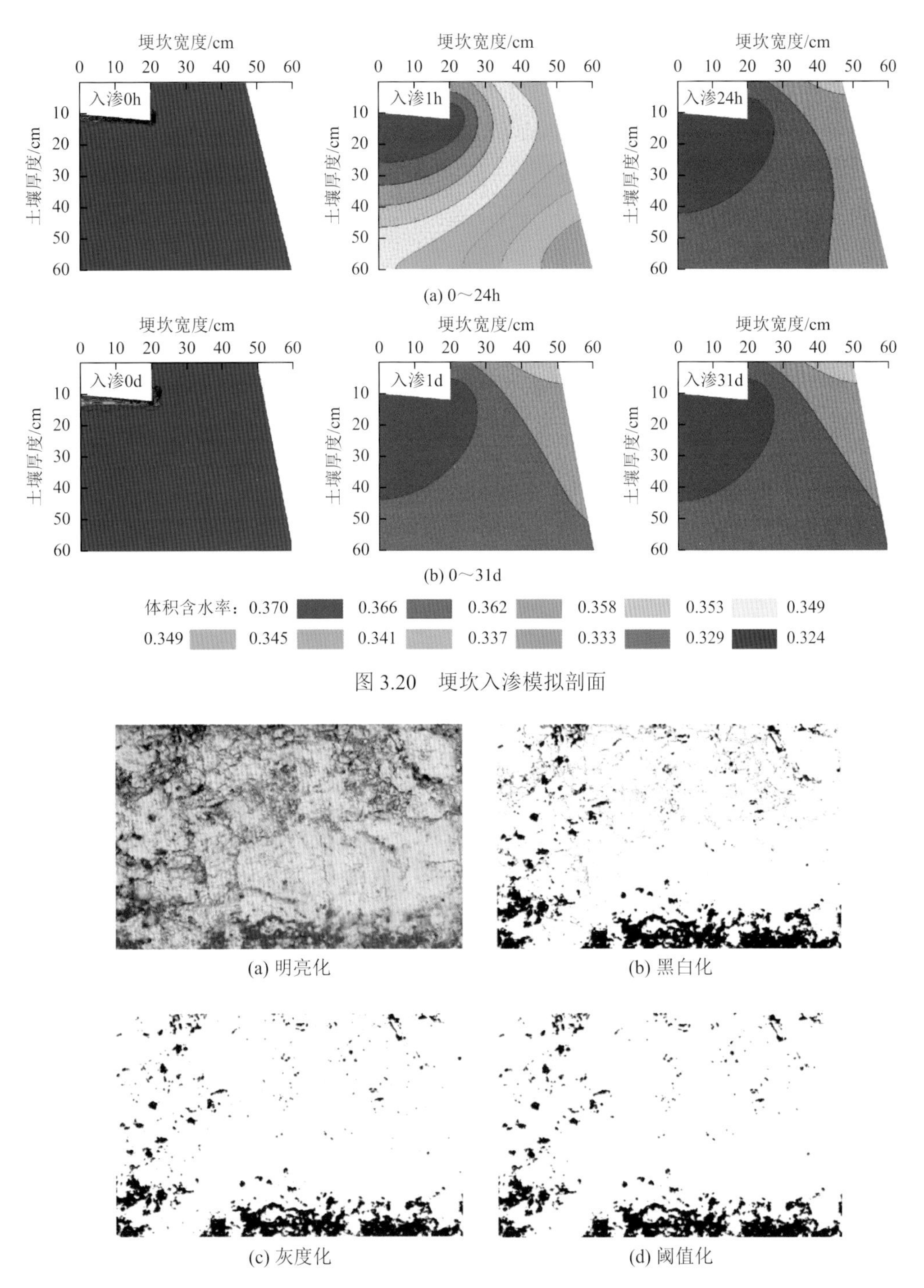

图 3.20　埂坎入渗模拟剖面

图 4.2　染色图像处理过程

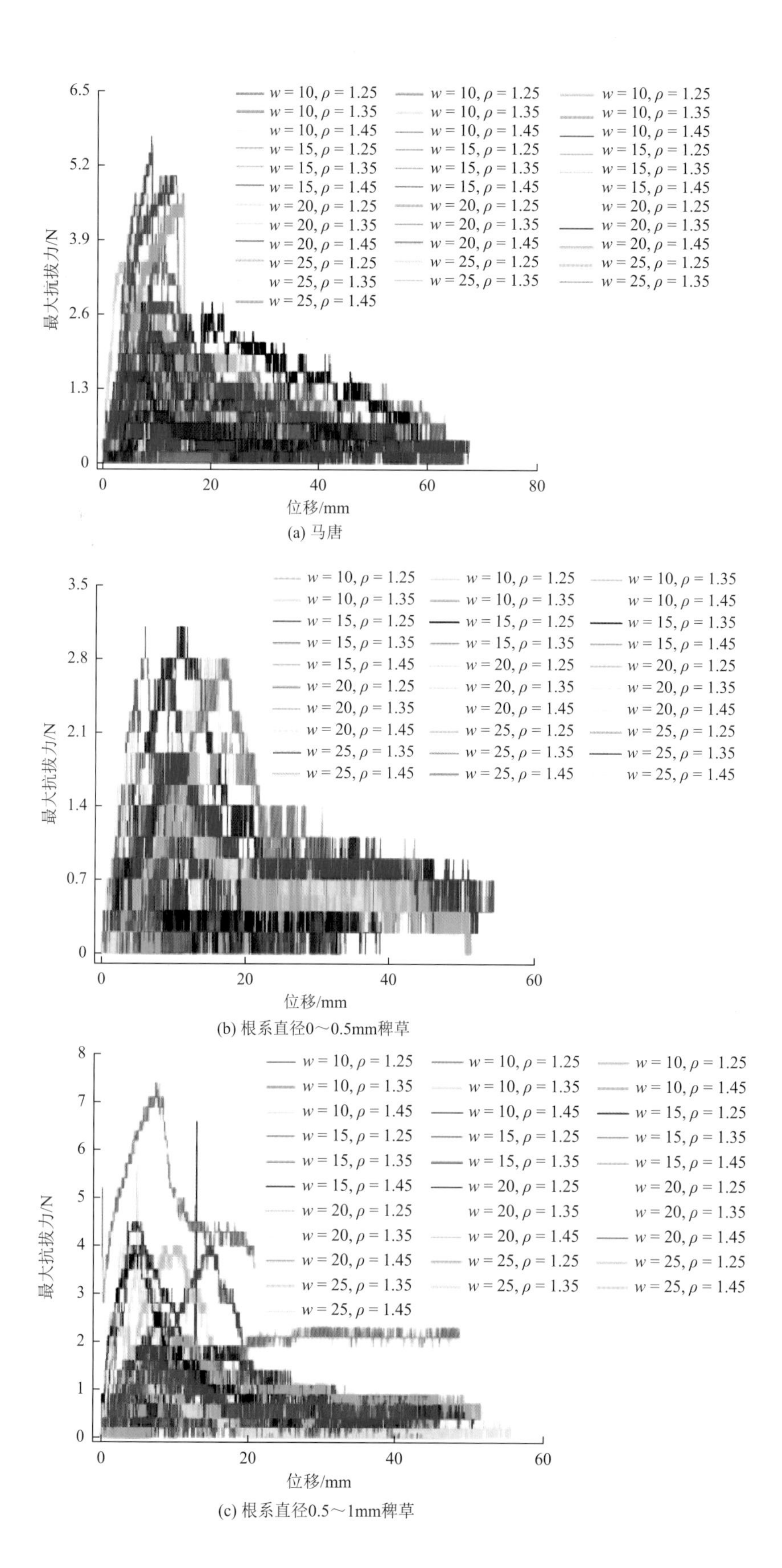

(a) 马唐

(b) 根系直径0～0.5mm稗草

(c) 根系直径0.5～1mm稗草

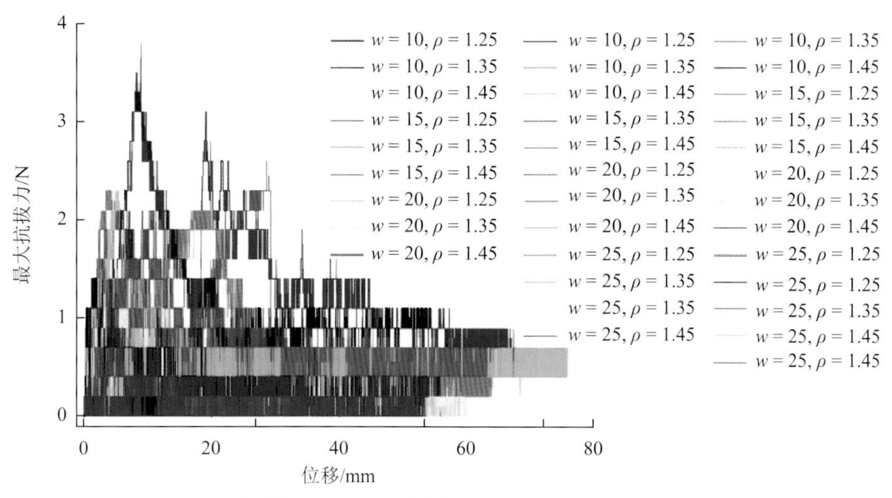

(d) 根系直径0～0.5mm牛筋草

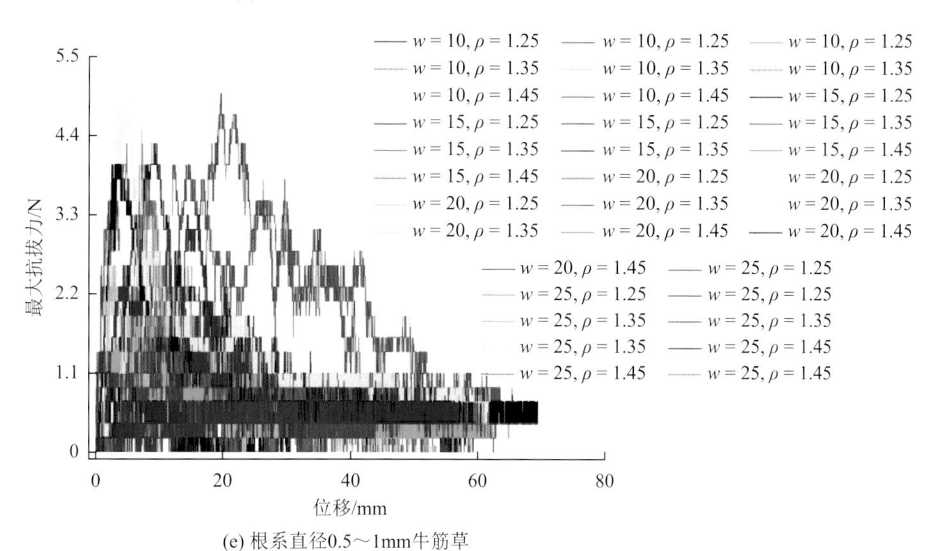

(e) 根系直径0.5～1mm牛筋草

图 5.18　不同干密度和含水率条件下三种草本植物单根最大抗拔力

注：图中 w 为土壤含水率，%；ρ 为土壤干密度，g/cm^3。

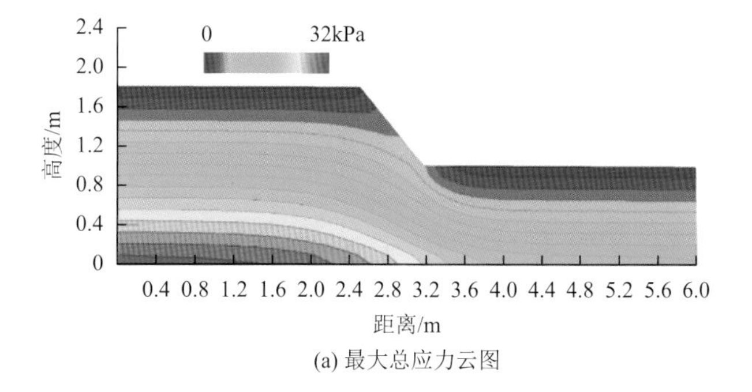

(a) 最大总应力云图

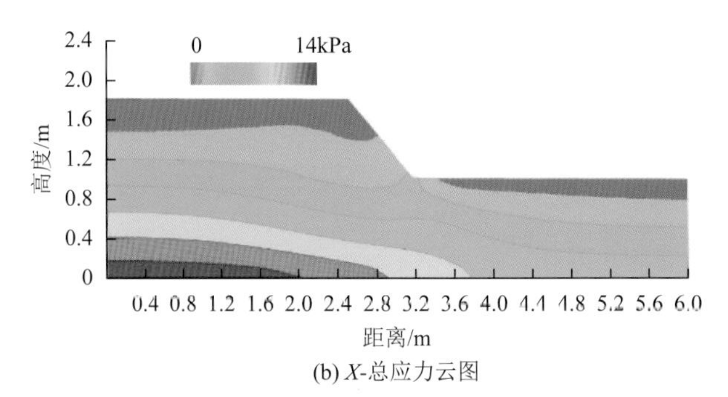

(b) *X*-总应力云图

图 8.1　紫色土坡耕地埂坎总应力分布云图

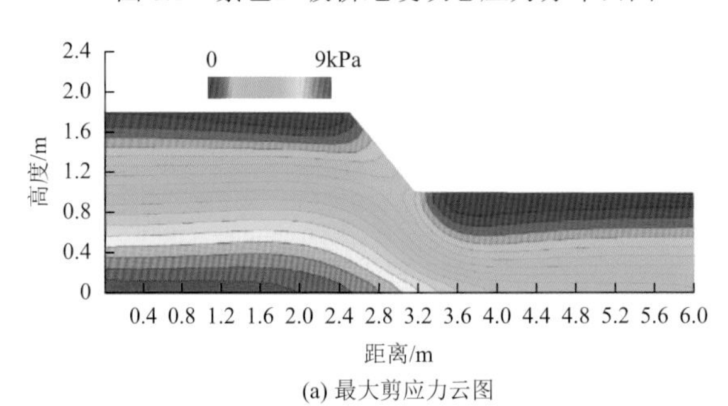

(a) 最大剪应力云图

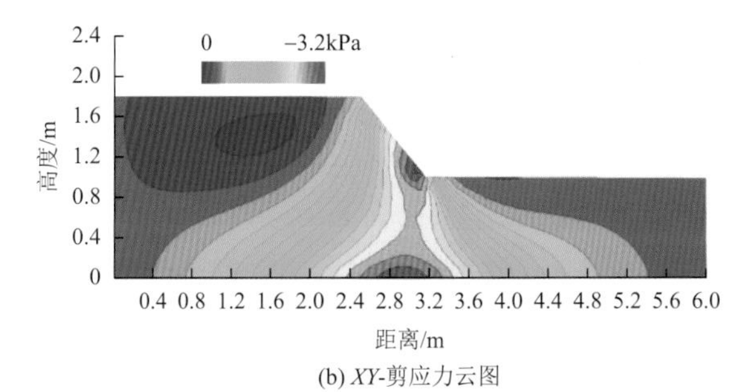

(b) *XY*-剪应力云图

图 8.2　紫色土坡耕地埂坎剪应力分布云图

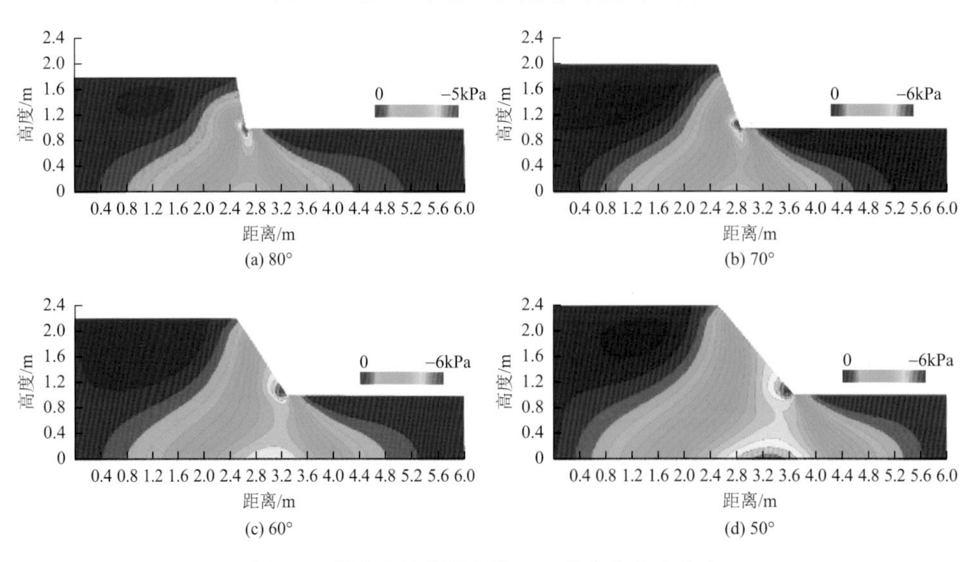

(a) 80°　(b) 70°

(c) 60°　(d) 50°

图 8.3　紫色土坡耕地埂坎 *XY*-剪应力集中效应

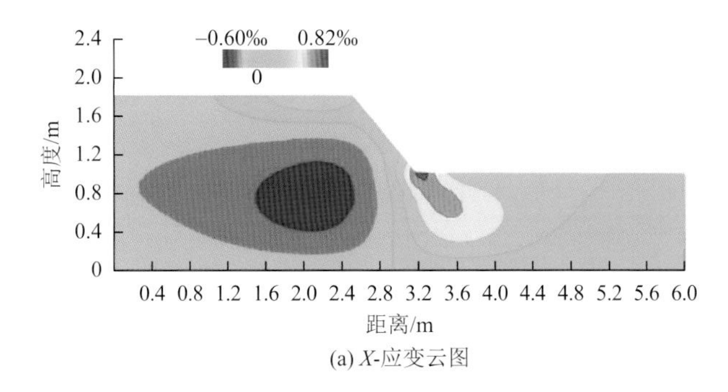

(a) *X*-应变云图

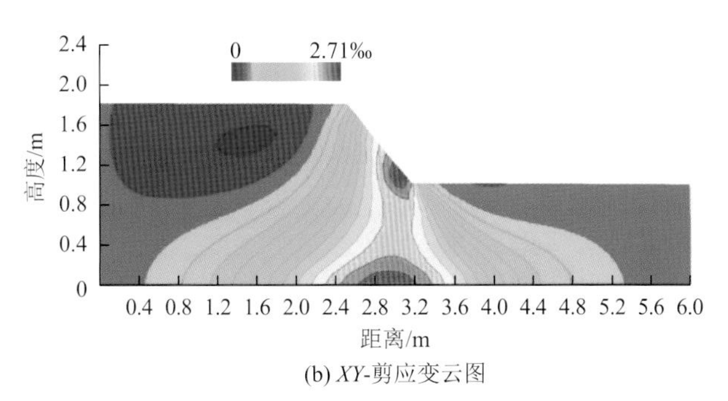

(b) *XY*-剪应变云图

图 8.4　紫色土坡耕地埂坎应变分布云图

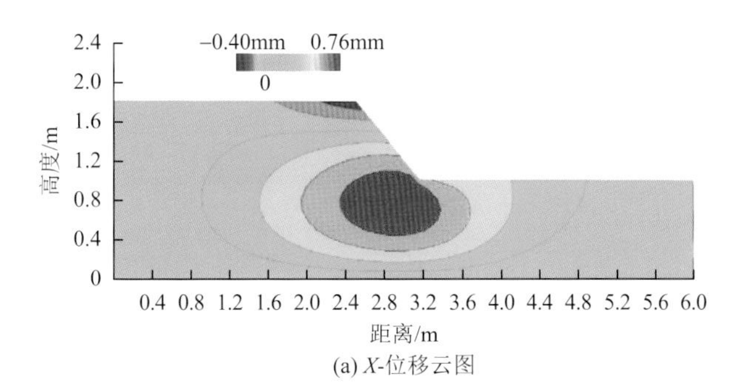

(a) *X*-位移云图

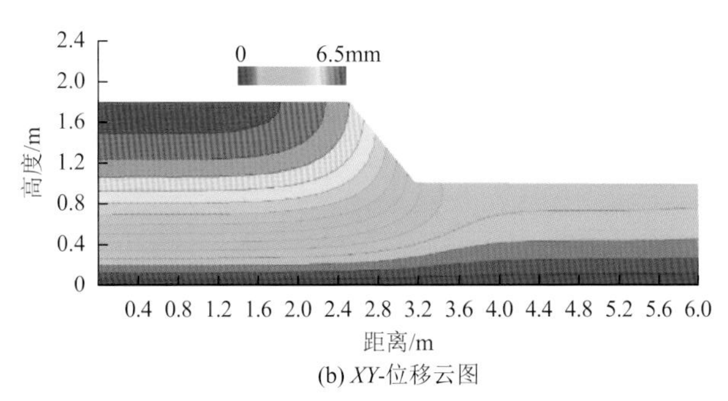

(b) *XY*-位移云图

图 8.5　紫色土坡耕地埂坎位移分布云图

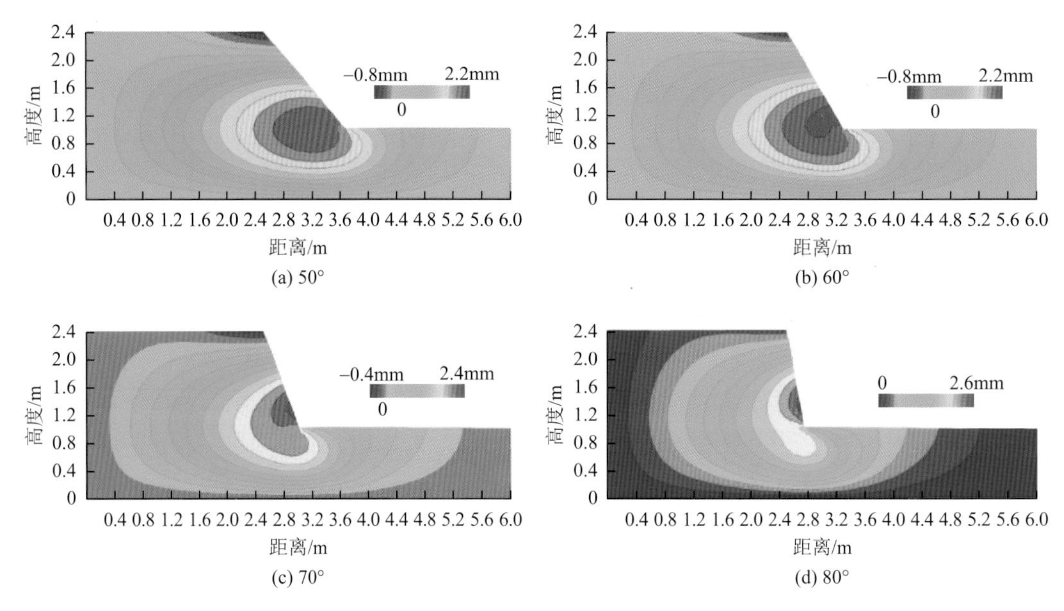

图 8.6　紫色土坡耕地埂坎 *X*-位移分布随外边坡坡度的变化

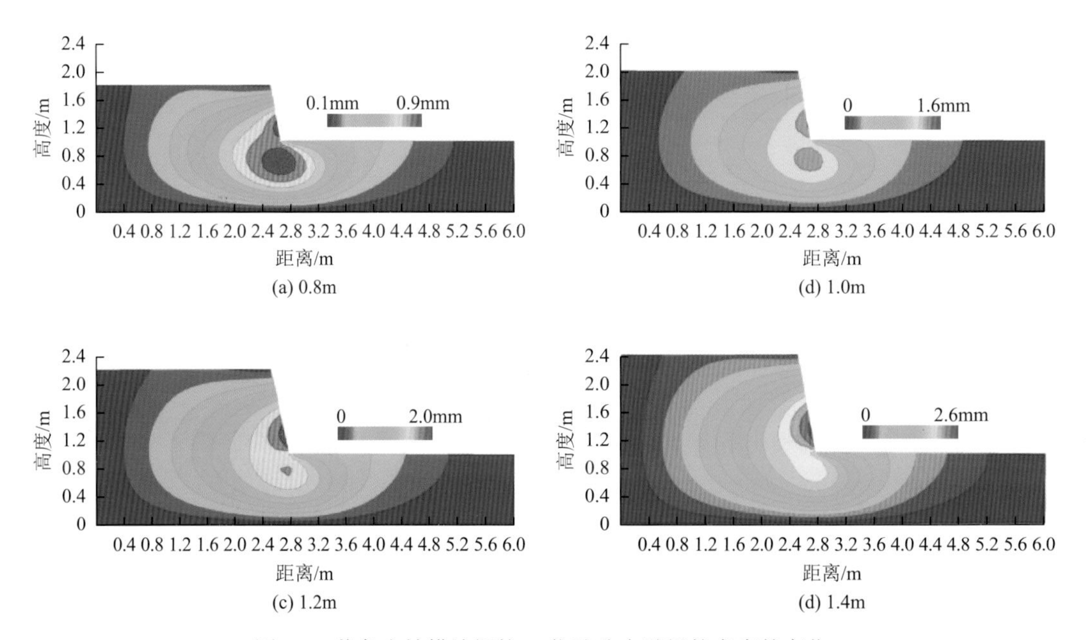

图 8.7　紫色土坡耕地埂坎 *X*-位移分布随埂坎高度的变化